基于 HTML5 的 APP 开发教程（第 2 版）

主　编　张暑军
副主编　王永红　郑阳平　张黎明
参　编　苏建华　李晓辉　黄永学
主　审　宋汉珍

北京理工大学出版社
BEIJING INSTITUTE OF TECHNOLOGY PRESS

内 容 简 介

在"互联网+"时代发展背景下，本书根据 HTML5 应用开发的新特性，针对基于互联网络的 Web 应用、移动 APP，对 HTML5 开发所需的知识和技术进行系统介绍，通过知识技术的学习，让学生掌握用 HTML5 开发 Web 应用和移动应用的方法。本书主要介绍了 HTML5 和 CSS3.0 规范、JavaScript 技术的使用方法、网络传输数据格式 XML 和 JSON、文档对象模型 DOM 的应用、jQuery 的应用、用 Cordova 开发跨平台移动 APP 的方法、AngularJS 的应用和微信公众号开发综合实例。

本书适用于初级 Web 设计与开发课程学习者，可作为软件技术、移动互联应用、计算机应用等相关专业的教材，也可作为职业培训的教材，对智能手机应用开发感兴趣的读者也可参考本书。

版权专有　侵权必究

图书在版编目（CIP）数据

基于 HTML5 的 APP 开发教程/张暑军主编. —2 版. —北京：北京理工大学出版社，2019.11（2020.7 重印）
ISBN 978-7-5682-7992-5

Ⅰ. ①基… Ⅱ. ①张… Ⅲ. ①超文本标记语言-程序设计-教材　Ⅳ. ①TP312.8

中国版本图书馆 CIP 数据核字（2019）第 278000 号

出版发行 /	北京理工大学出版社有限责任公司
社　　址 /	北京市海淀区中关村南大街 5 号
邮　　编 /	100081
电　　话 /	（010）68914775（总编室）
	（010）82562903（教材售后服务热线）
	（010）68948351（其他图书服务热线）
网　　址 /	http://www.bitpress.com.cn
经　　销 /	全国各地新华书店
印　　刷 /	唐山富达印务有限公司
开　　本 /	787 毫米×1092 毫米　1/16
印　　张 /	19.25
字　　数 /	453 千字
版　　次 /	2019 年 11 月第 2 版　2020 年 7 月第 2 次印刷
定　　价 /	49.80 元

责任编辑 / 钟　博
文案编辑 / 钟　博
责任校对 / 周瑞红
责任印制 / 李志强

图书出现印装质量问题，请拨打售后服务热线，本社负责调换

序

  随着"互联网+职业教育"的发展需求,为适应 Web 前端开发技术"1+X"教学需求,本书针对互联网的 Web 应用、移动 APP,对 HTML5 应用开发所需的知识和技术进行系统介绍,每个章节以实用为主,围绕知识点的定义、功能和应用三个方面,指导读者快速掌握 HTML5 应用开发技术。

  本书根据 HTML5 应用开发的特点,把知识内容分为多个部分进行介绍,让读者掌握开发 Web 应用和移动应用的基础。本书采用大量项目开发实例,让读者通过学习得到实践锻炼。本书充分考虑高等职业教育的培养目标和特点,从基础入手,重在实践。

  本书不仅适合在校学生学习使用,还可作为企业 Web 前端开发、移动互联网应用开发岗位的工作人员快速查阅知识、案例的工作手册。本书实现了课程建设、配套资源开发、信息技术应用的一体化设计,体现了岗位及岗位群职业能力要求。本书使用的案例均来自企业项目且适于教学,符合项目式、案例式、模块式的教学要求,为当前"互联网+职业教育"的新形态教材。

  本书的编者都是长期从事高等职业教育计算机教学的一线教师,都曾多次担任企业项目开发实施,具有丰富的实践经验,其中主编曾在软件企业工作多年,积累了丰富的软件项目开发经验。本书聘请具有多年企业工作经验的成都长城开发科技有限公司黄永学软件工程师担任了案例策划、设计等工作,让书中案例更加符合企业 Web 前端开发、移动互联网应用开发岗位的需求。

本书以《现代职业教育体系建设规划（2014—2020 年）》为依据，及时更新教材内容和教学模式，突出 Web 前端设计与开发的实用性，充分体现职业教育的理念，提高学生的实践动手能力。本书内容丰富，所有任务都可独立完成，突出能力培养，易于提高编程能力。本书的编者都是长期从事高等职业教育计算机教学的一线教师，都曾多次担任企业项目开发实施，具有丰富的实践经验。

本书以培养"Web 前端工程师"职业岗位能力为主线，突出学生职业技能培养。全书共分 12 章，其中：

第一章"HTML5 应用概述"，介绍了本书的知识内容以及案例运行的 Web 前端环境以及服务器、数据库相关环境的搭建。

第二章"HTML5 技术"，详细介绍了 HTML5 标签技术以及相关属性描述，并通过案例演示标签的应用。

第三章"CSS3 技术"，详细介绍了层叠样式表的基础结构以及 CSS3 包含的样式属性及应用。

第四章"JavaScript 技术"，详细介绍了脚本语言 JavaScript 的基础语法、应用技巧，通过大量案例让读者更容易理解。

第五章"数据传输格式"，详细介绍了常用的 JSON 和 XML 数据结构。

第六章"文档对象模型"，介绍了在 JavaScript 宿主中包含的关于 HTML 的文档对象模型（DOM）以及其他宿主对象；

第七章"jQuery 库介绍"，详细介绍了 jQuery 库的属性、方法应用。

第八章"Bootstrap 样式库和插件"，详细介绍了 Bootstrap 样式库以及组件和基于 jQuery 的插件应用。

第九章"Cordova 开发跨平台移动 APP"，详细介绍了通过 HTML5、JavaScript 开发移动 APP 的方法，以及 Javascript 与 Java 的通信方式。

第十章"AngularJS 框架"，详细介绍了 AngularJS 框架的基础知识和应用。

第十一章"HTML5 移动 APP 框架 Ionic"，详细介绍了 Ionic 的基本知识、基于 AngularJS 的组件模型以及组件的应用。

第十二章"微信公众号开发实例"，通过微信公众号的开发展示各个技术的综合应用。

本书的主要特色如下：

（1）本书依据高等职业教育计算机人才培养目标组织内容，在理论上以基础、够用为主，突出实践和实用性，符合企业 Web 前端开发、移动互联网应用开发岗位及岗位群职业能力要求；

（2）本书是工作手册式教材，书中实例来自企业应用，符合企业实际开发功能要求，方便学习者检索需要的知识、案例；

（3）本书力求简单，围绕知识点的定义、功能和应用三个方面让读者快速学习和掌握所学内容，通过实践理解理论；

（4）本书提供了丰富的互联网资源，是符合"互联网+职业教育"发展需求的新形态教材；

（5）本书适应"1+X"教学需要，融入职业技能等级标准，让书证融通、课证融通。

本书建议学时为90~120学时，其中理论为50~60学时，实践操作训练为40~60学时。为充分发挥书中实例的作用，建议采用以学生为主、以教师为辅的教学方法与手段组织教学，理论结合实践，融"教、学、练"于一体，让学生"在做中学，在做中会"，体现职业教育理念及特色。

本书由承德石油高等专科学校张暑军担任主编，承德石油高等专科学校王永红、郑阳平、张黎明担任副主编，全书由张暑军和郑阳平统稿，由承德石油高等专科学校宋汉珍担任主审。编写分工如下：第五、七、八、九、十一章由张暑军编写，第二、三章由王永红编写，第十、十二章由郑阳平编写，第一、四、六章由张黎明编写。同时感谢承德石油高等专科学校苏建华、李晓辉以及成都长城开发科技有限公司黄永学对本书程序编写、调试的辛勤付出。

本书在编写过程中参考了大量的互联网相关技术资料，吸取了许多同仁的宝贵经验，在此深表感谢。

由于编者水平有限，加之时间仓促，在编写过程中难免存在不当之处，敬请广大读者不吝赐教。

编　者

目录

第一章 HTML5 应用概述 … 1
1.1 互联网应用概述 … 1
1.2 移动应用开发技术概述 … 2
1.3 HTML5 APP 开发环境搭建 … 3
1.3.1 客户端开发环境 … 3
1.3.2 服务器开发环境 … 3
1.3.3 数据库安装 … 7
习题 … 7

第二章 HTML5 技术 … 8
2.1 HTML5 概述 … 8
2.1.1 HTML5 基础 … 8
2.1.2 HTML5 的新特点 … 9
2.2 简单的 HTML 文档 … 9
2.2.1 HTML 文档的基本结构 … 9
2.2.2 HTML5 的新结构标签 … 10
2.2.3 HTML 的基础标签 … 11
2.2.4 HTML5 标签的全局属性 … 13
2.3 文字标签 … 13
2.3.1 HTML5 文本格式化标签 … 13
2.3.2 HTML "计算机输出" 标签 … 14
2.3.3 HTML 引文、引用及标签定义 … 14
2.4 块 … 15
2.4.1 <div> 标签 … 15
2.4.2 <span> 标签 … 15
2.5 表格 … 15
2.5.1 创建表格 … 15
2.5.2 表格标签 … 16
2.5.3 表格属性 … 17

2.6 网页链接 ·· 19
　　2.6.1 超链接标签＜a＞ ·· 19
　　2.6.2 链接属性设置 ·· 19
2.7 图像 ·· 21
　　2.7.1 插入图像 ·· 21
　　2.7.2 图像属性设置 ·· 21
2.8 列表 ·· 23
　　2.8.1 有序列表 ·· 23
　　2.8.2 无序列表 ·· 24
　　2.8.3 自定义列表 ·· 24
2.9 表单 ·· 24
　　2.9.1 建立表单 ·· 25
　　2.9.2 表单控件 ·· 25
2.10 框架 ·· 27
　　2.10.1 建立框架 ·· 28
　　2.10.2 框架的应用 ·· 29
2.11 音频和视频 ·· 30
　　2.11.1 添加音频 ·· 30
　　2.11.2 添加视频 ·· 31
习题 ··· 32

第三章　CSS3 技术 ·· 34

3.1 CSS3 语言基础 ·· 34
　　3.1.1 CSS 的应用方式 ·· 34
　　3.1.2 选择器（selector） ·· 35
3.2 CSS3 的盒模型 ·· 41
　　3.2.1 盒的类型 ·· 41
　　3.2.2 宽度与高度 ·· 42
　　3.2.3 内边距与外边距 ·· 42
　　3.2.4 盒内容显示 ·· 42
3.3 CSS 布局 ·· 43
　　3.3.1 盒布局的基础知识 ·· 43
　　3.3.2 多列布局 ·· 44
　　3.3.3 用户界面 ·· 45
3.4 边框和背景 ·· 48
　　3.4.1 边框 ·· 48

  3.4.2 背景 …………………………………………………………………… 50
 3.5 字体和文本 ……………………………………………………………………… 51
  3.5.1 字体 …………………………………………………………………… 51
  3.5.2 文本效果 ……………………………………………………………… 52
 3.6 其他元素样式介绍 ……………………………………………………………… 53
  3.6.1 列表样式 ……………………………………………………………… 53
  3.6.2 表格样式 ……………………………………………………………… 54
 3.7 CSS 动画设计 …………………………………………………………………… 54
  3.7.1 CSS 变形 ……………………………………………………………… 54
  3.7.2 CSS 过渡 ……………………………………………………………… 57
  3.7.3 CSS 动画 ……………………………………………………………… 58
 习题 …………………………………………………………………………………… 60

第四章 JavaScript 技术 …………………………………………………………… 61
 4.1 JavaScript 语言基础 …………………………………………………………… 61
  4.1.1 注释 …………………………………………………………………… 62
  4.1.2 数据类型 ……………………………………………………………… 63
  4.1.3 变量、常量和关键字 ………………………………………………… 66
  4.1.4 运算符和表达式 ……………………………………………………… 69
  4.1.5 控制语句及异常处理 ………………………………………………… 72
  4.1.6 Promise 对象 ………………………………………………………… 78
  4.1.7 数组和集合 …………………………………………………………… 79
 4.2 函数 ……………………………………………………………………………… 82
 4.3 对象和类 ………………………………………………………………………… 85
 4.4 内置对象 ………………………………………………………………………… 88
 4.5 正则表达式 ……………………………………………………………………… 90
 4.6 绘制技术 ………………………………………………………………………… 94
 习题 …………………………………………………………………………………… 96

第五章 数据传输格式 ……………………………………………………………… 97
 5.1 JSON 格式 ……………………………………………………………………… 97
  5.1.1 JSON.parse（text ［, reviver］） …………………………………… 98
  5.1.2 JSON.stringify（value ［, replacer ［, space］］） ………………… 99
 5.2 新闻客户端 JSON 数据格式定义 …………………………………………… 101
 5.3 XML 格式 ……………………………………………………………………… 102
  5.3.1 XML 文件格式 ……………………………………………………… 102
  5.3.2 XML 解析 …………………………………………………………… 104

5.3.3 XMLHttpRequest 对象 ··················· 108
5.4 新闻客户端 XML 数据格式定义 ··················· 112
习题 ··················· 113

第六章 文档对象模型 ··················· 114
6.1 文档对象模型 ··················· 114
6.2 HTML DOM 对象 ··················· 114
  6.2.1 HTML DOM 的几个概念 ··················· 115
  6.2.2 HTML DOM 中的对象 ··················· 115
6.3 JavaScript 访问 HTML DOM ··················· 116
6.4 window 对象 ··················· 119
6.5 location 对象 ··················· 122
6.6 navigator 对象 ··················· 123
6.7 history 对象 ··················· 124
6.8 DOM 事件 ··················· 125
习题 ··················· 130

第七章 jQuery 库介绍 ··················· 131
7.1 jQuery 库简介 ··················· 131
7.2 选择器 ··················· 133
  7.2.1 ID 选择器 ··················· 133
  7.2.2 类选择器 ··················· 133
  7.2.3 对象选择器 ··················· 134
  7.2.4 标签选择器 ··················· 134
  7.2.5 属性选择器 ··················· 134
  7.2.6 其他选择器 ··················· 135
7.3 事件 ··················· 137
  7.3.1 Event 对象 ··················· 138
  7.3.2 元素添加事件 ··················· 138
  7.3.3 常见事件 ··················· 145
7.4 DOM 处理 ··················· 149
7.5 动画处理 ··················· 153
7.6 数据处理 ··················· 155
7.7 AJAX 处理 ··················· 156
7.8 延迟处理 ··················· 157
习题 ··················· 159

第八章 Bootstrap 样式库和插件 160
8.1 Bootstrap 介绍 160
8.1.1 Bootstrap 环境搭建 160
8.1.2 Bootstrap 的基本页面模板 161
8.2 Bootstrap 样式库 162
8.2.1 容器与网格 162
8.2.2 排版样式 163
8.2.3 表格 164
8.2.4 表单 165
8.2.5 按钮和图片 168
8.2.6 帮助样式类及工具样式类 169
8.2.7 其他样式类和标签 170
8.3 Bootstrap 组件 171
8.3.1 下拉组件 171
8.3.2 按钮组 171
8.3.3 表单输入域组 173
8.3.4 导航及导航条 173
8.3.5 多媒体 175
8.3.6 列表组 177
8.3.7 其他组件 177
8.4 Bootstrap 插件 178
8.4.1 模式对话框 179
8.4.2 滚动检测 180
8.4.3 工具提示 181
8.4.4 折叠插件 182
8.4.5 轮播插件 183
习题 185

第九章 Cordova 开发跨平台移动 APP 186
9.1 Cordova 概述 186
9.1.1 Cordova 介绍 186
9.1.2 Cordova 的特点 186
9.2 Cordova 开发环境 187
9.2.1 JDK 安装 188
9.2.2 Android SDK 安装 188
9.2.3 配置 Gradle 189

9.2.4 Node.js 的安装 …… 190
9.2.5 Git 客户端的安装 …… 190
9.2.6 Cordova CLI 的安装 …… 190
9.3 开发第一个 Cordova 应用 …… 191
9.3.1 创建项目 …… 191
9.3.2 给项目添加目标平台 …… 192
9.3.3 编译运行项目 …… 193
9.3.4 给项目添加插件 …… 194
9.3.5 使用 merges 定义各平台 …… 195
9.3.6 Cordova 应用结构分析 …… 196
9.4 config.xml 文件 …… 197
9.4.1 默认设置 …… 197
9.4.2 参数设置 …… 198
9.4.3 图标和闪屏 …… 200
9.5 Cordova 安全策略 …… 201
9.6 本地存储 …… 204
9.6.1 LocalStorage 存储 …… 204
9.6.2 WebSQL 存储 …… 205
9.6.3 IndexedDB 存储 …… 207
9.6.4 应用插件存储数据 …… 209
9.7 Cordova 常用插件 …… 210
9.7.1 网络访问 …… 210
9.7.2 文件操作 …… 210
9.7.3 Camera 插件 …… 218
9.7.4 Dialogs 插件 …… 219
9.7.5 地理位置访问 …… 221
9.8 插件开发 …… 222
9.8.1 分析插件编写配置文件 …… 223
9.8.2 JavaScript 接口编写 …… 224
9.8.3 本地实现 …… 224
9.8.4 使用插件 …… 226
9.9 Cordova 事件 …… 226
习题 …… 227

第十章 AngularJS 框架 …… 229
10.1 AngularJS 简介 …… 229

10.2 AngularJS 基础 …………………………………………………………………… 230
　　10.2.1 模块 …………………………………………………………………… 231
　　10.2.2 数据绑定 ……………………………………………………………… 232
　　10.2.3 表达式 ………………………………………………………………… 233
　　10.2.4 控制器和范围 ………………………………………………………… 233
　　10.2.5 指令 …………………………………………………………………… 235
　　10.2.6 模板 …………………………………………………………………… 238
　　10.2.7 服务 …………………………………………………………………… 239
　　10.2.8 过滤器 ………………………………………………………………… 240
　　10.2.9 依赖注入与自定义部件 ……………………………………………… 243
10.3 路由 ………………………………………………………………………………… 245
10.4 RESTful 客户端实现 ……………………………………………………………… 246
10.5 动画 ………………………………………………………………………………… 247
10.6 组件及组件路由 …………………………………………………………………… 249
习题 ………………………………………………………………………………………… 252

第十一章 HTML5 移动 APP 框架 Ionic …………………………………………… 253
11.1 Ionic 简介 ………………………………………………………………………… 253
11.2 Ionic 命令行工具 ………………………………………………………………… 254
11.3 Ionic CSS 组件 …………………………………………………………………… 256
　　11.3.1 内容（content）、页眉（header）和页脚（footer）………………… 256
　　11.3.2 按钮（buttons）……………………………………………………… 257
　　11.3.3 列表（list）…………………………………………………………… 257
　　11.3.4 卡片（cards）………………………………………………………… 258
　　11.3.5 表单（form）………………………………………………………… 259
　　11.3.6 标签页（tabs）………………………………………………………… 260
　　11.3.7 网格（grid）…………………………………………………………… 261
　　11.3.8 Ionic 的样式工具 ……………………………………………………… 262
　　11.3.9 平台定制类 …………………………………………………………… 262
11.4 配置 Ionic ………………………………………………………………………… 263
11.5 Ionic 指令和服务 ………………………………………………………………… 265
　　11.5.1 页面结构指令 ………………………………………………………… 265
　　11.5.2 ionList 指令 …………………………………………………………… 267
　　11.5.3 导航及路由指令 ……………………………………………………… 267
　　11.5.4 $ionicActionSheet 服务 ……………………………………………… 268
　　11.5.5 $ionicBackdrop 服务 ………………………………………………… 270

11.5.6　Ionic 中的表单指令 …………………………………… 270
　　11.5.7　手势和事件 ………………………………………… 271
　　11.5.8　键盘 ………………………………………………… 272
　　11.5.9　$ionicLoading 和 $ionicLoadingConfig 服务 …………………… 272
　　11.5.10　$ionicModal 服务和 ionicModal 指令 …………………… 273
　　11.5.11　$ionicPlatform 服务 ………………………………… 274
　　11.5.12　$ionicPopover 服务和 ionicPopover 控制器 ……………… 275
　　11.5.13　$ionicPopup 服务 …………………………………… 276
　　11.5.14　ionScroll 指令 ……………………………………… 277
　　11.5.15　ionSideMenus 指令 ………………………………… 278
　　11.5.16　幻灯片 ……………………………………………… 279
　　11.5.17　ionTabs 指令 ……………………………………… 280
　习题 ………………………………………………………… 281

第十二章　微信公众号开发实例 ……………………………… 283
　12.1　微信公众号介绍 ………………………………………… 283
　12.2　微信接入服务器 ………………………………………… 284
　12.3　微信 JS – SDK 接口 …………………………………… 285
　12.4　基础接口 ………………………………………………… 287
　12.5　分享接口 ………………………………………………… 287
　12.6　拍照接口 ………………………………………………… 288
　12.7　微信小店 ………………………………………………… 289
　12.8　微信卡券 ………………………………………………… 290
　12.9　微信支付服务 …………………………………………… 292
　习题 ………………………………………………………… 292

参考文献 ……………………………………………………… 293

HTML5 应用概述

随着互联网络以及智能设备的飞速发展，基于互联网技术的 Web 应用和移动应用也得到了空前发展，移动互联就是通过智能手机、掌上电脑、平板电脑等手持终端设备访问互联网。HTML5 技术不断发展，已经成为基于互联网络的不可缺少的开发技术，HTML5 技术不仅仅应用于 Web 应用开发，而且也被广泛应用于移动 APP 的开发。

1.1 互联网应用概述

互联网已经处于较为成熟的阶段，针对互联网的应用系统铺天盖地，几乎所有的企业都在使用各种软件系统。当前开发的应用系统，大部分基于互联网络，互联网络又被加上了"移动"部分。随着宽带无线接入技术和移动终端技术的飞速发展，人们迫切希望能够随时随地乃至在移动过程中都能方便地从互联网获取信息和服务，移动互联网应运而生并迅猛发展。然而，移动互联网在移动终端、接入网络、应用服务、安全与隐私保护等方面还面临着一系列的挑战。

"互联网+"应用在各个行业，创造了"互联网+"经济。一个国家的创新能力，最终是这个国家所掌握的创新的技术在市场竞争中的表现。市场才是衡量创新价值的主要标准，而企业是国家创新能力的主要体现者。推而广之，如果在 7 亿手机用户这样一个消费群体上建立一个平台，使之广泛应用到企业、商业和农村之中，是否会创造更惊天动地的奇迹？

移动互联网的十大模式如下：

（1）移动社交将成为客户数字化生存的平台；

（2）移动广告将是移动互联网的主要盈利来源；

（3）手机游戏将成为娱乐化先锋；

（4）手机电视将成为时尚人士的新宠；

（5）移动电子阅读填补狭缝时间；

（6）移动定位服务提供个性化信息；

（7）手机搜索将成为移动互联网发展的助推器；

（8）手机内容共享服务将成为客户的黏合剂；

（9）移动支付蕴藏着巨大商机；

（10）移动互联网的形式：渠道推广、联盟推广、手机应用商店推荐、手机预安装和 APP 开发。

移动互联网是什么？移动互联网≠移动+互联网，移动互联网是移动和互联网融合的产物，不是简单的加法，而是乘法——移动互联网=移动×互联网。所谓长江后浪推前浪，移动互联网继承了移动随时随地和互联网分享、开放、互动的优势，是整合二者优势的"升级版本"。随着互联网和电信技术的快速发展，移动和互联网的融合是大势所趋，移动互联网顺应了这一发展大势应运而生。

1.2　移动应用开发技术概述

在移动互联网的发展大潮下，移动互联网的开发也随之热起来，只要懂得软件开发语言，就可冲击移动互联网的开发，开发内容也从单纯的 PC 变成了 PC+智能设备。跨平台开发成为软件行业的新话题、新技术。当前流行的开发技术分为客户端开发和服务器端开发，而客户端开发也被分为移动 APP 开发和 Web APP 开发两种。对于移动 APP 开发，由于其所涉及的智能设备平台不同，采取的语言也不相同，主要包括：

（1）Android APP 开发。采取 C、C++、Java 等开发语言，Java 作为 Android 的用户交互语言成为 Android APP 开发必备技术，而喜欢 C、C++ 的开发人员可借助 Android 提供的 NDK 实现 APP 的开发。其开发工具主要是 Eclipse 和 Android Studio。

（2）iOS APP 开发。这个平台是苹果智能设备使用的标准平台，针对苹果平台开发的语言主要是 Object C 语言以及新的 Swift 语言，开发工具主要是运行在 MAC 机上的 xcode，而对于 Swift 语言必须使用 xcode 6 以上版本。

（3）Windows APP 开发。其与桌面 Windows 系统同属于微软公司，其开发语言借助 .NET 平台而更加丰富多样，开发者可根据自己掌握的任何一种 .NET 语言实现开发。

采用以上技术开发的智能设备 APP 被称作原生 APP，原生 APP 具有自身的优势，但在跨平台上原生 APP 明显力不从心，这无形中增加了企业在智能设备上开发的成本。为了解决这一问题，用 HTML5 技术开发智能设备 APP 的技术应运而生，且得到了迅猛发展。采用 HTML5 技术不仅实现了 Web APP 开发，同时也实现了跨平台的移动 APP 开发。现在大多数应用系统都非常适合采用 HTML5 技术实现，其包括的主要技术有：

（1）HTML5 技术。它是所有计算机设备及智能终端能够完美支持的 Web 页面开发语言，是对 HTML 的革命性升级，提高了 Web 页面在浏览器端的开发能力并增强了效果，尤其增加了 2D 及 3D 的支持。

（2）CSS3 技术。它在 CSS2 的基础上增加了很多特定效果，让 HTML5 技术展示的页面能够根据不同的设备给出不同的显示效果，使得应用系统界面展示更加灵活、生动。

（3）JavaScript 技术。JavaScript 技术被应用在客户端的规模已经远远超越了其他脚本语言，目前已经成为 Web 客户端的必备开发语言。其简单、灵活的开发模式，使得各种基于 JavaScript 的框架流行于世。

在 APP 开发语言中，目前较为流行的与 HTML5 组合使用的程序设计语言包括 PHP、Java、C、C++ 以及 Python 语言等，智能设备操作系统以 Android、iOS、Windows 为代表，占据了全球大部分市场份额。

在服务器端，目前主流开发语言包括 Java、.NET、PHP、Python 等，而数据库技术包括 MySQL、SQL Server、Oracle 等，它们都对 HTML5 开发技术后端服务提供了有力支持，对

HTML5 也提供了本地存储的能力。这也包括了各个智能设备自带的小型数据库 SQLite，SQLite 数据库让 HTML5 有能力在本地存储更多数据。

1.3 HTML5 APP 开发环境搭建

1.3.1 客户端开发环境

客户端开发环境相对容易得多，无须特定环境，只要有浏览器和文本编辑器即可实现客户端的开发。移动客户端只要是能上网的智能设备均可。对于初学者来说，环境越简单越好，但对于企业开发项目来说，环境简单将增加开发工作量，因此，推荐使用集成开发环境，如 Eclipse、Netbeans 等。

建议安装流行的几款浏览器，如 IE、Firefox、Chrome、360 安全浏览器等。由于各个浏览器之间会有一些差异，因此，安装多个浏览器是为了更好地调试程序的兼容性。同时，Firefox、Chrome 这样的浏览器会带有相关插件帮助开发人员很好地查找错误，进行高效的调试。对于当前流行的浏览器，按 F12 键即可出现开发人员工具，帮助开发人员在浏览器端实现即见即所得的调试效果，在开发人员工具中可切换至手机屏幕模式。

1.3.2 服务器开发环境

服务器开发环境根据使用的服务器端开发语言的不同，其环境搭建有所不同。对于数据库，建议采用 MySQL 和 SQL Server。本书中除微信开发使用 PHP 外，将大部分采用 Java 作为 HTML5 应用开发的服务器端程序设计语言。由于本书旨在介绍 HTML5 技术应用，即 Web 前端技术，因此对于服务器开发只局限于对前端数据的提供上，本书不对服务器端程序开发作专门的介绍，对于 Ajax 这样的异步处理技术必须借助服务器端程序才可以实现，即便服务端程序只是一个文本文件，也必须以服务的形式提供 Ajax 异步请求。Java 语言开发环境的安装分为两个部分：JDK 安装和 Web 服务器安装。

1. JDK 安装

Java 是以虚拟机方式运行的，其环境分为开发环境和运行环境，开发环境需要安装 JDK 标准版，目前开发安装最新版本即可，安装包下载地址如下：

http://www.oracle.com/technetwork/java/javase/downloads/index.html

获得安装包后双击安装包，按照步骤，无需作任何修改即可安装完成。当 JDK 安装完成后，安装程序会自动启动安装运行器 JRE 环境。根据安装向导默认安装即可。

这里以 jdk1.7.0_40 的安装为例。当采用默认安装时，JDK 和 JRE 被安装在"C:\Program Files\Java"目录下。打开该目录可发现两个目录，一个目录名以 jdk 开头，如 jdk1.7.0_40，一个目录名以 jre 开头，如 jre7。

安装完成后，为了能够在命令行运行 Java 的相关命令，应设置环境变量，将 Java 的命令所在文件夹 bin 目录设置到环境变量 PATH 中，设置环境变量的步骤如下：

（1）电脑桌面上的计算机图标，不同的 Windows 系统可能有所不同，现以 Windows 10 系统为例。在图标上单击鼠标右键，在弹出的菜单中选择"属性"，即可看到图 1-1 所示的对话框，选择对话框中的高级选项卡。

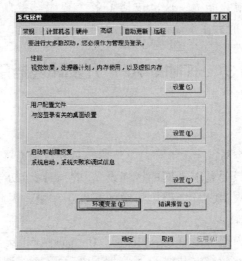

图1-1 "系统属性"对话框界面

(2) 在高级选项卡中单击"环境变量"即可看到图1-2所示对话框。

图1-2 "环境变量"对话框

(3) "环境变量"对话框上面的列表中给出了当前登录系统的用户变量,下面是所有用户共享的系统变量,根据自身需要选择用户变量或系统变量,建议初学者选择用户变量,单击用户变量列表框下面的"新建"按钮或"编辑"按钮,出现图1-3所示的对话框,如果已经存在PATH变量,则选择"编辑"按钮。

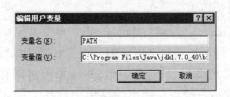

图1-3 系统变量设置

(4) 在变量值的最前面添加 "C:\Program Files\Java\jdk1.7.0_40\bin;"。设置环境变量时应注意：不包括上述双引号，在 Windows 系统下路径的分割符号是英文半角分号 ";"。

2. Web 服务器 Tomcat 安装

Tomcat 是用来解析 Java 服务器端程序 Servlet 和 JSP 的中间件，如果要运行 Java 的 Web 应用系统，必须安装 Web 服务器，本书中将选择 Tomcat 作为 Java 的 Web 服务器。

下载 Tomcat 的网址为 "http://tomcat.apache.org/"。需要注意，下载 Tomcat 时，JDK 版本不同，Tomcat 版本也不同，有关 Tomcat 与 JDK 的对应关系见表 1-1。

表 1-1 Tomcat 与 JDK 的对应关系

Tomcat	JDK	备注
8.x	1.7+	
7.x	1.6+	WebSocket1.0 需要安装 JDK1.7
6.x	1.5+	

Tomcat 分为安装版本和解压缩版本，建议初学者采用安装版本，安装完成后，Tomcat 会提供一个监控器来管理 Tomcat 的运行和停止以及设置一些参数。

1）解压版本

解压版本的 Tomcat 只需要将下载的压缩包解压到指定文件夹即可。

配置环境变量 JAVA_HOME，与 JDK 的 PATH 配置相同，建立一个 JAVA_HOME 环境变量，其值为 Java JDK 的安装目录 "C:\Program Files\Java\jdk1.7.0_40"。

2）安装版本

安装版本的 Tomcat 在"开始"→"程序"菜单能够看到 Tomcat 建立的菜单，执行其中的 Monitor Tomcat 将弹出图 1-4 所示的对话框。

图 1-4 Tomcat 监控对话框

通过 Tomcat 监控对话框可以很方便地启动、停止 Tomcat 服务器，同时可设置一些参数，如将 Tomcat 作为 Windows 系统服务运行在后台等。

单击 "Start" 按钮，启动 Tomcat 服务器，并打开浏览器，在浏览器窗口地址栏输入并访问"http://localhost:8080"。如果能看到图 1-5 所示的效果，这表明 Tomcat 已经安装成功。

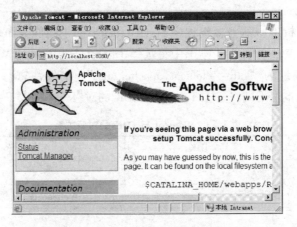

图 1-5　Tomcat 6.x 启动后的默认界面

安装完成后，默认情况下 Tomcat 被安装在"C:\Program Files\Apache Software Foundation\"目录下，打开安装目录，可看到安装目录结构，如图 1-6 所示。

（1）bin：包含了 Tomcat 的所有命令程序。

（2）conf：Tomcat 的配置文件所在的目录，如常用的配置文件 server.xml。在该目录所包括的子目录 Catalina\localhost 中可配置单个应用，如管理应用 manager.xml。

（3）lib：Tomcat 服务器运行时使用的类库所在目录。

（4）logs：Tomcat 服务器运行时生成的日志，调试应用时在日志中可查看异常信息。

（5）temp：临时目录，其作用是保存 Tomcat 运行时创建的临时文件。

图 1-6　Tomcat 6.x 安装目录结构

（6）webapps：应用发布目录，该目录下的所有子目录代表了一个应用。其中 ROOT 目录为根应用，即访问时无须输入虚拟路径。而其他目录的名字即应用的虚拟目录名称。

（7）work：Tomcat 工作目录，在 Tomcat 运行过程中该目录保存了所有 JSP 被转换成 Java 的源文件以及编译后的类文件。该目录下的所有文件由 Tomcat 自动生成，在使用 Tomcat 的过程中可删除该目录下的文件及文件夹，Tomcat 依然会自动生成。

3. IDE 开发环境的安装

在众多 IDE 选择中，建议初学者使用 Netbeans IDE 开发环境，Netbeans IDE 开发环境是由 Java 语言开发的，且界面友好、插件多，适合初学者。

Netbeans IDE 的下载地址是"https://netbeans.org/downloads/"，该下载页面列出了所有 Netbeans IDE 的版本，甚至包括了 C/C++ 和 PHP 语言的开发版本，可根据开发需要选择其中之一，在采用 Java 开发时，选择 Java EE 版本下载，该版本包括了移动互联网应用开发所必备的一切，甚至包括了 Web 服务器 Tomcat。下载后面如图 1-7 所示。

图 1-7 NetBeans IDE 开发工具

1.3.3 数据库安装

在开发过程中,难免使用数据库,本书的所有服务端例程采用的数据库均为 MySQL,读者也可根据自身的学习情况选择 SQL Server 或其他数据库,由于本书内容基本不涉及数据库的操作,因此关于数据库安装可参考其他相关书籍。

MySQL 版本包括开源版本和商业版本,开源版本的下载地址如下:

http://dev.mysql.com/downloads/mysql/

下载文件包括压缩版和安装版本,对于初学者选择安装版本较好,其安装过程简单,只需要按照安装向导一步一步即可完成安装。

安装成功后,即可在"开始"菜单中找到 MySQL 创建的菜单,通过菜单中的 MySQL 命令行工具可启动命令界面。

习 题

1. 什么是移动互联?
2. 移动互联开发的技术有哪些?
3. 写出 JDK 的详细安装步骤。
4. 写出 Tomcat 解压版本的安装配置步骤。

习题答案与讲解

HTML5 技术

网站（Website）已经成为现代人必不可少的通信工具，人们可以通过网站获取或发布各种网络资源，网站通过网页浏览器来访问。可使用 HTML 等工具来制作网页。本章介绍用 HTML5 技术制作网页的方法。

2.1 HTML5 概述

HTML(Hyper Text Mark-up Language) 即超文本标记语言，是用于描述网页文档的一种标记语言。HTML 文件可以被多种网页浏览器读取，产生传递各类资讯的文件。当使用浏览器在互联网上浏览网页时，浏览器软件会自动完成 HTML 文件到网页的转换。

HTML 由蒂姆·伯纳斯·李（Tim Berners Lee）给出原始定义，由 IETF 用简化的 SGML（标准通用标记语言）语法进行进一步发展，后来成为国际标准，由万维网联盟（W3C）维护，并先后发布了 HTML2.0、HTML3.2、HTML4.0 等版本。2006 年，Web 超文本应用技术工作组（WHATWC）与万维网联盟（World Wide Web Consortium，W3C）合作，在 HTML4 的基础上研发了 HTML5 新版本，于 2008 年 1 月公布，于 2014 年 10 月 29 日宣布制定完成。除去 IE6～8 浏览器外，其他主流浏览器都支持 HTML5，其中仅有 iPhone/iPad 不支持 Flash。国内的 360、新浪、腾讯、淘宝，国外的 Google、Facebook、Twitter、Youtube、Adobe 均高度重视 HTML5 相关业务的发展。HTML5 已成为移动发展的一个重要因素。

2.1.1 HTML5 基础

HTML 文本是由 HTML 命令组成的描述性文本。HTML 命令是可以说明文字、图形、动画、声音、表格、链接等的标记语言，标记语言不同于脚本语言，它通过标记标签来标记要显示的网页中的各个部分，HTML 使用标记标签来描述网页。

HTML 标签也称为 HTML 元素，由一对尖括号"<"和">"括起来。HTML 中的标签分为双标签和单标签。双标签成对出现，分别称为开始标签和结束标签，其中结束标签的"<"后加"/"。定义格式为：

<开始标签>…</结束标签>

单标签是没有结束标签的标签。定义格式为：

```
<标签名称/>
```

由于 HTML 语法不严格,所以单标签可以不包含斜线 "/" 使用。书写标签时需要注意的是 HTML 中的元素是不区分大小写的。标签可包含属性,以向解释器提供附加信息,标签的属性写在开始标签内,其格式如下:

```
<标签名字 属性 1 属性 2 属性 3…>内容</标签名字>
```

【例 2-1】标签使用的基本形式。

```
<html>                            <!--HTML 标签用于描述网页-->
  <body bgcolor = "black">        <!--带有属性的 HTML 标签-->
    <br/>                         <!--只有开始标签,没有结束标签-->
  </body>
</html>                           <!--HTML 标签结束-->
```

本例中 "<!-- … -->" 表示 HTML 文档的注释内容。

2.1.2 HTML5 的新特点

(1) 音频视频播放。HTML5 新增 <audio> 和 <video> 标签,使浏览器不需要插件即可播放视频和音频。

(2) 画布 canvas。HTML 5 canvas 提供了通过 JavaScript 绘制图形的方法,此方法使用简单,但功能强大。可以利用 canvas 元素在网页上绘制任意图形。

(3) 地理信息。HTML5 的另一个功能是地理信息定位功能,一些浏览器提供了 geolocation API,其可以结合 HTML5 实现当前地理位置定位。

(4) 硬件加速、WebSocket 支持。

(5) 本地离线应用程序(即使在 Internet 连接中断之后)。

(6) 本地存储。HTML5 支持使用 Web Storage 在客户端进行存储数据,容量更大,可减轻带宽压力,操作简便。

(7) 语义化标记。HTML5 的最大意义在于它改变了 Web 文档的结构方式,借助 header、footer、section、article 这些标签,可以实现更具结构化、语义化的 Web 文档。搜索引擎可以更容易索引 Web 站点,也可以搜索到更快、更准确的信息。

2.2 简单的 HTML 文档

2.2.1 HTML 文档的基本结构

一个网页对应一个 HTML 文件,HTML 文件以 ".htm" 或 ".html" 为扩展名。HTML 文件的编辑工具有记事本、DreamWeaver、WebStorm 等。HTML 文件包括 HTML 头部与实体两部分。在文档头里,对这个文档进行了一些必要的定义,文档体中才是要显示的各种文档信息。文档的定义格式为：

```
<!DOCTYPE html> <!HTML5 标准网页声明>
<html> <!--HTML 文档-->
<head> <!--文档头部-->
    <title>网页标题</title>
</head>
<body> <!--文档主体-->
    …
</body>
</html>
```

【例 2-2】创建一个简单的 HTML 文件，在浏览器中预览，显示如图 2-1 所示。

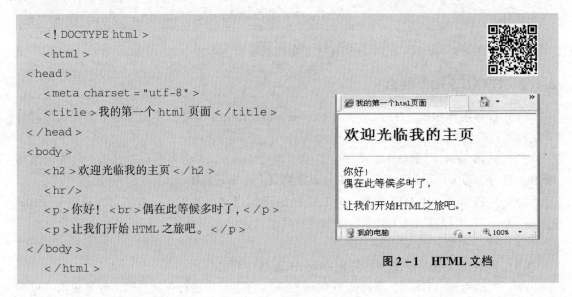

```
<!DOCTYPE html>
<html>
<head>
    <meta charset="utf-8">
    <title>我的第一个 html 页面</title>
</head>
<body>
    <h2>欢迎光临我的主页</h2>
    <hr/>
    <p>你好！<br>偶在此等候多时了，</p>
    <p>让我们开始 HTML 之旅吧。</p>
</body>
</html>
```

图 2-1　HTML 文档

2.2.2　HTML5 的新结构标签

为了文档结构更加清晰，可阅读性更强，更利于搜索引擎优化，也更利于视障人士阅读，HTML5 提供了跟网页结构相关的元素标签，包括网页页眉、页脚、导航、文章内容等。

(1) <header>标签，定义文档的页眉，通常是一些引导和导航信息。

(2) <nav>标签，页面导航，其中的导航元素链接到其他页面或者当前页面的其他部分。

(3) <section>标签，定义文档中的节，如章节、页眉、页脚或文档中的其他部分。其一般用于成节的内容，会在文档流中开始一个新的节。<section>标签一般带有标题。

(4) <article>标签，一个特殊的<section>标签，比<section>标签具有更明确的语义，代表一个独立的、完整的内容块，可独立于页面的其他内容使用，如一篇完整的论坛帖子、一篇博客文章、一个用户评论等。<article>可有标题（通常包含在<header>内），也

会包含 < footer >。该标签可嵌套，内层的 < article > 标签对外层的 < article > 标签有隶属关系。

（5） < aside > 标签，装载非正文的内容，被视为页面中一个单独的部分。它包含的内容与页面的主要内容是分开的，可以被删除，不会影响网页内容、章节或页面所要传达的信息，例如广告、成组的链接、侧边栏等。

（6） < footer > 标签，定义 < section > 或 < body > 的页脚，包含了与页面、文章或部分内容有关的信息，比如文章的作者或者日期。

2.2.3 HTML 的基础标签

（1） <！DOCTYPE > 声明，必需位于 HTML 文档的第一行， < html > 标签之前，定义文档类型，HTML5 文档的声明格式为 <！DOCTYPE html >。

（2） < html > 标签，定义 HTML 文档的开始和结束，告知浏览器文档是一个 HTML 文档。

（3） < head > 标签，包含 HTML 文档元信息，定义文档头部，描述文档的属性和信息，是所有文档头部元素的容器，包括 < title >、< base >、< meta >、< link >、< script >、< style > 等。

① < title > 标签，定义文档的标题，这个标题会显示在浏览器的标题栏或状态栏中。

② < base > 标签，它是单标签，规定网页上所有链接的默认地址或目标。它有两个属性：

- href：必选属性，规定页面所有相对链接的基准 URL。
- target：可选属性，规定在何处打开页面中所有的链接。

以下语句设置网页上所有链接的默认地址为搜狐网站，且在新窗口中打开：

```
< base href = "http://www.sohu.com "target = "_blank" >
```

③ < meta > 标签，它是单标签，规定有关页面的元信息。常用属性包括：

- content：必选属性，定义与 http-equiv 或 name 属性相关的元信息。
- http-equiv：可选属性，用于将 content 属性关联到 HTTP 头部。
- name：可选属性，用于将 content 属性关联到一个名称。

以下语句定义文档的字符编码为 utf-8：

```
< meta charset = "utf-8" >
```

以下语句定义文档的作者为 zhang：

```
< meta name = "author"content = "zhang" >
```

以下语句定义文档的关键字为 HTML、CSS、JavaScript：

```
< meta name = "keywords"content = "HTML,CSS,JavaScript" >
```

以下语句定义每隔 5 秒刷新一次页面：

```
<meta http-equiv="refresh" content="5">
```

④ <link> 标签，它是一个链接标签，提供对外部 CSS 文件及 favicon.ico 图标引用等。
⑤ <script> 标签，用于引入外部 js 文件或包含 JavaScript 脚本。
⑥ <style> 标签，用于网页 CSS 样式。
（4） <body> 标签，定义文档的主体，也就是网页上所显示的内容，比如文本、图像、超链接、表格、列表等。<body> 标签的常用属性见表 2-1。

表 2-1 <body> 标签属性说明

序号	属性	属性说明
1	bgcolor	设置网页的背景颜色
2	text	设置网页上文字的颜色
3	background	设置网页的背景图片
4	link	设置网页默认链接的颜色
5	alink	设置鼠标单击时链接的颜色
6	vlink	设置访问后链接的颜色
7	leftmargin	设定页面的左边距
8	topmargin	设定页面的上边距
9	bgproperties	设定页面的背景图像为固定，不随页面的滚动而滚动

该标签可设置网页的背景图片，网页的默认链接，鼠标单击、访问后的颜色，格式如下：

```
<body background="image/bg.jpg" link="#0000FF" alink="#ff00ff" vlink="#9900ff">
</body>
```

在网页文档主体中常用的基础标签有 <hn>、<p>、
、<hr>。
① <hn> 标签，<h1> ~ <h6>，定义文档标题，<h1> 定义的标题字号最大。
② <p> 标签，定义段落，段落前后会有一定间距。每一个段落对应一对 <p> 标签。在一个段落的源代码中包含多个连续的空格或换行时，浏览器只显示一个空格。
【例 2-3】段落的应用。

```
<h1>登鹳雀楼</h1>
<p>白日依山尽</p>
<p>黄河入海流</p>
<p>欲穷千里目</p>
<p>更上一层楼</p>
```

③
标签，单标签，定义一个换行符，使用
标签进行换行时，行与行间无间距。

④ <hr>标签，单标签，用于在页面绘制一条水平分隔线。

2.2.4　HTML5 标签的全局属性

HTML5 提供了一些全局属性，即每个标签上都可以使用的属性，亦即使属于非标准的标签也会有这些属性。常用的全局属性如下：

（1）accesskey：给当前元素创建一个键盘快捷键，字符用空格分隔。

（2）class：当前元素使用的样式类，若有多个用空格分隔。

（3）contenteditable：使当前元素可编辑。

（4）contextmenu：值为<menu>的 id 属性，定义元素的上下文菜单。

（5）data-*：向元素添加自定义属性。

（6）hidden：隐藏当前元素。

（7）id：向元素添加一个唯一标识符。

（8）style：向元素添加 CSS 属性以设置元素的表现格式。

（9）tabindex：设置元素的 Tab 索引，即按 Tab 键时选择元素的顺序。

2.3　文　字　标　签

文字是网页上的最小单位，HTML5 提供了文本字符标签显示和布局文字。本部分主要介绍文字标签。

2.3.1　HTML5 文本格式化标签

文本格式化标签用于设置文字的显示效果，见表 2-2。

表 2-2　文本格式化标签说明

序号	标签	功能描述
1	<b>	定义粗体文本
2	<em>	定义着重文字，文字呈斜体显示
3	<i>	定义斜体字
4	<small>	定义小号字
5	<strong>	定义加重语气，文字呈粗体显示
6	<sub>	定义下标字
7	<sup>	定义上标字
8	<ins>	定义插入字，文字下方加横线
9	<del>	定义删除字，文字中间加横线

【例 2-4】 文本格式化标签的应用。

```
<h1>鄱阳湖</h1><hr>
<p>
<strong>鄱阳湖</strong>,中国<ins>第一</ins>大淡水湖,也是中国
<ins>第二</ins>大湖,面积为4125km<sup>2</sup>,被称为<em>"白鹤
世界""珍禽王国"</em>。
</p>
```

2.3.2　HTML"计算机输出"标签

"计算机输出"标签用于显示计算机/编程代码。"计算机输出"标签说明见表 2-3。

表 2-3　"计算机输出"标签说明

序号	标签	功能描述
1	<code>	定义计算机代码,文本呈等宽显示
2	<kbd>	定义键盘码
3	<samp>	定义计算机代码样本
4	<var>	定义变量,文本呈斜体显示
5	<pre>	定义预格式文本,文本字体等宽且保留换行和空格

2.3.3　HTML 引文、引用及标签定义

网页上经常出现一些引文、引用等文字信息,HTML 提供了相关标签,见表 2-4。

表 2-4　引文、引用及标签定义说明

序号	标签	功能描述
1	<abbr>	定义缩写,使用 title 属性设置缩写文字的全称
2	<address>	定义地址,文本呈斜体显示
3	<bdo>	定义文字方向,ltr(文本从左至右)或 trl(文本从右至左)
4	<blockquote>	定义长的引用,浏览器会在 blockquote 元素的前后添加换行,并增加外边距,使用 cite 规定引用的来源
5	<q>	定义短的引用语,浏览器会在引用内容周围添加引号
6	<cite>	定义引用、引证
7	<dfn>	定义一个定义项目,文本呈斜体显示

【例 2-5】文字标签的应用。

```
<p><abbr title="World Wide Web">WWW</abbr>是环球信息网的缩写,
中文名字为"万维网""环球网"等,简称 Web。
<blockquote cite="http://baike.haosou.com/doc/5341011-5576454.
html">
WWW 可以让 Web 客户端(常用浏览器)访问浏览 Web 服务器上的页面。它是一个由许多互相链接的超文本组成的系统,每个有用的事物,称为一样资源,这些资源通过<q>超文本传输协议</q>传送给用户。</blockquote></p>
```

2.4 块

2.4.1 <div>标签

<div>标签是块级标签（block level element），用于组合其他 HTML 标签的容器。块级元素指的是在浏览器显示时，以新行来开始和结束。块级标签还有<h1>、<p>、<ul>、<table>等。

<div>标签没有特定含义，通常结合 CSS 样式表进行文档的布局。

2.4.2 <span>标签

<span>标签是内联标签，是行内块，可用作文本的容器。内联标签（inline element）在显示时一般不会以新行开始。内联标签还有<b>、<td>、<a>、<img>等。

<span>标签没有特定的含义，通常结合 CSS 样式表用来为部分文本设置样式属性。

2.5 表　格

2.5.1 创建表格

表格非常常见，可用于显示数据信息，也可用于组织图形和文本，进行网页布局。<table>标签用于创建表格，是一个容器，表格中的其他标签在<table>内适用。表格默认是没有边框的，border 属性用来设置表格边框。<tr>标签表示表格的行，<td>标签表示表格的列。

【例 2-6】创建一个 2 行 3 列的表格。

```
<table border = "1" >
<tr>
    <td>第1行第1列</td><td>第1行第2列</td><td>第1行第3列</td>
</tr> <tr>
    <td>第2行第1列</td><td>第2行第2列</td><td>第2行第3列</td>
</tr>
</table>
```

2.5.2 表格标签

在表格中除了 <tr> 和 <td> 标签外，还有一些对表格进行设置的标签，其他常用的表格标签见表 2-5。

表 2-5 常用的表格标签

序号	表格标签	描述
1	<caption>	定义表格标题
2	<th>	定义表格的表头
3	<thead>	定义表格的页眉
4	<tbody>	定义表格的主体
5	<tfoot>	定义表格的页脚

【例 2-7】创建一个带有表格标题和表头的成绩表，并设置第一行为页眉，为页眉设置浅灰色背景。

```
<table width = "400px" border = "1" >
    <caption>学生成绩表</caption>
    <thead bgcolor = "#CCCCCC" >
      <tr><th> -- </th><th>英语</th><th>高数</th><th>计算机</th></tr>
    </thead> <tbody>
      <tr><td>张洁</td><td>89</td><td>76</td><td>94</td></tr>
      <tr><td>赵家琪</td><td>78</td><td>75</td><td>86</td></tr>
      <tr><td>高健</td><td>85</td><td>76</td><td>90</td></tr>
</tbody> </table>
```

2.5.3 表格属性

可使用表格属性为表格设置多种显示效果。以下介绍常用的表格属性。

（1）border、cellspacing、cellpadding 属性。border 属性用于设置围绕表格的边框宽度。默认状态下表格是没有边框的，无边框的表格经常用于网页布局。

【例 2-8】设置表格边框为 10 像素。

```
<table border = "10">
<tr><th>姓名</th><th>性别</th></tr>
<tr><td>张三</td><td>男</td></tr>
<tr><td>李四</td><td>女</td></tr>
</table>
```

当表格的 border 属性不为"0"时，表格显示边框，表格的边框分为外边框和内边框，border 属性设置表格的外边框。表格内边框为表格单元格边框，可通过 cellspacing 属性设置，格式如下：

```
<table cellspacing = "像素值">
```

将【例 2-8】中表格的单元格间距设置为 10 像素：

```
<table border = "1" cellspacing = "10">…</table>
```

cellpadding 属性设置单元格与表格内容之间的空白，格式如下：

```
<table cellpadding = "像素值">
```

将【例 2-8】中表格单元格与内容的空白设置为 10 像素：

```
<table border = "1" cellpadding = "10">…</table>
```

（2）width 和 height 属性。其用于设置表格的宽度和高度，若缺省，按实际内容占用空间设置，格式如下：

```
<table width = "像素值|百分比" height = "像素值|百分比">
```

（3）bgcolor 和 background 属性。其用于设置背景色和背景图，用于整个表格及行或列，格式如下：

```
<table|tr|td bgcolor = "颜色值" background = "图片路径及名">
```

（4）colspan 和 rowspan 属性。其用于设置表格跨列和跨行显示，格式如下：

```
<th|td colspan = "整数"rowspan = "整数"> <!-- "整数"表示跨列或跨行的数目 -->
```

【例 2 – 9】创建跨列显示的表格。

```
<table border = "1" >
   <tr> <th colspan = "3" >早餐食谱</th> </tr>
   <tr> <th>食物</th> <th>饮料</th> <th>甜点</th> </tr>
   <tr> <td>鸡蛋</td> <td>牛奶</td> <td>蛋糕</td> </tr>
</table>
```

【例 2 – 10】创建跨行显示的表格。

```
   <table border = "1" >
<tr> <th rowspan = "3" >早餐食谱</th> <th>食物</th>
<td>鸡蛋</td> </tr>
<tr> <th>饮料</th> <td>牛奶</td> </tr>
<tr> <th>甜点</th> <td>蛋糕</td> </tr>
   </table>
```

网页中经常使用表格进行页面的布局，在表格中可以添加文字、图像、超级链接、动画等各种素材来显示网页的内容。

【例 2 – 11】使用表格进行网页的布局。

```
<table width = "600"height = "400"border = "1"
   align = "center"bgcolor = "#FFFFCC" >
<tr height = "60" >
   <td width = "20%" >LOGO</td>
   <td colspan = "2"align = "center" >BANNER</td>
</tr> <tr height = "5%" >
   <td colspan = "3"align = "center" >导航菜单</td>
</tr> <tr>
   <td>导航</td> <td align = "center" >网页内容</td> <td align = "center" >网页内容</td>
</tr> <tr height = "40" >
   <td colspan = "3"align = "center" >版权信息</td> </tr>
</table>
```

2.6 网页链接

超级链接（hyper link）使全球信息构成了一个万维网，链接是 HTML 最强大的功能。网页中的超级链接可以是一段文字，即超文本（hyper text），也可以是一幅图片，鼠标经过超级链接时会变成小手形状，这时候单击鼠标就可以跳转到目标网页。

网页中的超文本带有一条下划线。在默认状态下，未被访问的超文本是蓝色的；已被访问的超文本是紫色的；活动的超文本是红色的。

2.6.1 超链接标签 <a>

<a> 标签用于创建超级链接，其语法格式为：

```
<a href="资源地址" target="窗口名称" title="链接提示文字">超链接名称</a>
```

【例 2-12】进行设置，在网页上显示"百度网页""搜狐网页""新浪网页"三个超链接，单击超链接会在新窗口打开相应网站。

```
<h3>友情链接</h3>
<a href="http://www.baidu.com" target="_blank">百度网站</a>
<a href="http://www.sohu.com" target="_blank">搜狐网站</a>
<a href="http://www.sina.com" target="_blank">新浪网站</a>
```

2.6.2 链接属性设置

（1）href 属性。href 属性定义了链接的目标地址。目标地址有三种：

①绝对 URL 地址。绝对 URL 地址可以是页面或其他万维网资源的唯一定位地址。地址的格式为：

```
协议种类://计算机域名/文档名
```

【例 2-13】以下超链接地址为一个绝对 URL 地址：

```
<a href=http://www.tsinghua.edu.cn/publish/newthu/index.html
target="_blank">清华大学</a>
是亚洲和世界最重要的大学之一。
```

②相对 URL 地址。相对 URL 地址定义当前网页所在目录下的某个页面。以下语句定义指向本地当前路径下的文件 index.html 的超链接：

```
<a href="index.html">打开文件</a>
```

(2) target 属性。target 属性定义在何处打开链接文档。其属性值见表2-6。

表2-6 target 属性描述

序号	值	描 述
1	_blank	在新窗口中打开被链接文档
2	_self	默认,在相同的框架中打开被链接文档
3	_parent	在父框架集中打开被链接文档
4	_top	在整个窗口中打开被链接文档
5	framename	在指定的框架中打开被链接文档

(3) name 属性。name 属性定义锚的名称,常用于定义文档中的书签链接。通过超级链接的 href 属性可跳转至 name 属性规定的锚位置。书签链接的定义分为两步:

①定义书签,其语法格式为:

<a name = "书签名称" >目标超链接名称</a>

②定义链接地址,语法格式为:

<a href = "#书签名称"target = "窗口名称" >超连链标题名称</a>

如果超链接的目的地址与超链接不在同一页面,则定义链接地址的语法格式为:

<a href = "URL地址#书签名称"target = "窗口名称" >超链接标题名称</a>

【例2-14】书签链接的应用。单击超链接,网页跳转到当前页面指定位置。

```
<p align = "center" >秋季,收获满满的幸福</p>
<p align = "center" >
<a href = "#NO.1" >第一节</a>
<a href = "#NO.2" >第二节</a>
<a href = "#NO.3" >第三节</a>
<a href = "#NO.4" >第四节</a>
</p>
<a name = "NO.1" >秋光</a>…
<a name = "NO.2" >秋风</a>…
<a name = "NO.3" >秋雨</a>…
<a name = "NO.4" >秋季</a>…
```

2.7 图　　像

图像是网页标签之一，具有良好的装饰作用和直观的表达作用，可增强网页的视觉效果。网页中常用的图像格式有 GIF、JPEG、PNG、SVG 等。

2.7.1 插入图像

<img> 为单标签，用于插入网页图像，其语法格式为：

```
<img src = "图像 url 地址"/>
```

可以使用 <figure> 标签将图像作为独立的流内容。只需将图像以及说明文字嵌入 <figure> 标签内即可。

【例 2 – 15】用作文档中插图的图像。

```
<figure>
<p>长城(Great Wall)又称万里长城,是中国古代的军事防御工程。</p>
<img src = "img/长城.jpg">
</figure>
```

<img> 标签是行内级标签，可以使用 <a> 标签为图片定义超链接，把图片作为链接来使用，当用户单击该图片时就会跳转到链接所指向的文档。

【例 2 – 16】单击网页上的图片，打开百度网站。

```
<p>单击图片打开百度网站
<a href = "http://www.baidu.com" >
<img src = "img/bdlogo.gif" height = "30px" aligh = "middle" >
</a>
</p>
```

2.7.2 图像属性设置

（1）alt 属性。alt 属性用于定义图像的替换文本，当浏览器无法载入图像时，浏览器将显示 alt 属性设置的替换文字。

（2）title 属性。title 属性用于设置图片的提示文字，当鼠标停留在图片上时，会提示相关的文字。

（3）align 属性。align 属性用于设置图片在文本中的对齐方式，有 5 种。left：水平左对齐；right：水平右对齐；top：顶端对齐；middle：垂直居中对齐；bottom：底端对齐，为默认值。

（4）height 和 width 属性。它们用于设置图片的高度和宽度，其值是具体的像素值或百分比。

（5）ismap 属性。ismap 属性用于将图像定义为服务器端映射。图像映射指的是带有可单击区域的图像。当单击一个服务器端图像映射时，单击坐标会以 URL 查询字符串的形式发送到服务器。浏览器的地址栏中会显示鼠标的 x、y 位置（相对于图像的左上角）。其语法格式为：

```
<img ismap="ismap"/>
```

注：只有当 <img> 标签属于带有有效 href 属性的 <a> 标签的后代时，才允许使用 ismap 属性。

【例 2-17】单击网页上的图片，在地址栏中获得鼠标坐标。

```
<p>单击图像,获得鼠标坐标</p>
<a href="#"><img src="img/html5.jpg" ismap="ismap" height="180"></a>
```

（6）usmap 属性。usemap 属性提供了一种"客户端"的图像映射机制，有效地消除了服务器端对鼠标坐标的处理，以及由此带来的网络延迟问题。使用时，需要结合 <map> 和 <area> 标签创建图像映射。其语法格式为：

```
<img usemap="value">
```

"value" 值：# + <map> 的 name 或 id 属性。应同时向 <map> 标签添加 id 和 name 属性。

① <map> 标签，用于建立热点。格式如下：

```
<map name="图像热区名称">
```

<img> 标签中的 usemap 属性与 <map> 标签的 name 属性关联，创建图像与映射间的联系。

② <area> 标签，是单标签，定义图像映射中的区域，必须嵌套在 <map> 标签中。其常见属性见表 2-7。

表 2-7 <area> 标签属性描述

序号	属性	描述
1	coords	定义可单击区域（对鼠标敏感的区域）的坐标
2	href	定义此区域的目标 URL
3	nohref	从图像映射排除某个区域
4	shape	定义区域的形状，值：default、rect、circ、poly
5	target	规定在何处打开链接，值：_blank、_parent、_self、_top

【例 2-18】创建图像映射。

```
<p>单击图像上不同区域的 logo,打开相应的网页</p>
<img src = "img/html5.jpg"usemap = "#html5"alt = "html5logo">
<map name = "html5"id = "html-5">
  <area shape = "rect"coords = "60,25,456,126"href = "html5.html"
    target = "_blank"alt = "html5">
  <area shape = "circle"coords = "102,175,37"href = "chrome.html"target = "_blank"
    alt = "chorme">
  <area shape = "circle"coords = "177,175,37"href = "safari.html"target = "_blank"
    alt = "chorme">
  <area shape = "circle"coords = "253,175,37"href = "opera.html"target = "_blank"
    alt = "chorme">
  <area shape = "circle" coords = "338,175,37" href = "firefox.html" target = "_
    blank"alt = "chorme">
  <area shape = "circle"coords = "424,175,37"href = "ie.html"target = "_blank"alt = "
    chorme">
</map>
```

2.8 列　　表

在网页中,列表是一种非常有用的数据排列方式。其包括有序列表、无序列表和自定义列表。

2.8.1 有序列表

有序列表使用编号来记录项目的顺序,列表项目具有排序功能。有序列表使用<ol>标签定义,列表项目使用<li>标签包含于<ol>标签内。

【例 2-19】显示一个有序列表。

```
<ol>
<li>工具类书籍</li>
  <li>计算机书籍</li>
  <li>建筑类书籍</li>
  <li>电子类书籍</li>
</ol>
```

有序列表在默认情况下列表项目起点为 1,可以通过属性的设置改变有序列表的编号样式和编号起点等。<ol>标签属性描述见表 2-8。

表 2–8 <ol>标签属性描述

序号	属性	描述
1	reversed	列表顺序为降序
2	start	数值型，有序列表的起始值
3	type	列表的标记类型，可取值：1、A、a、I、i

2.8.2 无序列表

无序列表使用项目符号来记录无序的项目，默认使用粗体圆点进行标记。无序列表使用<ul>标签定义，与有序列表类似。其语法格式如下：

```
<ul>
    <li>列表项目 1</li>
    <li>列表项目 2</li>
    ……
</ul>
```

通过 type 属性设置无序列表标记类型，type 取值有 3 种：disc、circle 和 square。

2.8.3 自定义列表

自定义列表是用于解释名词的列表，使用<dl>标签定义，由两部分组成：标题和描述。标题使用<dt>标签定义，描述使用<dd>标签定义。

【例 2–20】自定义列表的使用。

```
<dl>
    <dt>运动户外</dt>
    <dd>冲锋衣</dd><dd>登山鞋</dd>
    <dt>乐器</dt>
    <dd>吉他</dd><dd>钢琴</dd>
</dl>
```

2.9 表 单

HTML 表单主要用于采集和提交用户输入的信息，是客户端和服务器传递数据的桥梁。表单是一个包含表单元素的区域，是一个容器。表单元素包括文本域、单选框、复选框、按钮、下拉列表等。

2.9.1 建立表单

表单使用<form>标签定义,语法格式如下:

```
<form>表单控件……</form>
```

表单控件包括<input>标签、<select>标签、<textarea>等。
【例2-21】建立一个显示输入姓名和密码的表单。

```
<form>
    姓名:<input type = "text"name = "user"/><br>
    密码:<input type = "password"name = "pwd"/>
</form>
```

表单包括以下几种常见属性:

(1) action 属性,一个 URL 地址,给出表单提交的服务器端程序。

(2) enctype 属性,规定表单数据编码。application/x-www-form-urlencoded 在发送前编码所有字符(默认);multipart/form-data 不对字符编码,包含文件上传表单,必须使用该值。

(3) method 属性,指定表单以何种方式发送到服务器端,常用值为 GET 和 POST:

①GET:从服务器上获取数据,传送的数据量小,安全性低。把参数数据队列加到提交表单的 action 属性所指的 URL 中,值和表单内各个字段一一对应,在 URL 中可以看到。

②POST:向服务器传送数据,传送的数据量大,安全性高。将表单内各个字段与其内容隐藏。

2.9.2 表单控件

(1) <input>标签,用于收集用户信息,根据 type 属性的取值,输入字段可以显示文本字段、单选框、复选框、按钮等。常用属性见表2-9。

表2-9 <input>标签属性描述

序号	属性	描述
1	name	定义<input>标签提交给服务器时的名称
2	placeholder	定义显示在文本框内的提示信息
3	readonly	定义只读控件
4	value	定义<input>标签的值
5	type	控件类型,可取值:button、checkbox、file、hidden、image、password、radio、reset、submit、text、email、url、number、range、date、search、color

【例 2-22】建立一个新用户注册表单。

```
<form>
    <h3>新用户注册</h3>
        <p>请输入用户名:
            <input type="text" name="user" required="required"></p>
        <p>请输入密码:<input type="password" name="password"></p>
        <p>电子邮箱:<input type="email" name="user_email"></p>
        <p>请选择出生日期:<input type="date"></p>
        <p>请选择你喜欢的颜色:<input type="color"></p>
        <p>请选择您的性别:
<input type="radio" value="女" name="sex">男
<input type="radio" value="男" name="sex">女</p>
        <p>请选择您的特长:
<input type="checkbox" name="basketball">网页制作
<input type="checkbox" name="football">程序设计
            <input type="checkbox" name="table tennis">软件开发
<input type="checkbox" name="table tennis">软件测试
        </p>
        <input type="button" value="确定">
        <input type="submit" value="提交">
        <input type="reset" value="取消">
</form>
```

(2) <button>标签,定义一个按钮,其与<input type="button">标签定义的按钮的不同之处在于:<button>标签内部可以放置内容,其常用属性见表 2-10。

表 2-10 <button>标签属性描述

序号	属性	描述
1	autofocus	在页面加载时,是否让按钮获得焦点
2	disabled	禁用按钮
3	name	按钮名称
4	type	按钮类型,可取值:button、reset、submit
5	value	按钮上的文本

(3) <select>标签,用于创建下拉列表,使用<option>标签定义列表项目。其中,列表值为发往服务器的值,列表项目是下拉列表项目中显示的值。其常用属性见表 2-11。

表2-11 <select>标签属性描述

序号	属性	描述
1	disabled	规定禁用该下拉列表
2	form	规定文本区域所属的一个或多个表单
3	multiple	规定可选择多个选项
4	required	规定文本区域是必填的
5	size	规定下拉列表中可见选项的数目

（4）<textarea>标签，用于定义多行文本输入控件，文本区可以容纳无限数量的文本，可以通过cols属性和rows属性规定多行文本控件的尺寸。

（5）<fieldset>标签，将表单内的元素分组，具有边界、3D等效果，<legend>标签定义组标题。

【例2-23】建立个人信息表单。

```
< form >
< fieldset >
 < legend >个人信息</legend >
 姓名:< input type = "text" >
 学号:< input type = "text" >
 系别:< input type = "text" >
 <p >请选择你的班级</p >
 < select name = "professional" >
 < option value = "应用" >软件1601</option >
 < option value = "网络" >软件1602</option >
 < option value = "软件" >网络1601</option >
 < option value = "多媒体" >网络1602</option >
 </select >
 <p >请输入您的个人简介</p >
 < textarea row = "10" col = "30" >在此输入您的个人简历</textarea >
</fieldset >
</form >
```

2.10 框　　架

网页中的框架是一个浏览器窗口内的浏览器，可以将浏览器窗口分割成几个相对独立的小窗口，浏览器可以将不同网页文件同时传送到这几个小窗口，同时浏览不同网页的内容。

2.10.1 建立框架

框架使用<frameset>标签定义，使用<frame>标签定义每一个框架中的内容。在框架页中，<frameset>标签代替了<body>标签，因此框架页中不能包含<body>标签。框架结构的语法格式如下：

```
<html>
  <head>
    <title>网页标题</title>
  </head>
<frameset rows = "行属性值" |cols = "列属性值" >
<frame src = "内容页 URL" >
    <frame src = "内容页 URL" >
    ……
</frameset>
</html>
```

其中，<frameset>标签的属性有两个：rows 属性、cols 属性。这两个属性的取值有 3 种形式：像素值，具体规定每个框架的尺寸；百分比，规定浏览器窗口尺寸的百分比；*：将浏览器窗口的剩余空间分配给相应的行或列。<frame>标签是单标签，其常用属性见表 2-12。

表 2-12 <frame>标签属性描述

序号	属性	描述
1	frameborder	"0"表示框架无边框；"1"表示有边框，为默认值
2	marginheight	框架的上方和下方的边距
3	marginwidth	框架的左侧和右侧的边距
4	name	框架的名称
5	noresize	规定无法调整框架的大小
6	scrolling	框架中显示滚动条，可取值：yes、no、auto
7	src	规定在框架中显示的文档的 URL

【例 2-24】显示一个 3 列的垂直分栏框架，各占浏览器宽度的 25%、50%、25%。

```
<frameset cols = "25%,50%,25% ">
<frame src = "https://www.baidu.com/" >
  <frame src = "http://www.sina.com.cn/" >
  <frame src = "http://www.sohu.com/" >
</frameset>
```

【例2-25】显示一个2行的水平分栏框架，第一行的高度为300像素，第二行的高度为浏览器剩余高度。

```
<frameset rows = "300,*">
<frame src = "https://www.baidu.com/">
<frame src = "http://www.sina.com.cn/">
</frameset>
```

2.10.2 框架的应用

（1）导航框架。其是网站中常见的形式，需要设置<frame>标签的name属性，表示该<frame>标签的名称，通过<a>标签的target属性进行关联，所得到的链接地址网页会显示在该<frame>标签中。

【例2-26】创建导航框架，打开浏览器，左侧框架显示导航菜单，单击菜单项，浏览器右侧框架中显示相应的网站。

```
<!DOCTYPE html>
<html>
  <head>
    <meta charset = "utf-8"/>
    <title>导航框架</title>
  </head>
  <frameset cols = "150,*">
    <frame src = "导航链接.html">
    <frame src = "http:/www.163.com"name = "myframe">
  </frameset>
</html>
```

（2）内联框架。其也叫行内框架，即在一个页面中嵌入一个框架窗口来显示另一个页面的内容。其使用<iframe>标签定义，<iframe>标签置于<body>标签内。

【例2-27】在网页中显示内联框架。

```
<body>
  <iframe src = "http://www.sina.com.cn">
</body>
```

在【例2-27】中，浏览器中显示新浪网内联框架。可通过width、height属性设置内联框架的大小，可通过scrolling属性设置内联框架中是否显示滚动条等。

2.11 音频和视频

网页中可以播放音频、视频和动画等多媒体文件，在 HTML5 中提供了播放音频和视频的标准。

2.11.1 添加音频

（1）<audio>标签，在网页中播放声音文件或音频流，支持 Wav、MP3 和 Ogg 三种格式，其语法格式如下：

```
<audio src = "URL">文本内容</audio>
```

其中，URL 指的是要播放的音频文件的 URL；当浏览器不支持<audio>标签时，会显示开始标签和结束标签之间的文本内容，文本内容可以省略。

【例 2 – 28】在浏览器中添加音频文件，并设置显示音频播放控件。

```
<audio src = "song.ogg" controls = "controls"></audio>
```

<audio>标签的常用属性见表 2 – 13。

表 2 – 13　<audio>标签属性描述

序号	属性	描述
1	autoplay	音频在就绪后马上播放
2	controls	显示音频播放控件
3	loop	音频循环播放

为了尽可能地兼容浏览器，HTML5 提供了<source>标签。<source>标签与<audio>标签结合使用，可为媒体元素定义媒体资源，允许规定可替换的音频或视频文件，供浏览器根据它对媒体类型或编、解码器的支持进行选择，浏览器会选择第一个可识别的格式，其语法格式如下：

```
<source src = "URL" type = "MIME_type">
```

其中，src 属性定义了媒体文件的 URL，type 属性定义了媒体资源的 MIME 类型。音频类型包括 audio/ogg 和 audio/mpeg；视频类型包括 video/ogg、video/mp4 和 video/webm。

【例 2 – 29】定义两种不同类型的音频资源，浏览器会选择它所支持的文件。

```
<audio controls>
<source src="song.ogg" type="audio/ogg">
<source src="song.mp3" type="audio/mpeg">
您的浏览器不支持 audio 元素。
</audio>
```

（2）<embed>标签，插入多媒体，格式是 Midi、Wav、AIFF、AU、MP3 等。其语法格式如下：

```
<embed sre="URL"></embed>
```

其中，URL 为音频或视频文件目录。以下语句在网页中添加音频文件"smak slow.mp3"：

```
<embed src="smak slow.mp3">
```

（3）<object>标签，包含对象，比如图像、音频、视频、Java applets、ActiveX、PDF 以及 Flash。其语法格式如下：

```
<object data="URL"></object>
```

其中，URL 指引用音频文件的目录。以下语句在网页中添加音频文件"song.mp3"：

```
<object data="song.mp3"></object>
```

2.11.2 添加视频

<video>标签在网页中实现包含视频的标准方法，支持 Ogg、MPEG4 和 WebM 这 3 种视频格式。其使用方法与<audio>标签类似。其语法格式如下：

```
<video src="URL">文本内容</video>
```

其中，URL 是要播放视频文件的 URL。浏览器不支持<video>标签时，显示开始标签和结束标签之间的文本内容，文本内容可以省略。<video>标签的常用属性与<audio>标签相同。

【例 2-30】在网页上自动播放名为"movie.ogg"的视频文件。如果浏览器不显示视频文件，则显示"你的浏览器不支持这种格式"。

```
<video src="movie.ogg" autoplay="autoplay">
你的浏览器不支持这种格式
</video>
```

【例 2-31】浏览器会选择其所支持的格式播放名为"movie"的视频，该视频宽度为

320像素，高度为240像素，并显示视频播放控件。当浏览器不显示视频时，会显示"你的浏览器不支持这种格式"。

```
<video width="320" height="240" controls="controls">
<source src="movie.ogg" type="video/ogg">
<source src="movie.mp4" type="video/mp4">
你的浏览器不支持这种格式
</video>
```

也可以使用<embed>标签和<object>标签添加视频，其使用方法与添加音频类似。

习 题

一、填空题

1. HTML5的全称是_____。
2. HTML5是以_____作为主体的语言。
3. HTML5文档的扩展名是_____或_____。
4. HTML5的标签书写格式有两种，分别为：
   （1）_____；
   （2）_____。
5. 从a.html文件连接到b.html文件中booktitle书签位置的写法是：_____。
6. 超级链接的目标地址可以是_____或_____，其中_____必须是以协议（如http：//，file：///等）开头，而_____是以当前路径为开始，这里的当前路径是指：_____。
7. 表单标签只是定义了接收用户输入的区域，但是具体接收用户输入的是输入域标签，在HTML5中，输入域标签包括：_____。
    _____标签是一般输入域，该标签通过不同的_____属性表现出不同的输入效果。
    当该标签值为_____时显示文本框，当_____时为隐藏的输入域，当_____时定义一个普通按钮，当_____时定义一个复选框，当_____时定义一个上传文件输入域，当_____时定义一个提交表单自定义按钮，当_____时定义一个密码输入域，当_____时定义一个单选按钮，当_____时定义一个恢复表单初始化值按钮，当_____时定义一个提交表单的按钮，当_____时定义一个电子邮件地址输入域，当_____时定义一个网址输入域，当_____时定义一个数字输入域，当_____时定义一个滑动型数字输入域，当_____时定义一个日期域，当_____时定义一个搜索域，当_____时定义一个颜色域。

二、问答题

1. 写出HTML5文档的结构，并解释每个标签的含义。

2. HTML5 的标签可以包括属性,而 HTML5 中每个标签都可以包括的标签被称为 HTML5 的公共属性,写出你知道的所有公共属性,并说明其含义。

3. 请按表 2-14 的格式制作一个学籍表。

表 2-14 学籍表

姓名	性别	专业	辅导员
吴晓杰	女	计算机网络技术	刘凯
张力	男	计算机应用	

4. 请按图 2-2 所示制作一个注册网页。

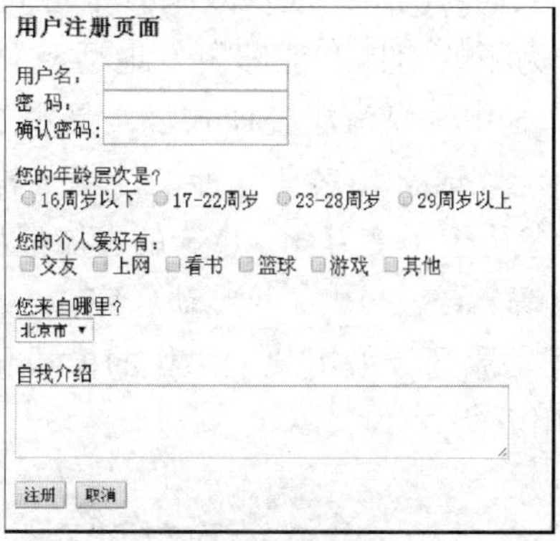

图 2-2 注册页面

习题答案与讲解

CSS3 技术

随着 HTML 语言的诞生，人们对网页的表现效果有了更高的要求，希望网页能够美观、大方，升级方便，维护轻松。为了使 HTML 能够更好地适应页面的美工设计，CSS（Cascading Style Sheet）应运而生。CSS 中文译为层叠样式表，是用于控制网页样式并允许将样式信息与网页内容分离的一种标记性语言。它是一种设计网页样式的工具，借助 CSS 的强大功能，网页在设计者丰富的想象力下千变万化。CSS 的发展经历了三个阶段：CSS1 定义了网页的基本属性，如字体、颜色等；CSS2 增加了浮动、定位、选择器等高级功能；CSS3 以 HTML5 为基础，遵循模块化开发原则，采用分工协作的模块化结构，使网页视觉的呈现更加良好。本章介绍 CSS3 的使用方法。

3.1　CSS3 语言基础

3.1.1　CSS 的应用方式

1. CSS 引入方法

将 CSS 与 HTML 关联有多种方法，按照优先级的先后顺序分为：内联样式、内部样式、外部样式和导入样式。

（1）内联样式。内联样式也称行内样式，通过 HTML 标签的 style 属性设置 CSS 样式，格式如下：

```
<标签 style = "CSS 规则" > </标签>
```

（2）内部样式。内部样式也称内嵌样式，位于 <head> 标签内部，使用 <style> 标签设置 CSS 样式。本章主要介绍内部样式表的使用方法，其格式如下：

```
<style type = "text/css" >CSS 规则</style>
```

（3）外部样式。外部样式也称为链接样式，样式被定义在一个扩展名为 ".css" 的单独文件中，使用 <link> 标签的 href 属性将 CSS 样式文件链接到 HTML 文档中。<link> 标签通常位于 <head> 标签内，<link> 标签的属性见表 3-1，外部样式的格式如下：

```
<link href = "CSS 文件" rel = "stylesheet" type = "text/css" />
```

表3-1 <link>标签属性描述

序号	属性	描述
1	href	引入外部 CSS 文件的路径
2	rel	说明外部文件以样式表方式引入该 HTML 文档中，值为 stylesheet
3	type	说明外部文档类型，值为 text/css

(4) 导入样式。导入样式在 <style> 标签内插入 @import 语句和 CSS 文件路径，效果与外部样式一致。

2. CSS 规则语法基础

CSS 规则由两个主要部分构成：选择器以及一条或多条声明。其语法格式如下：

```
选择器{
  属性1:值1;
  属性2:值2;
  ……
  属性n:值n;
}
```

【例3-1】以下样式设置网页背景色为黄色，网页上文字为蓝色。

```
<style type="text/css">/*内部样式*/
  body{background-color:yellow;   /*网页背景色为黄色*/
       color:blue;                /*网页上文字为黄色*/
  }
</style>
<p style="color:red;font-size:30px;">内联样式的使用,覆盖了内部样式</p>
<p>网页呈现黄色背景,蓝色文字。</p>
```

注意：CSS 中注释的格式为：/* 注释文字 */，且只能使用这一种注释格式。

3.1.2 选择器（selector）

在 CSS 中，选择器是一种模式，用于选择需要添加样式的 HTML5 标签。选择器是 CSS3 的主要特性之一。CSS3 选择器在 CSS2 选择器的基础上，允许设计师在标签中指定特定的 HTML 元素，而不必使用多余的类、ID 或者 JavaScript 脚本。其可以使网页更加简洁、高效，结构与表现更好地分离，并且使样式表更易维护。

1. CSS 基本选择器

在 CSS3 中包含了 3 个类型的选择器：元素选择器、类选择器以及 ID 选择器，多个选择器用逗号分隔放在一起即可成组。也可定义上、下级 CSS 选择器，父级元素与子元素之间使用"空格"分隔。

(1) 元素选择器，用来设置某个 HTML 元素，比如 <p>、<h1>、<em>、<a>，甚至可以是 HTML 本身的样式。

【例 3-2】以下样式设置网页上不同元素中文字的样式。

```
<style type="text/css">
    html{color:black;}    /*网页文字为黑色*/
    h1{color:blue;}       /*<h1>元素文字为蓝色*/
    h2,p{color:red;}      /*元素选择器分组,设置 h2 和 p 文字为红色*/
    p b{ /*元素选择器嵌套,设置<p>元素中嵌套的<b>元素文字为绿色,带下划线*/
        color:green;text-decoration:underline;}
</style>
<h1>元素选择器的使用</h1>
<h2>元素选择器的分组和嵌套</h2>
<p><p>元素显示样式,<b><p>元素内的<b>元素显示样式。</b></p>
```

注意：最内层的元素选择器样式优先级高。本例中 <html> 元素内的 <h1> 元素会显示蓝色。

(2) 类选择器，允许以一种独立于文档元素的方式来指定样式。该选择器可以单独使用，也可以与其他元素结合使用。设置类选择器时，将类名作为选择符。类名前使用点（.），应用类中样式时，在 HTML5 标签上增加 class 属性来引用类名。

类选择器也可以结合元素选择器一起使用，以限制使用类选择器的 HTML5 标签。设置选择器时，选择器名字为：元素.类名，应用样式时，使用相应元素的 class 属性来引用类名。

【例 3-3】以下代码设置网页上第一段文字显示红色，第二段文字显示蓝色，第三段文字显示绿色，第四段文字显示黄色。

```
<style type="text/css">
    .one{color:red;}
    .two{color:blue;}
    .three{color:green;}
    p.feature{color:yellow;}  /*类选择器与元素选择器结合使用*/
</style>
<p class="one">class 选择器 1</p>
<p class="two">class 选择器 2</p>
<p class="three">class 选择器 3</p>
<p class="feature">类选择器结合元素选择器使用</p>
```

(3) ID 选择器，为标有特定 id 的 HTML 元素指定特定的样式。id 选择器以"#"来定义。其使用 id 属性应用样式，用法与类选择器有些类似。

【例 3-4】以下代码设置段落显示不同的颜色。

```
<style type = "text/css" >
    #red{color:red;}
    #green{color:green;}
</style>
<p id = "red" >这个段落是红色。</p>
<p id = "green" >这个段落是绿色。</p>
```

2. CSS3 新增选择器

（1）属性选择器，可以对带有指定属性的 HTML 元素设置样式。在 CSS 中属性选择器的语法格式如下：

```
[属性名]{CSS 规则}
```

属性选择器中还可以包含"＝""~""^""＄""｜""＊"等符号，其中，"＝"表示相等，"~"表示空格分隔的包含，"｜"表示以连字符分隔的开始，"^"表示开始，"＄"表示结尾，"＊"表示任意。

【例 3-5】通用匹配运算符的使用。

```
div[title = "Book"]    /*有 title 属性且值为 Book 的 <div>元素*/
p[title^= "This"]      /*有 title 属性且值以 This 开头的 <p>元素*/
div[title ~ = "Book "]/*有 title 属性且值包含 Book 的 <div>元素*/
body[lang|= "en"]      /*网页中 lang 的值以"en"开头的 body 元素*/
img[src $ = "jpg"]     /*src 属性值后缀为 jpg 的 img 元素*/
div[class * = "test"]/*class 属性值包含"test"的所有 <div>元素*/
```

【例 3-6】以下代码设置超级连接显示不同图标的效果。

```
<style type = "text/css" >
  a[href $ = "xls"]{
     background:url(images/icon_xls.gif) no-repeat left center;
     padding-left:18px;
  }
  a[href $ = "ppt"]{
     background:url(images/icon_ppt.gif) no-repeat left center;
     padding-left:18px;
  }
  a[href $ = "gif"]{
     background:url(images/icon_img.gif) no-repeat left center;
     padding-left:18px;
  }
  a[href $ = "txt"]{
```

```
        background:url(images/icon_txt.gif) no-repeat left center;
        padding-left:18px;
    }
</style>
<h3>超级链接类型标识图标</h3>
<p><a href="http://www.baidu.com/name.ppt">PPT 文件</a></p>
<p><a href="http://www.baidu.com/name.xls">XLS 文件</a></p>
<p><a href="http://www.baidu.com/name.gif">GIF 文件</a></p>
<p><a href="http://www.baidu.com/name.txt">TXT 文件</a></p>
```

(2) 伪类和伪元素选择器。

伪类是一类特殊的选择器，用来定义某种鼠标触发事件的显示效果。其语法格式如下：

选择器:伪类{属性名:属性值}

最常用的伪类选择器是应用在 <a> 元素上的几种选择器，也叫锚伪类。link：未访问的链接；visited：已访问的链接；hover：鼠标移到链接上；active：选定的链接。

【例 3-7】以下规则使超级链接的不同状态以不同的方式显示。

```
a:link{color:#FF0000}        /* 未访问的链接为红色 */
a:visited{color:#00FF00}     /* 已访问的链接为绿色 */
a:hover{color:#FF00FF}       /* 鼠标移动到链接上链接呈现粉色 */
a:active{color:#0000FF}      /* 选定的链接为蓝色 */
```

注意：在 CSS 定义中，a：hover 必须位于 a：link 和 a：visited 之后，这样才能生效；a：active 必须位于 a：hover 之后，这样才能生效。

伪元素是对 CSS 中已经定义好的伪类使用的选择器。其语法格式如下：

选择器名称:伪元素{属性名:属性值}

CSS 中主要有 4 个基本伪元素选择器。具体见表 3-2。

表 3-2 CSS 基本伪元素选择器

序号	伪元素	说明
1	:first-line	用于为某个元素中的第一行文字使用样式
2	:first-letter	用于为某个元素中的文字首（欧美文字）字母或第一个字（中文或日文）使用样式
3	:before	用于在某个元素之前插入一些内容
4	:after	用于在某个元素之后插入一些内容

【例3-8】伪元素的使用。

```
<style type="text/css">
   /*设置带有article样式类的<p>元素第一行文字为蓝色*/
   p.article:first-line{color:#0000FF;}
div:before{ content:"\260E";} /* <div>元素前添加符号 */
</style>
<p class = "article">联系方式</p>
<div>电话</div>
<div>短信</div>
<div>qq</div>
<div>微信</div>
```

3. CSS3 中的结构伪类选择器

CSS3 在 CSS2 的基础上增加了多种伪类选择器。

(1):root 选择器，匹配文档根元素，在 HTML 中，根元素始终是 <html> 元素。以下样式声明设置文档背景色为绿色：

```
:root{background-color:limegreen;}
```

(2):not 选择器，匹配非指定元素或选择器的每个元素，以下样式声明设置 <body> 元素中非 <p> 元素的所有元素的背景色为红色：

```
body:not(p){ background-color:#ff0000;}
```

(3):empty 选择器，匹配没有子元素（包括文本节点）的每个元素，以下样式声明指定空的 <p> 元素的背景色为红色：

```
p:empty{ background:#ff0000;}
```

(4):target 选择器，匹配目标元素，通常用在 <a> 的 href 指向的内部链接，即通过 <a> 的 name 属性定义的书签，URL 带有锚名称 "#"，指向文档内某个有 id 属性的元素。这个被链接的元素就是目标元素（target element）。

【例3-9】以下代码设置单击超级链接时，超级链接所指向的文字样式。

```
<style>
   :target{border:2px solid #D4D4D4;background-color:#e5eecc;}
</style>
<p><a href = "#news1">跳转至内容1</a></p>
<p><a href = "#news2">跳转至内容2</a></p>
<p>请单击上面的链接,:target 选择器会突出显示当前活动的 HTML 锚。</p>
<p id = "news1"><b>内容1...</b></p>
```

```
<p id = "news2" > <b>内容2...</b></p>
<p><b>注释:</b> Internet Explorer 8 以及更早的版本不支持 :target 选择器。</p>
```

CSS3 规定了多种伪元素选择器,使用方法前面已经介绍,表 3-3 列出了 CSS3 中的伪元素选择器。

表 3-3 CSS3 伪元素选择器

序号	伪元素	示例说明
1	:first-of-type	元素下每个标签类型的第一个元素
2	:last-of-type	元素下每个标签类型的最后一个元素
3	:only-of-type	元素下每个只出现一次的标签类型
4	:only-child	元素下只有一个子元素的标签
5	:nth-child(n)	元素的第 n 个子元素,n 的可取值:even 和 odd
6	:nth-last-child(n)	同上,从最后一个子元素开始计数
7	:nth-of-type(n)	元素对应类型的第 n 个,2n+1 表示奇数,2n 表示偶数
8	:nth-last-of-type(n)	同上,但是从最后一个子元素开始计数
9	:last-child	元素的最后一个子元素

4. UI 元素状态伪类选择器

UI 元素状态伪类选择器指定的样式只有当元素处于某种状态时才能起作用,在默认状态下不起作用。UI 指 User Interface(用户界面)。在网页中 UI 元素是指只包含在 form 元素内的表单域元素。CSS3 包括:可用、不可用、选中、未选中、获取焦点、失去焦点、锁定、待机等状态伪类选择器。以下列举了常用 UI 元素状态伪类选择器:

(1):enabled 选择器,匹配每个可用的元素;
(2):disabled 选择器,匹配每个被禁用的元素;
(3):checked 选择器,匹配每个已被选中的元素(只用于单选按钮和复选框)。

【例 3-10】以下代码设置表单元素在不同状态下的显示外观。

```
<style type = "text/css" >
    input[type = "text"]:enabled{background-color:yellow;}
    input[type = "text"]:disabled{background-color:purple;}
    input[type = "checkbox"]:checked{outline:2px solid blue;}
</style>
<form>
<p>姓名
<input type = "text"enabled >
<p>兴趣
```

```
<input type = "checkbox" >文学 </input >
<input type = "checkbox" >艺术 </input >
<input type = "checkbox" >体育 </input >
<input type = "checkbox" >其他 </input >
<p >备注
<input type = "text"disabled >
</form >
```

3.2　CSS3 的盒模型

CSS3 使用弹性盒模型的处理机制进行网页总体的布局与设计。弹性盒模型是在 CSS2 盒模型的基础上发展而来的，图 3-1 所示为弹性盒模型边缘及区域示意。该模型用于决定元素在盒子中的分布方式以及如何处理盒子的可用空间。

盒子模型的最内部分是实际的内容，包围内容的是内边距，呈现元素的背景，内边距的边缘是边框，边框以外是外边距，外边距默认是透明的，因此不会遮挡其后的任何元素。

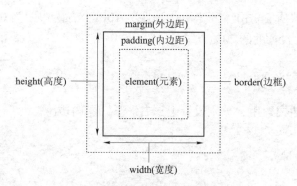

图 3-1　弹性盒模型边缘及区域示意

3.2.1　盒的类型

CSS 盒的类型分为两种：block 类型和 inline 类型。block 类型元素的宽度占据整个浏览器，如 <div> 元素、<table> 元素等；inline 类型元素的宽度等于其内容所在的宽度，如 <span> 元素、<a> 元素等。使用 display 属性可以改变生成的框的类型。

【例 3-11】改变框的类型。

```
span{display:block}      /*将 <span >元素显示为块元素 */
p{display:inline}        /*将 <p >元素显示为行元素 */
div{display:none}        /*设置 <div >元素不显示 */
```

3.2.2 宽度与高度

CSS 使用 width 属性设置元素的宽度,使用 height 属性设置元素的高度。主要使用两种方式来设置:使用具体值设置和使用百分比设置。

使用具体值设置时可以使用 px、cm 等单位定义高度和宽度;使用百分比方式表示基于包含元素的块级对象的宽度或高度的百分比。

【例 3-12】设置图片的高度为浏览器的 50%,宽度为 200px。

```
img{ width:50% ;height:50% ;}
```

3.2.3 内边距与外边距

1. 内边距

内边距指元素边框与元素内容之间的空白区域,使用 padding 属性来定义。padding 属性可以是长度值或百分比值,但不能是负值。按照上、右、下、左的顺序分别设置各边的内边距,各边均可以使用不同的单位或百分比值。

以下样式声明设置所有 <h1> 元素上内边距为 10px,右内边距为 0.25em,下内边距为 2em,左内边距为父元素宽度的 20%。

```
h1{padding:10px 0.25em 2ex 20% ;}
```

也可通过使用单边内边距,分别设置上、右、下、左内边距。

```
h1{padding-top:10px;          /* 上内边距 */
   padding-right:0.25em;      /* 右内边距 */
   padding-bottom:2ex;        /* 下内边距 */
   padding-left:20% ;         /* 左内边距 */
}
```

2. 外边距

外边距指围绕在元素边框周围的空白区域,设置外边距使用 margin 属性。这个属性接受任何长度单位、百分数值,也可以是负值。其用法与 padding 属性相同。也可以使用 margin-top(上外边距)、margin-right(右外边距)、margin-bottom(下外边距)、margin-left(左外边距)属性设置单边外边距。

3.2.4 盒内容显示

overflow 属性定义了溢出元素内容区的内容如何处理。其属性值为下列值之一:

(1) visible:默认值,内容不会被修剪,呈现在元素框之外。

(2) hidden:内容会被修剪,其余内容不可见。

(3) scroll：内容会被修剪，浏览器会显示滚动条以便查看其余的内容。
(4) auto：如果内容被修剪，则浏览器会显示滚动条以便查看其余的内容。
(5) inherit：从父元素继承 overflow 属性的值。

【例 3-13】以下代码设置 <div> 元素内容溢出时，内容被裁剪，浏览器显示滚动条。

```
div{width:150px;height:150px;overflow:auto;}
```

CSS3 还提供了 overflow-x 属性和 overflow-y 属性设置对内容的左/右边缘进行裁剪的方式和对内容上/下边缘进行裁剪的方式。这两个属性新增的属性值为：

(1) no-display：如果内容不适合内容框，则删除整个框；
(2) no-content：如果内容不适合内容框，则隐藏整个内容。

3.3　CSS 布局

3.3.1　盒布局的基础知识

利用 CSS 定位和浮动功能可以建立列式布局，将布局的一部分与另一部分重叠，还可以完成多年来通常需要使用多个表格才能完成的任务，这包括定位和浮动。

(1) position 属性规定元素的定位类型。其语法格式为：position：属性值；。
CSS 有三种基本的定位机制：普通流、浮动和绝对定位。position 属性值见表 3-4。

表 3-4　position 属性值

序号	值	说　　明
1	static	默认值，没有定位，元素出现在正常的流中
2	absolute	生成绝对定位的元素，元素定位后生成一个块级框
3	fixed	生成绝对定位的元素，相对于浏览器窗口进行定位
4	relative	生成相对定位的元素
5	inherit	规定应该从父元素继承 position 属性的值

【例 3-14】以下代码显示不同的定位方式标题元素的位置。

```
<style type = "text/css">
h2.rel{position:relative;left: -20px;/*相对于正常位置向左移动 20px*/}
  h2.abs{position:absolute;left:100px;top:100px;/*距离页面左 100px,
100px*/}
  h2.fix{position:fixed;left:50px;top:150px;/*距离页面左 50px,顶 150px*/}
</style>
```

```
<h2>正常位置的标题</h2>
<h2 class="rel">这个标题相对于其正常位置向左移动</h2>
<h2 class="abs">这是带有绝对定位的标题</h2>
<h2 class="fix">这是带有固定定位的标题</h2>
```

（2）float 属性实现元素的浮动，定义元素在哪个方向浮动，CSS 中任何元素都可以浮动，浮动元素会生成一个块级框。

【例 3–15】利用 float 属性设置列表项目显示为水平菜单。

```
<style type="text/css">
ul{float:left;width:100% ;/*列表的宽度是100% */list-style-type:
none;}
  a{float:left;width:4em;/*超链接的宽度是4em(当前字体尺寸的4倍)*/
  color:white;background-color:gray;border-right:1px solid white;}
a:hover{background-color:purple;}
   li{display:inline;}
</style>
<ul>
<li><a href="#">菜单1</a></li>
<li><a href="#">菜单2</a></li>
<li><a href="#">菜单3</a></li>
<li><a href="#">菜单4</a></li>
</ul>
```

3.3.2 多列布局

通过对框的定位和浮动可以使网页呈现多列的布局效果，但是容易发生错位，也无法满足模块的自适应能力，CSS3 新增了多列自动布局功能，可以创建多个列来对文本进行布局。

多列布局的设置使用 columns 属性，表 3–5 列出了 columns 属性的所有转换属性。

表 3–5　columns 属性的转换属性

序号	属性	说　　明
1	column-count	元素被分隔的列数，数值：列数
2	column-fill	如何填充列，balance：对列长度的差异进行最小化处理，auto：按顺序对列进行填充
3	column-gap	列之间的间隔，length：设置指定间隔，normal：常规的间隔 1em
4	column-rule	所有 column-rule-* 属性的简写属性
5	column-rule-color	列规则之间的颜色

续表

序号	属性	说　明
6	column-rule-style	列规则之间样式，none、hidden、dotted、dashed、solid、double
7	column-rule-width	列规则之间的宽度，thin、medium、thick、length
8	column-span	元素应该横跨的列数，all：元素横跨所有列
9	column-width	列的宽度，auto：浏览器决定列宽
10	columns	设置 column-width 和 column-count 的简写属性

【例 3-16】以下代码设置 <div> 元素的显示多列，列宽为 20 em，列之间间隔 3 em，分隔线为蓝色、实线，宽度为 6 px。

```
div{-moz-column-width:20em;-moz-column-gap:3em;-moz-column-rule:6px
    solid blue;
     -webkit-column-width:20em;-webkit-column-gap:5em;-webkit-
        column-rule:6px solid blue;
}
```

3.3.3　用户界面

1. 盒模型解析模式

CSS3 新增了 UI 模块来控制用户界面相关的呈现方式。box-sizing 属性提供了实现定义盒模型尺寸的解析方式。box-sizing 属性值为下列三种之一：

（1）content-box：宽度和高度分别应用到元素的内容框。在宽度和高度之外绘制元素的内边距和边框。

（2）border-box：为元素设定的宽度和高度决定了元素的边框盒。为元素指定的任何内边距和边框都将在已设定的宽度和高度内进行绘制。通过从已设定的宽度和高度分别减去边框和内边距才能得到内容的宽度和高度。

（3）inherit：规定应从父元素继承 box-sizing 属性的值。

【例 3-17】以下代码显示了 content-box 属性与 border-box 属性的差异。

```
<style>
div{width:300px;border:solid 20px #ffaa00;/*设置橙色边框实线宽
   20px*/
     padding:30px;gackground-color:#ffff00;margin:20px auto;}
div#div1{box-sizing:content-box;-moz-box-sizing:content-box;/* Firefox */
    -webkit-box-sizing:content-box;/* Safari */}
div#div2{box-sizing:border-box;-moz-box-sizing:border-box;/* Firefox */
```

```
-webkit-box-sizing:border-box;/* Safari */
</style>
<div id="div1">div 元素内容部分宽度为 300px,元素总宽度为:元素宽度(300px)+内部补白宽度(30px×2)+边框宽度(20px×2)=400px</div>
<div id="div2">div 元素总宽度为 300px,元素内容部分的宽度=元素总宽度(300px)-内部补白宽度(30px×2)-边框宽度(20px×2)=200px</div>
```

2. 自由缩放

CSS3 新增了 resize 属性允许用户自由缩放浏览器中某个元素的大小,属性值是以下之一:

(1) none:用户无法调整元素的尺寸;
(2) both:用户可调整元素的高度和宽度;
(3) horizontal:用户可调整元素的宽度;
(4) vertical:用户可调整元素的高度。

注意:定义 resize 属性时必须同时定义 overflow 属性为 auto,否则 resize 属性声明无效。

【例 3-18】以下代码设置当鼠标拖动 <div> 元素的右下角时,元素可以放大或缩小。

```
div{border:2px solid;padding:10px 40px;width:300px;resize:both;overflow:auto;}
```

3. 定义外轮廓线

CSS 可以定义元素轮廓线的颜色、样式、宽度等风格,起到突出元素的作用,元素轮廓线的基本属性见表 3-6。

表 3-6 元素轮廓线的基本属性

序号	值	说 明
1	outline-color	设置边框颜色,值为颜色名、十六进制、rgb 代码、继承等
2	outline-style	设置边框样式,值为 none、dotted、dashed、solid、double、数值等
3	outline-width	设置边框宽度,值为 thin、medium、thick、数值等
4	outline	设置所有轮廓的属性

CSS3 新增了 outline-offset 属性对轮廓进行偏移,并在边框边缘进行绘制。

【例 3-19】以下代码设置 <div> 元素边框外 15px 处有一个红色轮廓。

```
div{margin:20px;width:200px;padding:10px;height:60px;border:2px solid black;outline:2px solid red;outline-offset:15px;}
```

4. 弹性盒模式

CSS3 引入弹性盒模式的概念，方便设计师灵活地设计页面上容器的大小和位置。

(1) 框内子元素的排列方式。box-orient 属性规定框的子元素应该被水平或垂直排列。其取值包括：horizontal，在水平行中从左向右排列子元素；vertical，从上向下垂直排列子元素；inline-axis，沿着行内轴排列子元素（映射为 horizontal）；block-axis，沿着块轴排列子元素（映射为 vertical）；inherit，应该从父元素继承 box-orient 属性的值。

注意：目前没有浏览器支持 box-orient 属性。Firefox 支持替代的 -moz-box-orient 属性。Safari、Opera 以及 Chrome 支持替代的 -webkit-box-orient 属性。

【例 3-20】利用弹性盒模式布局样式。

```
<style>
    body{text-align:center;}
    #box{width:600px;}
    #box1{height:50px;background-color:yellow;}
    #box2{width:150px;height:100px;background-color:gray;}
    #box3{width:300px;height:100px;background-color:red;}
    #box4{width:150px;height:100px;background-color:green;}
    /*设置子包含框为盒子显示,包含元素水平流动*/
    #sub-box{display:-moz-box;display:-webkit-box;display:box;box-orient:
        horizontal;
        -moz-box-orient:horizontal;-webkit-box-orient:horizontal;}
</style>
<div id="box">
    <div id="box1">box1</div>
    <div id="sub-box">
        <div id="box2">box2</div>
        <div id="box3">box3</div>
        <div id="box4">box4</div>
    </div>
</div>
```

也可通过 box-direction 属性设置框元素的子元素以什么方向来排列。其取值包括：normal，以默认方向显示子元素；reverse，以反方向显示子元素；inherit，继承父元素的 box-direction 属性。

(2) 定义盒的弹性空间。box-flex 属性规定框的子元素是否可伸缩尺寸。其值为一个数值。元素的可伸缩性是相对的。

把【例 3-20】中 #box3 样式和 #box4 样式更改为如下样式声明：box2 占据宽度 150 px，<div> 元素剩余 450 px，则 box3 将占据剩余宽度的 1/3，box4 占用剩余宽度的 2/3。

```
#box3{-moz-box-flex:1;-webkit-box-flex:1;box-flex:1;height:100px;background-
    color:red;}
#box4{-moz-box-flex:2;-webkit-box-flex:2;box-flex:2;height:100px;background-
    color:green;}
```

（3）子元素的对齐设置。box-align 属性规定如何对齐框的子元素。其值为 start。正常方向的框，每个子元素的上边缘沿着框的顶边放置。反方向的框，每个子元素的下边缘沿着框的底边放置。end，正常方向的框，每个子元素的下边缘沿着框的底边放置；反方向的框，每个子元素的上边缘沿着框的顶边放置。center，均等地分割多余的空间，一半位于子元素之上，另一半位于子元素之下。baseline，如果 box-orient 是 inline-axis 或 horizontal，所有子元素均与其基线对齐。stretch，拉伸子元素以填充包含块。

如果框大于子元素的尺寸，子元素的对齐设置使用 box-pack 属性，其属性值为 start。正常方向的框，首个子元素的左边缘被放在左侧（最后的子元素后是所有剩余的空间），相反方向的框，最后子元素的右边缘被放在右侧（首个子元素前是所有剩余的空间）；end，正常方向的框，最后子元素的右边缘被放在右侧（首个子元素前是所有剩余的空间），相反方向的框，首个子元素的左边缘被放在左侧（最后子元素后是所有剩余的空间）；center：均等地分割多余空间，其中一半空间被置于首个子元素前，另一半空间被置于最后一个子元素后；justify：在每个子元素之间分割多余的空间（首个子元素前和最后一个子元素后没有多余的空间）。

3.4 边框和背景

3.4.1 边框

元素边框（border）是围绕元素内容和内边距的一条或多条线。CSS border 属性允许规定元素边框的样式、宽度和颜色。

1. 边框的基本设置

（1）边框样式。使用 border-style 属性，属性的值最多是 4 个，不同数量的属性值所代表的设置对象也是不同的。4 个属性值从左到右分别代表上、右、下、左四个边框。以下样式声明设置元素上边框是点状，右边框是实线，下边框是双线，左边框是虚线：

```
border-style:dotted solid double dashed;
```

属性值为 3 个时，从左到右分别代表上边框、右边框和左边框（相同）、下边框，以下样式声明设置元素上边框是点状，右边框和左边框是实线，下边框是双线。

```
border-style:dotted solid double;
```

属性值为 2 个时，从左到右分别代表上边框和下边框（相同）、右边框和左边框（相

同)。以下样式声明设置元素上边框和下边框是点状,左边框和右边框是实线:

```
border-style:dotted solid;
```

属性值为 1 个时,代表对所有边框的设置。以下样式声明设置元素没有边框:

```
border-style:none;
```

(2) 边框的宽度。使用 border-width 属性,与边框的样式设置方法一致。以下样式声明指定边框的宽度为 8px:

```
border-width:8px;
```

也可用 border-top-width、border-right-width、border-bottom-width、border-left-width 属性分别设置边框各边的宽度。

(3) 边框的颜色。使用 border-color 属性。颜色最多可设置 4 个值,用法与 border-style 属性一致。值可取命名的颜色,也可以是十六进制和 RGB 值。以下样式声明元素上、下边框是蓝色,左、右边框是红色:

```
border-color:blue red;
```

以下样式声明元素边框为透明:

```
border-color:transparent;
```

也可使用单边属性 border-top-color、border-right-color、border-bottom-color、border-left-color 设置单边颜色。边框的样式、宽度和颜色也可以同时设置。

【例 3 – 21】设置边框属性,从左到右依次为:宽度为 2px、样式为实线、颜色为蓝色。

```
border:2px solid #0000ff;
```

2. CSS3 边框的高级设置

(1) 圆角边框。使用 border-radius 属性,其语法格式如下:

```
border-radius:像素值|百分比;
```

【例 3 – 22】设置 <div> 元素的边框为宽度 2px、实线、蓝色、圆角。

```
div{border:2px solid #a1a1a1;border-radius:25px;}
```

注意:如果缺少边框的基本设置,border-radius 属性是不起作用的。

(2) 边框阴影。使用 box-shadow 属性,其语法格式如下:

```
Box-shadow:length length length color;
```

其中，前三个 length 分别指阴影离开文字的横向距离、纵向距离和阴影的模糊半径，color 指阴影的颜色。

【例 3-23】设置 <div> 元素边框阴影效果。

```
div{width:300px;height:100px;background-color:#ff9900;box-shadow:10px 10px 5px #888888;}
```

在实际应用中，经常将边框阴影效果应用在具体的元素上。

【例 3-24】显示表格及单元格的阴影效果。

```
<style type = "text/css" >
    table{border-spacing:10px;box-shadow:5px 5px 20px gray;
        -moz-box-shadow:5px 5px 20px gray;    /*Firefox 浏览器*/
        -webkit-box-shadow:5px 5px 20px gray;  /*Safari 浏览器*/}
    td{background-color:#ffaa00;box-shadow:5px 5px 5px gray;padding:10px
    -moz-box-shadow:5px 5px 5px gray;       /*Firefox 浏览器*/
    -webkit-box-shadow:5px 5px 5px gray;    /*Safari 浏览器*/}
</style>
<table >
<tr > <td >1</td > <td >2</td > <td >3</td > <td >4</td > <td >5</td > </tr>
<tr > <td >6</td > <td >7</td > <td >8</td > <td >9</td > <td >0</td > </tr>
</talbe >
```

（3）边框图片。使用 border-image 属性，IE 不支持此属性。

【例 3-25】使用图片创建围绕 <div> 元素的边框

```
div{border-image:url(border.png) 30 30 round;}
```

3.4.2 背景

元素的背景通常用来显示修饰的内容。可以在背景中定义背景颜色、背景图片。

CSS3 新增背景属性如下：

（1）背景绘制区域设置。使用 background-clip 属性绘制区域。属性值为 border-box，背景被裁剪到边框盒；属性值为 padding-box，背景被裁剪到内边距；属性值为 content-box，背景被裁剪到内容。border-box、padding-box、content-box 分别表示边框盒、内边距框、内容框。

【例 3-26】为 <div> 元素设置背景效果。

```
<style>
    div{width:100px;height:50px;padding:50px;background-color:
yellow;background-clip:content-box;border:2px solid red;}
</style>
<div>文本区域</div>
```

(2) 背景相对定位。使用 background-origin 属性，用来设置 background-position 属性相对于什么位置来定位。属性值为 border-box，背景图像相对于边框盒来定位；属性值为 padding-box，背景图像相对于内边距框来定位；属性值为 content-box，背景图像相对于内容框来定位。该属性的用法与 background-clip 属性相同。

(3) 背景图像尺寸。使用 background-size 属性设置背景图像尺寸。属性值使用宽和高数值；百分比；cover，把背景图像扩展至足够大，以使背景图像完全覆盖背景区域；contain，把图像扩展至最大尺寸，以使其宽度和高度完全适应内容区。

3.5　字体和文本

3.5.1　字体

设置字体属性是样式表最常见的用途之一。CSS 字体属性定义文本的字体系列、大小、加粗、风格和变形等。

1. 字体的基本设置

(1) 字体系列。font-family 属性用于设置字体系列。浏览器由前向后选用字体。语法格式为：{font-family：字体 1，字体 2，…，字体 n}；。

(2) 字体尺寸。font-size 属性用于设置字体的尺寸，其属性值取下列数值之一：xx-small、x-small、small、medium、large、x-large、xx-large。可取相对尺寸 larger、smaller，产生的尺寸是相对于父容器字号而言的；取数值用毫米（mm）、厘米（cm）、英寸（in）、点数（pt）、像素（px）、pica（pc）、ex（小写字母 x 的高度）或 em（默认 1em=16px）作为度量单位；取百分比，产生的尺寸是相对于其父元素字体大小的百分比。

(3) 字体风格。font-style 属性用于设置字体风格。属性值为 normal，是默认值，标准字体样式；属性值为 italic，斜体的字体样式；属性值为 oblique，偏斜体的字体样式；属性值为 inherit，从父元素继承字体样式。

(4) 字母的转换。font-variant 属性用于定义以小型大写字体或者正常字体的形式显示文本。属性值为 normal，正常字体；属性值为 small-caps，把小写字母显示为字体较小的大写字母；属性值为 inherit，从父元素继承 font-variant 属性的值。

(5) 字体的粗细。font-weight 属性用于设置字体的粗细。属性值为 normal，是默认值，标准字符样式；属性值为 bold、bolder、light、lighter，分别代表粗体字符、更粗的字符、细体字符、更细的字符；属性值为数字 100、200、300、…、800、900，100 对应最细的字体变形，900 对应最粗的字体变形，数字 400 等价于 normal，700 等价于 bold；属性值为 inherit，从父元素继承字体的粗细。

（6）综合字体属性。font 属性可以在一个声明中设置所有字体属性。其语法格式如下：

```
font:ont-style font-variant font-weight font-size/line-height font-family
```

其中，line-height 表示行间距设置。以下样式声明统一设置字体属性：

```
p{font:italic bold 12px/20px arial,sans-serif;}
```

说明：如果 font 属性的值少于 5 个，未设置的属性会使用其默认值。

【例 3-27】以下代码设置网页中文字首字下沉效果。

```
<style type="text/css">
  p{font-family:Arial,Helvetica,sans-serif;font-size:1.5em;/*
    24px/16=1.5em*/
    color:#000000;}
p span{font-size:80px;/*首字大小*/float:left;      /*首字下沉*/
    padding-right:5px;/*与右边的间隔*/font-family:"黑体";font-weight:bold;color:
    #FF0000;}
</style>
<p><span>首</span>字下沉效果</p>
```

2. CSS3 新增字体设置

在 CSS3 中，可以使用 @font-face 属性引用服务器端字体。方法为：首先定义字体的名称，然后指向该字体文件。

【例 3-28】加载服务器端字体。

```
@font-face{font-family:myfont;            /*定义字体名称*/
          src:url('Sansation_Light.ttf'),    /*引用服务器端字体*/
          url('Sansation_Light.eot');        /* IE9+ */}
```

3.5.2 文本效果

CSS 文本属性用于设置文本的外观，如颜色、字符间距、对齐方式、装饰文本、文本缩进等。文本属性见表 3-7。

表 3-7 文本属性

序号	属性	说明
1	color	设置文本颜色
2	direction	设置文本方向，ltr：默认，文本方向从左到右，rtl：文本方向从右到左
3	line-height	设置行高，行距＝数字×当前的字体尺寸
4	letter-spacing	设置字符间距
5	text-align	对齐元素中的文本，可取值：left、right、center、justify
6	text-decoration	向文本添加修饰，可取值：none、underline、overline、line-through、blink
7	text-indent	首行缩进设置
8	text-shadow	设置文本阴影，格式：text-shadow：横向、纵向距离模糊半径颜色
9	text-transform	字母变换设置，可取值：nonecapitalize（首字母大写）、uppercaselowercase
10	word-spacing	设置字间距，可取值：normal、正值、负值
11	word-break	自动换行方式，可取值：normal、keep-all（半角空格或连字符处换行）、break-all

3.6 其他元素样式介绍

3.6.1 列表样式

CSS 对列表样式的设置属性见表 3-8。

表 3-8 列表样式

序号	属性	说明
1	list-style	简写属性，用于把所有用于列表的属性设置于一个声明中
2	list-style-image	列表项前置图标设置
3	list-style-position	图标位置设置，可取值：inset、outset
4	list-style-type	列表项类型设置

【例 3-29】使用 CSS 设置列表样式。

```
<style type="text/css">
    ul{list-style-image:url("list.png");list-style-position:
    outside;}
</style>
<ul>
    <li>产品介绍</li><li>产品分类</li><li>产品展示</li>
</ul>
```

3.6.2 表格样式

CSS 对表格样式的设置属性见表 3-9。

表 3-9 表格样式

序号	属性	说明
1	border-collapse	设置是否把表格边框合并为单一边框
2	border-spacing	设置分隔单元格边框的距离
3	caption-side	设置表格标题的位置
4	empty-cells	设置是否显示表格中的空单元格
5	table-layout	设置显示单元、行和列的算法

【例 3-30】使用 CSS 设置表格样式。

```
<style>
    table{border-collapse:collapse;border:1px solid black;
        line-height:1.5em;margin-bottom:8px;}
    table th{border:1px solid gray;padding:2px;background-color:#
        CCCCCC;}
    table td{border:1px solid gray;padding:3px 0 2px 5px;background:#F6F6F6;}
</style>
<table>
<tr><th width="20%">姓名</th><th>专业</th></tr>
    <tr><td>张小强</td><td>计算机网络</td></tr>
    <tr><td>李娜</td><td>计算机应用技术</td></tr>
<tr><td>刘丽丽</td><td>计算机软件技术</td></tr>
</table>
```

3.7 CSS 动画设计

在 CSS3 中，能够创建动画，可以取代网页中的动画图片、Flash 动画以及 JavaScript。

3.7.1 CSS 变形

在 CSS3 中，主要是利用 transform 功能实现文字或图片的移动、缩放、旋转、拉长或拉伸变形处理。

1. 2D 变形

（1）移动。translate() 方法用于设置元素从当前位置移动到目标位置，其语法格式如下：

```
transform:translate(left top);
```

其中,left 表示元素从左侧移动的距离,top 表示元素从顶端移动的距离。

【例 3-31】 将 <div> 元素从左侧移动 50 像素,从顶端移动 100 像素。

```
div{ transform:translate(50px,100px);
 -ms-transform:translate(50px,100px);      /* IE 9 */
  -webkit-transform:translate(50px,100px);  /* Safari and Chrome */
 -o-transform:translate(50px,100px);       /* Opera */
 -moz-transform:translate(50px,100px);     /* Firefox */
```

(2) 旋转。rotate() 方法用于设置元素顺时针旋转指定的角度。如果角度为负值,则元素逆时针旋转。角度单位为 deg。其语法格式如下:

```
transform:rotate(角度);
```

以下语句设置元素顺时针旋转 45 度:

```
transform:rotate(45deg);
```

(3) 缩放。scale() 方法用于设置元素的尺寸增加或减少。其语法格式如下:

```
transform:scale(宽度高度);
```

以下语句设置元素宽度转换为原始尺寸的 50%,把高度转换为原始高度的 2 倍:

```
transform:scale(0.5,2);
```

(4) 倾斜。skew() 方法用于设置元素倾斜指定的角度。其语法格式如下:

```
transform:skew(水平倾斜角度,垂直倾斜角度);
```

以下语句设置元素水平方向倾斜 30 度,垂直方向倾斜 30 度:

```
transform:skew(30deg,30deg);
```

以下语句设置元素水平方向倾斜 30 度,垂直方向不变:

```
transform:skew(30deg);
```

(5) 指定变形的基准点。使用 transform 功能进行元素的变形时,是以元素的中心点为基准点进行的,使用 transform-origin 属性可以改变变形的基准点。其语法格式如下:

```
transform-origin:x 轴位置 y 轴位置 z 轴位置;
```

以下语句设置变形基准点为左上角:

```
transform-origin:left top;
```

以下语句设置变形基准点为 x 轴方向上 20% 的位置, y 轴方向上 40% 的位置:

```
transform-origin:20% 40%;
```

2. 3D 变形

2D 是二维平面图形,3D 是三维立体图形,CSS3 支持 3D 转换对元素进行格式化,使显示效果更有空间感。3D 的变形仍然使用 transform 功能,常用函数见表 3-10。

表 3-10 transform 功能常用函数

序号	函数	说明
1	translate3d(x, y, z)	定义 3D 转化
2	translateX(x)	定义 3D 转化,仅用于 x 轴的值
3	translateY(y)	定义 3D 转化,仅用于 y 轴的值
4	translateZ(z)	定义 3D 转化,仅用于 z 轴的值
5	scale3d(x, y, z)	定义 3D 缩放转换
6	scaleX(x)	定义 3D 缩放转换,通过给定一个 x 轴的值
7	scaleY(y)	定义 3D 缩放转换,通过给定一个 y 轴的值
8	scaleZ(z)	定义 3D 缩放转换,通过给定一个 z 轴的值
9	rotate3d(x, y, z, angle)	定义 3D 旋转
10	rotateX(angle)	定义沿 x 轴的 3D 旋转
11	rotateY(angle)	定义沿 y 轴的 3D 旋转
12	rotateZ(angle)	定义沿 z 轴的 3D 旋转

【例 3-32】CSS3 变形的应用。

```
<style>
div{width:80px;height:30px;line-height:30px;text-align:center;
    background:#06F;color:#fff;font-family:Arial,Helvetica,sans-
       serif;
-webkit-border-radius:10px;margin:5px;}
    .rotate{-webkit-transform:rotate(0deg);}
    .rotate:hover{-webkit-transform:rotate(90deg);}
    .scale{-webkit-transform:scale(1);}
    .scale:hover{-webkit-transform:scale(1.5);}
    .translate{-webkit-transform:translate(0px,0px);}
```

```
.translate:hover{-webkit-transform:translate(10px,10px);}
.skew{-webkit-transform:skew(0);}
.skew:hover{-webkit-transform:skewY(20deg);}
.origin{-webkit-transform-origin:top left;
-webkit-transform:rotate(0);}
.origin:hover{-webkit-transform:rotate(45deg);}
.single{width:150px;}
.single:hover{background:#f00;width:200px;height:100px;line-height:100px;
-webkit-transition-property:background;-webkit-transition-duration:2s;}
.whole{width:150px;}
.whole:hover{width:200px;height:100px;line-height:100px;background:#f00;
-webkit-transition-duration:2s;}
</style>
<div class="rotate">rotate</div>
<div class="scale">scale</div>
<div class="translate">translate</div>
<div class="skew">skew</div>
<div class="origin">origin</div>
<div class="single">single property</div>
<div class="whole">whole property</div>
```

3.7.2 CSS 过渡

过渡是元素从一种样式变换为另一种样式时，为元素添加的效果，如渐显、渐弱、动画的快慢等效果。设置元素过渡效果使用 transition 属性，格式为：transition 属性时间。

格式中属性表示效果添加到哪个 CSS 属性上，时间表示规定效果的时长，如果省略时间的设置则没有过渡效果。

【例 3-33】设置网页上的 <div> 元素在鼠标经过时颜色由黄色过渡到蓝色，时间为 3 秒。

```
<style type="text/css">
    div{background-color:yellow;width:400px;height:200px;}
    div:hover{background-color:blue;transition:background-
      color 3s;
            -moz-transition:background-color 3s;/* Firefox 4 */
            -webkit-transition:background-color 3s;/* Safari 和 Chrome */
            -o-transition:background-color 3s;    /* Opera */}
</style> <div></div>
```

也可分别使用 transition-property 和 transition-duration 属性设置应用过渡的 CSS 属性名称及使用过渡效果花费的时间。也可设置过渡效果的单独属性，见表 3-11。

表 3-11　过渡效果的单独属性

序号	属性	说　　明
1	transition-property	应用过渡的 CSS 属性名称
2	transition-duration	过渡效果花费的时间，以秒或毫秒表示的时间值，默认值为 0
3	transition-timing-function	过渡效果的时间曲线。取值为 linear：以相同速度开始至结束；取值为 ease：默认值，慢速开始，然后变快，然后慢速结束；取值为 ease-in：以慢速开始；取值为 ease-out：以慢速结束；取值为 ease-in-out：以慢速开始和结束；取值为 cubic-bezier（n，n，n，n）：在 cubic-bezier 函数中定义自己的值。可能的值是 0 至 1 之间的数值
4	transition-delay	过渡效果何时开始，以秒或毫秒表示的时间值，默认值为 0

3.7.3　CSS 动画

CSS3 动画设置使用 @keyframe 规则和 animation 属性。

1. @keyframes 规则，用于设置动画，其语法格式如下：

```
@keyframes 动画名称{from{样式声明;}to{样式声明;}}
```

【例 3-34】动画 bgchange1 的起始背景色为红色，结束背景色为黄色。

```
@keyframes bgchange1{from{background:red;}to{background:yellow;}}
```

定义一个动画，动画的起始样式为 from 关键字所定义的样式，动画的结束样式为 to 关键字所定义的样式。也可以使用百分比形式，表示设置某个时间段内的任意时间点的样式。"0%" 相当于 "from"，"100%" 相当于 "to"。

【例 3-35】动画 bgchange2 的起始背景色为红色，动画播放至 25% 时颜色为黄色，播放至 50% 时背景色为蓝色，结束时背景色为绿色。

```
@keyframes bgchange2{0%{background:red;}25%{background:yellow;}
                     50%{background:blue;}100%{background:green;}}
```

2. animation 属性

animation 属性是一个简写属性，用于设置动画属性。animation 属性至少需要设置两项内容，才可以将动画绑定到选择器，最为简单的语法格式如下：

```
animation:动画名称 时间
```

以下语句设置动画规则为 bgchange1，动画播放时间为 5 秒，网页运行后，动画在 5 秒内所设置的元素背景色由红色变为黄色：

```
animation:bgchange1 5s;
```

animation 属性还可统一设置动画名、时间、速度曲线、延迟、播放次数、是否轮流反向播放等,也通过单独的动画属性来设置,具体见表 3－12。

表 3－12　动画效果的单独属性

序号	属性	说　　明
1	animation-name	@keyframes 动画的名称
2	animation-duration	动画完成一个周期所花费的时间,以秒或毫秒表示的时间值,默认值是 0
3	animation-timing-function	动画的速度曲线。取值为 linear,动画从头到尾速度相同;取值为 ease,默认,动画以低速开始,然后加快,在结束前变慢;取值为 ease-in,动画以低速开始;取值为 ease-out,动画以低速结束;取值为 ease-in-out,动画以低速开始和结束;取值为 cubic-bezier (n, n, n, n),在 cubic-bezier 函数中自己的值,可能的值是从 0 到 1 的数值
4	animation-delay	动画何时开始,以秒或毫秒表示的时间值,默认值是 0
5	animation-iteration-count	动画被播放的次数,默认值是 1;取值为 infinite,动画无限次播放
6	animation-direction	动画是否在下一周期逆向播放,可取值:normal、alternate
7	animation-play-state	动画是否正在运行或暂停,可取值:paused running
8	animation-fill-mode	对象动画时间之外的状态,可取值:none forwards(动画完成后,保持最后一个属性值)、backwards(animation-delay 所指定的一段时间内,在动画显示之前,应用开始属性值)、both(向前和向后填充模式都被应用)

【例 3－36】以下代码设置鼠标经过 <div> 元素时的动画效果。

```
<style>
    div{width:80px;height:30px;line-height:30px;text-align:center;
background:#06F;color:#fff;font-family:Arial,Helvetica,sans-serif;
    -webkit-border-radius:10px;margin:5px;}
    .animation:hover{-webkit-animation-name:anim;-webkit-animation-duration:2s;
        -webkit-animation-timing-function:linear;-webkit-animation-direction:
            alternate;
        -webkit-animation-iteration-count:infinite;}
    @-webkit-keyframes anim{
```

```
    0% {width:80px;height:30px;line-height:30px;background:
        #06F;}
    50% {width:140px;height:65px;line-height:65px;background:
        #360;}
    100% {width:200px;height:100px;line-height:100px;background:#f00;}
    }
</style><div class = "animation">animation</div>
```

习　题

1. 设置一个表头底纹为绿色的表格。
2. 设置图 3-2 所示样式的蓝色背景的圆角按钮,当鼠标经过时按钮显示不同的背景效果。

图 3-2　按钮设计

3. 设计一个三列布局的个人网页,利用背景属性、边框属性和多列属性设计界面效果。
4. 设置一个菜单,利用 translate( ) 函数实现效果:鼠标经过菜单项时,菜单项显示图 3-3 所示样式。

图 3-3　菜单设计

5. 利用 translate( ) 函数设计一个立方体。
6. 利用 CSS3 变形方法制作一个照片墙效果的网页。

习题答案与讲解

JavaScript 技术

本章主要讲述在基于互联网及移动互联网的应用中，JavaScript 语言的基本语法以及应用开发过程中用到的函数、对象、数组、表单等概念，并通过具有针对性的案例对所介绍的知识点进行应用。本章所列举的案例实用、典型、新颖。

4.1 JavaScript 语言基础

JavaScript 语言是跨平台、面相对象、轻量级的脚本语言。大多数现代网站都使用了 JavaScript，并且所有的现代 Web 浏览器，无论是基于桌面系统、游戏机、平板电脑和智能手机的浏览器均包含 JavaScript 解释器。JavaScript 语言不仅能够作为客户端脚本语言，同样可作为服务器端的脚本语言。

JavaScript 语言是 Web 前端开发工程师必须掌握的三种技能之一。这三种技能分别是描述网页内容的 HTML、描述网页样式的 CSS 以及描述网页行为的 JavaScript。JavaScript 语言的学习是很容易的，只要有最新版本的任意一款浏览器以及记事本这样的编辑器就可以开始 JavaScript 语言的学习。最新版本的浏览器都包含一个控制台以方便调试 JavaScript 语言。

在 HTML 文档中，JavaScript 语言通过 3 种方式定义：

（1）在标记 < script > … </ script > 中，可以在 HTML 文档的任意地方插入 JavaScript 语言，不过在框架网页中插入时，一定要在 < frameset > 之前插入，否则不会运行。使用 < script > 标签的基本格式如下：

```
< script type = "text/JavaScript" >
<!-- //用 HTML 注释避免不支持 JavaScript 语言的浏览器显示代码
  (JavaScript 代码)
-- >
</ script >
```

（2）放在扩展名为 ".js" 的外部独立文件中，并通过 < script > 标签引入 HTML 文档：

```
< script type = "text/javascript" src = "JavaScript 文件名" > </ script >
```

（3）将脚本直接定义在 HTML 标签的属性中，其格式如下：

```
<a href="javascript:alert('这是JavaScript的对话框')">单击我</a>
```

JavaScript 语言不是其他语言的精简版,与 Java 语言没有关系,只是语法有一些类似。JavaScript 语言不作强数据类型检查。JavaScript 语言有其局限性,如不能使用该语言来编写独立运行的应用程序等。此外,JavaScript 语言只能在解释器或"宿主"上运行,如 Active Server Pages(ASP)、Internet 浏览器或者 Windows 脚本宿主,这也是其被称为脚本语言的原因。另外,JavaScript 语言使用 Unicode 字符集,Unicode 是 ASCII 和 Latin - 1 的超集,并支持地球上几乎所有在用的自然语言。

4.1.1 注释

注释是对 JavaScript 语言编写的程序的说明,JavaScript 语言注释有两种:单行注释和多行注释。单行注释用双斜杠"//"表示,而多行注释是用"/*"与"*/"括起来的一行到多行文字。

【例 4-1】单行 JavaScript 注释。

```
<script type="text/javascript">
    //script 标记开始,指明 type 属性为 text/javascript
    function Age(){           //自定义函数 Age()
        alert("hello JavaScript!");//消息对话框函数调用
    }//函数定义结束
</script> <!--script 标记结束,注意这个注释是 HTML 语言注释-->
```

需要注意的是浏览器从上向下一句一句解析执行 JavaScript 语言语句,JavaScript 语言的注释在运行时是被忽略的。注释只是给程序开发人员或系统维护人员提供必要的说明信息,能够让开发人员快速理解程序的功能和含义。

【例 4-2】多行 JavaScript 注释。

```
<script type="text/javascript">
    /*
    这是多行注释,说明下面定义的函数、参数、返回说明等
    */
    function myfunction(arg1,arg2){
        /*这是多行注释,
            可以根据需要跨越多行。*/
        var r;                //这是单行注释。
        r = arg1 + arg2;      //求两个参数的和。
        return(r);//返回结果
    }
</script>
```

需要注意的是这种多行注释可以跨行书写,但不存在嵌套注释。通常在编写注释时将注

释放在代码的紧上一行,或将注释写在代码的右边。

4.1.2 数据类型

程序在运行过程中,需要申请内存以存储数据,数据类型就是程序申请内存时用来标识所申请的内存空间大小。JavaScript 语言有三种主要数据类型、两种复合数据类型和两种特殊数据类型。

主要(基本)数据类型是:
(1)字符串;
(2)数值;
(3)布尔。

复合(引用)数据类型是:
(1)对象;
(2)数组。

特殊数据类型是:
(1)null;
(2)undefined。

1. 字符串数据类型

字符串是用单引号或双引号括起来的字符序列,字符序列包括零个或多个 Unicode 字符,包括字母、数字、标点符号及其他字符等。字符串数据类型用来表示 JavaScript 中的文本。字符串中可以包含双引号,该字符串应使用单引号括起来;也可以包含单引号,但该字符串需用双引号括起来。在实际使用中也可通过转义字符处理字符串中的单引号和双引号。字符转义就是在字符前添加一个反斜线,如字符串 "这个字符串的双引号(\")被转义处理"。字符串连接运算是将字符串与字符串、字符串与其他数据类型连接成新的字符串。字符串连接使用加号(+)运算符,其他数据类型与字符串连接时都会自动转换成字符串,再作连接运算。

【例 4-3】字符串数据类型举例。

```
<script type = "text/javascript" >
    str1 = "I'm free!";//包含了单引号
    str2 = 'He say:"It is easy."';//包含了双引号
    str3 = "42";
    str4 = 'c';
    str5 = '欢迎学习\'JavaScript 语言\'!';//使用了转义字符
    str6 = "str1 的值是:" + str1 + ",str2 的值是:" + str2;//连接字符串常量和变量
</script>
```

注意,JavaScript 语言中没有表示单个字符的类型。要表示 JavaScript 中的单个字符,应创建一个只包含一个字符的字符串。包含零个字符("")的字符串是空(零长度)字符串。

2. 数值数据类型

JavaScript 语言中包含了整型数和浮点数两种数值数据类型,但在 JavaScript 语言内部将

所有的数值表示为浮点值，因此整型数与浮点数的区别在于是否带有小数点。

1）整型值

整型值包括正整数、负整数和0。通常在 JavaScript 语言中使用十进制表示，也可使用八进制和十六进制表示。

在数值前加前缀"0"表示8进制的整型值，只能包含0到7的数字。前缀为"0"，同时包含数字"8"或"9"数被解释为十进制数。

在数值前加前缀"0x"（零和x|X）表示十进制整型值。其以包含数字0~9以及字母A~F（大写或小写）。使用字母A~F表示十进制10~15的单个数字。也就是说，0xF与15相等，同时0x10等于16。

【例4-4】 整型值数据举例。

```
<script type="text/javascript">
    var num1 = -42;         //十进制的 -42
    var num2 = 075;         //八进制的 75
    var num3 = 0x6F;        //十六进制的 6F
</script>
```

八进制和十六进制数可以为负，但不能有小数位，同时不能以科学计数法（指数）表示。

2）浮点值

浮点值为带小数部分的数。其也可以用科学计数法来表示。这就是说大写或小写"e"用来表示10的次方。JavaScript 用数值表示的八字节 IEEE754 浮点标准中，数字最大可以到 $\pm 1.7976931348623157 \times 10^{308}$，最小可以到 $\pm 5 \times 10^{-324}$。以"0"开始且包含小数点的数字被解释为小数浮点数。

注意以"0x"或"00"开始并包含小数点的数是错误的。

JavaScript 中数字的例子见表4-1。

表4-1　JavaScript 中数字的例子

数字	等价十进制数	描述
.0001，0.0001，1e-4，1.0e-4	0.0001	四个相等的浮点数的不同表示形式
3.45e2	345	浮点数
42	42	整数
0378	378	十进制整数，虽然看起来是八进制数（以"0"开头），但是8不是有效的八进制数字，故其为十进制数
0377	255	八进制整数，注意它虽然看起来比上面的数只小1，但实际数值有很大不同
0.0001	0.0001	浮点数，其虽然以"0"开头，但带有小数点，不是八进制数

续表

数字	等价十进制数	描述
00.0001	N/A（编译错误）	错误，两个"0"开头表示为八进制，但八进制数不能带有小数部分
0Xff	255	十六进制整数
0x37CF	14287	十六进制整数
0x3e7	999	十六进制整数，注意"e"并不被认为是指数
0x3.45e2	N/A（编译错误）	错误，十六进制数不能有小数部分

另外，JavaScript 包含特殊值数字。它们是：

（1）NaN（不是数），当对不适当的数据进行数学运算时使用，例如字符串或未定义值；

（2）POSITIVE_INFINITY（正无穷大），在 JavaScript 中如果一个正数无限大的话使用它来表示；

（3）NEGATIVE_INFINITY（负无穷大），在 JavaScript 中如果一个负数绝对值无限大的话使用它来表示。

3. 布尔数据类型

布尔（boolean）数据类型，只包括两个值 true 和 false，通常表示比较型运算结果，true 表示状态有效，false 表示状态无效。

布尔值在控制语句中非常重要，它用来提供控制语句的条件。

【例 4 – 5】布尔类型数据举例。

```
<script type="text/javascript">
function test(x){
    z = x;
    if(x ==2000)
        z = z +1;          //当布尔值为 true 时执行 z = z +1;
    else
        x = x +1;          //当布尔值为 false 时执行 x = x +1;
}
</script>
```

可以使用任意表达式作比较表达式。任何值为 0、null、未定义（undefined）或空字符串（""）的表达式被解释为 false。其他任意值的表达式解释为 true。

4. null 数据类型

在 JavaScript 中 null 数据类型只有一个值：null。它表示一个对象被定义，但不占用内存。它也表示对象不包含任何值。可通过给一个对象赋 null 值来清除对象的内容从而释放内存。

注意，在 JavaScript 中，null 与 0 不相等。同时 JavaScript 中 typeof 运算符将报告 null 值为 object 类型，而非 null 类型。

5. undefined 数据类型

JavaScript 语言中，出现如下情况将返回 undefined 值：

(1) 对象属性不存在；

(2) 声明了变量，但从未赋值。

数据类型 null 和 undefined 是不同的，但它们都表示"值的空缺"，二者往往可以互换。判断相等运算符"=="认为两者是相等的。在希望值是布尔类型的地方它们的值都是假。null 和 undefined 都不包含任何属性和方法。undefined 表示系统级的、出乎意料的或类似错误的值，而 null 是表示程序级、正常的或在意料之中的值。通常在程序中给变量赋值或向函数传递参数时采用 null。

复合数据类型的对象、数组，在后面继续介绍。

4.1.3 变量、常量和关键字

在 JavaScript 中，变量是程序中用来存储运算值的内存区域名称。定义变量就是声明程序将要申请内存以存储数据。在 JavaScript 语言中采用值传递和引用传递两种形式使用变量。所谓值传递是在变量传递过程中将变量代表的内存中存储的值传递给目标，而引用传递是在变量传递过程中将内存地址传递给目标，值传递时目标不会修改原变量的值，而引用传递时目标会修改原变量的值。变量在程序运行过程中值可以发生变化。

常量是相对于变量而言的，在 JavaScript 中常量包括符号常量和值常量。符号常量通过关键字 const 定义，通常将符号常量用大写字符表示以区别变量。值常量是直接使用数据表示的常量，如 10、"abc"、true 等。常量在程序运行过程中，其值是不可以被改变的。

关键字是 JavaScript 语言中已经具有特定含义的标识符，在程序开发中不能被用作变量、常量、函数、对象等的命名。关键字也称作保留字，见表 4-2。

表 4-2 JavaScript 语言的关键字

abstract	argument	boolean	break	byte
case	catch	char	class*	const
continue	debugger	default	delete	do
double	else	enum*	eval	export*
extends*	false	final	finally	float
for	function	goto	if	implements
import*	in	instanceof	int	interface
let	long	native	new	null
package	private	protected	public	return
short	static	super*	switch	synchronized
this	throw	throws	transient	true
try	typeof	var	void	volatile
while	with	yield	—	—

1. 变量声明

变量声明就是变量的定义，任何变量在使用前最好先定义。JavaScript 语言中不要求必须定义变量，这是 JavaScript 语言简单的原因之一，JavaScript 语言自动对未经定义而使用的变量进行定义。

在 JavaScript 语言中，变量的定义通过关键字 let、var 实现，数据类型则依据变量所赋值由 JavaScript 语言解析程序自动确定。JavaScript 语言定义变量的第二种方式是不使用 let、var 关键字，而直接赋值。

【例 4 – 6】使用 let、var 关键字进行变量声明举例。

```
<script type = "text/javascript" >
    var count;                   //单个声明,数据类型未确定,变量值 undefined
    var count,amount,level;//用单个 var 关键字声明的多个变量
    let mount;                   //用 let 关键字声明本地变量
    i =3;//直接赋值定义变量
    console.log(i);//在浏览器的控制台输出 i 的值
    console.log(a);//抛出异常,因为 a 没有定义
</script>
```

变量初始化就是变量被赋予明确的值，这个值可能是 null。如果 var 语句中没有初始化变量，变量自动取 undefined 值。

变量被分为全局变量和局部变量，一个变量被定义在函数外，其作用范围为整个页面，称为全局变量，当在函数中声明一个变量时，它不能用于全局范围，此时其称为局部变量。注意，局部变量声明必须使用 let 或 var 关键字，如果在函数中使用直接赋值定义了变量，该变量为全局变量，全局变量还可通过"window.<变量名>"的方式定义，即全局变量被放在 window 对象中。let 和 var 关键字的区别在于 let 关键字定义的变量是本地变量，也称为块范围变量或局部变量，而 var 关键字在函数外声明的变量为全局变量，被附加到 window 对象，如【例 4 – 6】中 window. count 存在。

【例 4 – 7】全局变量和局部变量同名举例。

```
<script type = "text/javascript" >
    var str = "all";          //声明一个全局变量 str
    const PI =3.1415          //声明一个符号常量 PI 表示值常量 3.1415
    function t(){
        var str = "local";    //声明一个和全局变量同名的局部变量 str
        return str;           //返回局部变量的值"local"而不是全局的"all"
    }
    console.log(t());         //控制台输出:local
    console.log(str + PI);    //控制台输出:all3.1415
</script>
```

【例 4 – 8】声明局部变量时必须使用关键字 let 或 var。

```
<script type = "text/javascript" >
    str = "all";                           //声明一个全局变量 str,但没有用关键
                                             字 var
```

```
    var myvar = 3;
    let local Var = 5;              //不会追加到 window 对象
    let local Var = 3;              //重复定义,不允许
    function t(){
    let local Var = 2;              //本地变量,允许
        str = "local";              //把刚才定义全局变量 str 的值改成"local"了
        num = 3;                    //又定义了一个全局变量 num,且其值为 3
        console.log(num + myvar);   //控制台输出 NaN
        var myvar = 2;              //局部变量的定义
        return str;                 //返回全局变量的值"local"
    }
    console.log(t());               //得到的返回值是全局变量值"local"
    console.log(num);               //控制台输出 3
</script>
```

注意：在局部变量和全局变量同名时，如果在局部变量所在的语句块中，在声明一个与全局变量同名的局部变量之前使用了全局变量，全局变量的值为 undefined，参考【例 4-8】。

2. 变量命名

变量名称是一个标识符。给变量命名时必须遵循标识符规范，在 JavaScript 语言中，标识符是 JavaScript 语言用来给语言元素取名的符号，如函数名、变量名、对象名、数组名等。标识符严格讲必须以字母、下划线或美元符号（$）开始，以字母、数字、下划线、美元符号组成且区分大小写。变量名称可以是任意长度，但新版本浏览器也支持中文、希腊字母等字符作为标识符。

【例 4-9】合法变量名称举例。

| A | b12 | _123 | $ | _$ | $_变量 |

【例 4-10】无效变量名称举例。

| 2a | 395 | @# | _(| a3&cg |

【例 4-11】变量可初始化为 null。

```
<script type = "text/javascript">
    var bestAge = null;
    var muchTooOld = 3 * bestAge;   //muchTooOld 的值为 0。
</script>
```

【例 4-12】如果声明了一个变量但没有对其赋值，该变量存在，其值为 undefined。

```
<script type = "text/javascript">
    var cc;
    var fc =1*cc;//fc 的值为 NaN,因为 cc 为 undefined
</script>
```

注意在 JavaScript 中 null 和 undefined 的主要区别是 null 的操作类似数字 0，而 undefined 的操作类似特殊值 NaN（非数字）。在表达式中使用的变量或传递给函数的变量必须声明，否则抛出未定义变量的异常。

3. 数据类型转换

类型转换是 JavaScript 语言对不同数据类型的数据进行计算式运算时执行的统一类型的操作。JavaScript 语言的类型转换为自动转换和强制转换。转换的原则是由数据类型在内存中所占用的二进制位数决定的，将占用位数少的数据向占用位数多的数据转换时是自动转换。所有数据向字符串类型数据转换是自动的。JavaScript 语言提供了两个强制类型转换函数，分别是 parseInt() 和 parseFloat()。parseInt() 将数据转换为整型，parseFloat() 将数据转换成浮点数。Java Script 语言中的相加运算见表 4-3。

表 4-3 JavaScript 语言中的相加运算

运算	结果	示例
数值与字符串相加	将数值转换为字符串	11 + "A3B1" 结果为"11A3B1"
布尔值与字符串相加	将布尔值转换为字符串	false + "A3B1" 结果为"falseA3B1"
数值与布尔值相加	将布尔值转换为数值	1 + false = 1，1 + true = 2

【例 4-13】Java Script 中相加运算举例。

```
<script type = "text/javascript">
    var x =2000;              //一个数字
    var x1 = parseFloat(2000);//将数字强制转换为浮点型
    var x2 = parseInf("89",8);//把字符串数值转换成八进制
    var y = "Hello";          //一个字符串
    x = x + y;                //将数字转换为字符串
    document.write(x);        //输出 2000Hello
</script>
```

注意，比较大小时字符串自动转换为相等的数字，但加法（连接）运算时保留为字符串。

4.1.4 运算符和表达式

JavaScript 语言中参与计算的符号称为运算符，表达式是通过运算符和操作数构成的符合 JavaScript 语言语法规范的计算式。Java Script 语言中共有 10 种类型的运算符，依据运算符类型对应 10 种类型的表达式，包括赋值运算符、算术运算符、比较运算符、位运算符、逻辑运算符、字符串运算符、逗号运算符、条件运算符、关系运算符及其他运算符；按照运

算的操作数个数又分为一元运算符、二元运算符、三元运算符。

1. 赋值运算符

给变量赋值的运算符就是赋值运算符。JavaScript 语言中基本的赋值运算符是等号（=），如 x = y，读作将 y 的值赋给 x。JavaScript 语言允许其他运算符与赋值运算符组合简化运算式，这种赋值运算符称为复合赋值运算符，如 x + = y，其等价于 x = x + y，即将 x 与 y 相加，然后再将结果赋给 x。在 JavaScript 中赋值运算支持解构赋值，如 "var [a, b, c] = [2, 3, 4];" 结果就是 a 被赋值 2，b 被赋值 3，c 被赋值 4，即把结构化数据拆解了。

2. 算术运算符

JavaScript 语言中的算术运算符包括加（+）、减（-）、乘（*）、除（/）、模（%）、自增（++）、和自减（--）、正（+）、负（-）、指数（**）。

3. 比较运算符

比较运算符用来比较两个操作数的大小，JavaScript 语言中包括的比较运算符有等于（==）、不等于（!=）、恒等于（===）、不恒等于（!==）、大于（>）、大于等于（>=）、小于（<）、小于等于（<=）等。

4. 位运算符

位运算符是在计算过程中执行二进制运算的符号，JavaScript 语言中包括的位运算符有按位与（&）、按位或（|）、按位异或（^）、按位取反（~）、符号左移（<<）、符号右移（>>）、无符号右移（>>>）。

5. 逻辑运算符

执行布尔值运算的符号，JavaScript 语言中包括三个逻辑运算符，分别是逻辑与（&&）、逻辑或（||）、逻辑非（!）。JavaScript 语言把 null、0、NaN、空串（""）、undefined 视为 false 值。

逻辑运算符存在短路运算，对于运算符 &&，如果其前面的表达式结果为 false，则整个表达式结果为 false，所以当第一个表达式为 false 时，其他表达式无须计算。同样，对于运算符 ||，如果其前面的表达式结果为 true，则整个表达式结果为 true。

6. 字符串运算符

JavaScript 语言中能够使用在字符串上的运算符包括连接字符串运算符（+）、给字符串变量赋值运算符（=）或复合赋值运算符（+=）。

7. 逗号运算符

用英文逗号分隔的多个表达式，其运算结果为最后一个表达式的结果。

8. 条件运算符

条件运算符是 JavaScript 语言中唯一的一个三元运算符，其结构是：

> 条件表达式? 表达式1:表达式2

先计算条件表达式的结果，如果条件表达式的结果为 true，则整个表达式返回"表达式1"的运算结果，否则返回"表达式2"的运算结果。

9. 关系运算符

关系运算符用来计算两个操作数之间相关联的情况，关系运算符包括是否包含（in）、对象实例（instanceof）。in 运算符计算一个对象是否包含某个属性或一个数组是否包含某个下标;instanceof 运算符判断一个对象是否为给定类的实例对象。

10. 其他运算符

JavaScript 语言还包括其他运算符。

1) 删除运算符 (delete)

其用来删除对象、对象属性、数组元素以及直接赋值声明的变量等,但不能删除由 var 声明的变量、不能删除 JavaScript 语言与定义的对象及属性。

2) 取数据类型运算符 (typeof)

其返回给定数据的数据类型,包括 string、object、function、number、undefined、boolean 等,针对 null 获取的类型为 object。

3) 无值运算符 (void)

其计算表达式,但不返回任何值。这个运算符通常使用较少,但在取消超级链接效果时非常有用,可参考【例 4 - 14】。

【例 4 - 14】取消超链接的单击效果。

```
<a href = "javascript:void(0)" >这个超链接单击无效果 </a>
```

在 JavaScript 语言中,运算符不同,其运算优先级也不相同,如乘除运算一定是在加减运算之前运算,但使用括号 (()) 可改变运算的优先级,JavaScript 语言中的运算符及其优先级见表 4 - 4。

表 4 - 4　JavaScript 语言中的运算符及其优先级

优先级	运算符	操作说明	操作示例
1	++	自增	i ++,++i
2	--	自减	i --,-- i
3	-	负数	-7
4	~	按位取反	~3
5	!	逻辑非	!(b>4)
6	delete	删除	
7	typeof	检测类型	
8	void	返回 undefined 的值	
9	**	指数(幂)	2 ** 3
10	*、/、%	乘、除、取余	3 * 4,3/4,3%4
11	+、-	加、减	
12	+	字符串连接	"abc" + 4
13	<<	左移	
14	>>	有符号右移	
15	>>>	无符号右移	
16	<、<=、>、>=	比较	a<=4,a<k
17	instanceof	测试对象的类	

续表

优先级	运算符	操作说明	操作示例
18	in	存在检测	3 in array
19	==	判断相等	a == 4
20	!=	判断不相等	a! = 4
21	===	恒等（类型和值都相等）	a === 3
22	!==	判断非恒等	
23	&	按位与	
24	^	按位异或	
25	|	按位或	
26	&&	逻辑与	a > 3 && a < 4
27	||	逻辑或	a > 3 || a < 4
28	?:	条件运算	a > 1? 3: 4
29	=	赋值	a = 0
30	*=、/=、%=、+=、-=、&=	复合赋值	a + =5(a = a + 5)
31	^=、|=、<<=、>>=、>>>=	复合赋值	
32	,	逗号表达式	(a, a + 2, a - 1)

注：JavaScript 语言还提供了一种展开操作符（…），如定义数组 var a = ［1, 2, 3］，把数组 a 中的元素添加到数组 b，则写法为 var b = ［…a, 4, 5, 6］，结果就是数组 b 中的元素为 1, 2, 3, 4, 5, 6。

4.1.5 控制语句及异常处理

语句就是 JavaScript 语言中可执行的命令，以分号为结束标记，但 JavaScript 语言不强求有分号。表达式计算出一个值，而语句用来执行某个动作。JavaScript 语言的程序就是一系列可执行语句的集合。一般情况下 JavaScript 解释器依照语句编写顺序依次执行，控制语句可改变语句的执行顺序。在 JavaScript 语言中，控制语句包括分支语句（if 语句和 switch 语句）和循环语句（for 语句、while 语句、do…while 语句）。JavaScript 语言中通过花括号（{}）表示一个复合语句，即以 "{" 和 "}" 括起来的 0 个或多个语句构成复合语句。

1. if 语句

if 语句是条件语句，其表示一种假设，即 "如果"。在 JavaScript 语言中常用的 if 语句有三种形式：简单 if 语句、if…else 语句以及特殊的嵌套形式的 if…else if…else 语句。

1）简单 if 语句

当程序中只需要一种条件时采用简单的 if 语句即可，其格式如下：

```
if(条件){
    //语句1
}
```

其含义是当条件为 true 时执行语句 1，当语句 1 只包含一条语句时可省略复合语句的开始（{）和结束（}）符号。

【例 4-15】当 x 取值大于 0 时,计算 y = x * 368 的值

```
<script type = "text/javascript" >
    var x = 3,y;
    if(x>0){
        y = x * 368;
    }
    console.log(y);
</script>
```

2) if…else 语句

如果程序中出现两个相反的条件时,采用 if…else 语句处理,其格式如下:

```
if(条件){
   //语句1
}else{
   //语句2
}
```

其含义是当条件为 true 时执行语句 1,否则执行语句 2。

【例 4-16】if…else 语句举例。

```
<script type = "text/javascript" >
    var k = 2,j = 1;
    if(j == k)            //以 j、k 是否相等作为条件
        alert("j == k");  //j = 1,k = 2,j、k 不相等,该语句不执行,省略了{}
    else
        alert("j! = k");  //j = 1,k = 2,j、k 不相等,该语句执行,省略了{}
</script>
```

3) if 语句的嵌套

在一个 if 语句的复合语句中,包括了另一个 if 语句,即 if 语句嵌套,无论是 if 子句还是 else 子句都可以嵌套另一个 if 语句,而 if…else if…else 是 if 语句的特殊嵌套格式,在程序中需要对两个以上的条件进行判断时可采取这种特殊的嵌套格式。

【例 4-17】当 x 取值大于 0 时,y = x + 1;当 x 取值小于 0 时,y = x - 1;当 x = 0 时,y = 0。通过 x 的值计算 y 的值。

```
<script type = "text/javascript" >
    var x = -1;         //定义 x 取值为 -1
    if(x>0)             //if 语句开始,第一个条件
        y = x + 1;
```

```
    else if(x<0)              //第一个条件不满足时,判断第二个条件
        y = x - 1;
    else                      //前两个条件都不满足了,进入这个 else 子句
        y = 0;
    console.log(y);           //控制台输出 -2
</script>
```

2. switch 语句

条件判断语句中,如果条件过多且都是进行相等比较时,可采用 switch 语句以让程序看起来更清楚。switch 语句的格式如下:

```
switch(变量表达式){ //变量是将要执行比较的变量表达式
    case 常量1: //与变量比较是否相等,若相等则执行下面的语句,否则执行下一个 case 比较
    //语句1
        break; //跳出 switch,若没有 break 则继续执行下面 case 下的语句
    case 常量2: //语句2
        break;
    …
    case 常量 N: //语句 N
        break;
    default: //语句 N+1,最后一个语句可以取消 break
}
```

JavaScript 语言的 switch 语句要求变量表达式结果的数据类型要与常量的数据类型相同,可使用的数据类型包括数值型、字符串。

【例 4-18】switch 语句举例。

```
<script type = "text/javascript">
    function testType(x){
        switch(typeof(x)){ //测试 x 的类型,并把测试结果作为判断的依据
            case 'number': {y = x + "是数值型";break;}
            case 'string': {y = x + "是字符串";break;}
            default: {y = "unkown";}
        }
    }
    console.log(testType("字符串")); //控制台输出"字符串是字符串"
</script>
```

3. JavaScript 异常处理

在应用开发中,可使用 if 语句处理异常,但 if 语句只能处理已知异常,对于未知异常无法处理,JavaScript 语言提供了专门处理异常的语句 try…catch…finally 语句以及 throw

语句。

可使用 throw 语句抛出异常。throw 语句可以抛出任何类型的数据作为异常数据,但实际开发中还是使用 ECMAScript 的异常、DOMException 以及 DOMError 或自定义一个异常对象。

对于语句 try…catch…finally,其中 try 复合语句中包括的是正常执行的代码,catch 语句处理 try 中出现的所有异常,而 finally 语句总是在 try 语句或 catch 语句后执行。

Error 对象是 catch 语句捕获到的异常类型,用以处理异常的对象,该对象包括 name 属性指出的异常类型,message 属性给出了异常的信息。

【例 4 – 19】异常处理实例。

```
<script type = "text/javascript">
    try{
        var i = 3;
        console.log(i/0);    //这里用 0 作为除数出现异常
    }catch(e){//捕获到 Error 对象
        console.log(e.message);    //显示异常消息
    }finally{
        console.log("无论是否存在异常都要执行的代码");
    }
</script>
```

4. for 循环语句

循环是 JavaScript 语言中用来重复执行语句命令的语句。在 JavaScript 语言中的循环语句包括 for 语句、while 语句、do…while 语句、for…in 语句、for…of 语句等。如果循环的次数很明确,选择 for 循环,其结构如下:

```
for(初始化;条件表达式;增量){
    //循环体
}
```

执行规则:对计数器初始化,判断条件表达式结果是否为 true,如果为 true,则执行循环体中的语句,执行增量语句让计数器改变,再次判断条件表达式是否为 true,如果为 true,再次执行循环体中的语句,再次执行增量语句,这样的过程一直重复,直至条件语句为 false。

【例 4 – 20】for 语句的应用。

```
<script type = "text/javascript">
    var sum = 0;
    for(i = 0,j = 8;i < 10;i ++ ,j -- )  {sum + = i * j;} //循环体只有一条语
                                                          句时可省略{}
    document.write(sum);
</script>
```

5. while 循环语句

在不明确循环次数的情况下可选择 while 循环，该循环的结构如下：

```
while(条件表达式){
    //循环体
}
```

【例 4-21】while 语句的应用。

```
<script type="text/javascript">
    var count=0;
    while(count<=10){
        document.write(count);
        count++;
    }
</script>
```

6. do...while 循环语句

当循环必须至少执行一次时，采用 do...while 循环，该循环的条件判断在后面，因此 do...while 循环至少执行一次，这是它与其他循环不同的地方。需要注意 do...while 循环的条件并注意结束括号后面应跟分号。该循环的结构如下：

```
do{
    //循环体
}while(条件表达式);
```

【例 4-22】do...while 语句的应用。

```
<script type="text/javascript">
    var i=0;              //第二遍运行时将 i 初始化为 6 试试
    do{
        i+=1;
        console.log(i);
    }while(i<5);
</script>
```

7. break 语句和 continue 语句

在循环的过程中，通常要根据不同的条件停止循环，JavaScript 语言提供了 break 语句和 continue 语句来处理中断循环的操作。break 是结束循环，并执行循环语句后面的指令语句；continue 是结束本次循环并继续进入下一次循环。函数中的 return 语句也具有结束循环返回调用处的功能。

【例 4-23】break 语句与 continue 语句的应用。

```
<script type = "text/javascript" >
   var a =[1,2,3,4,5,6,7,8];
   var b = 3;
   for(var i = 0;i < a.length;i ++){
     if(a[i] == b){
        break;
     }
     console.log(i);    //控制台输出 01
   };
   console.log('----- continue ------ ');
   for(var i = 0;i < a.length;i ++){
     if(a[i] == b){
        continue;
     }
     console.log(i);    //控制台输出 0134567,注意是数组的下标输出不是元素值
   };
</script>
```

8. for…in 循环

JavaScript 语言提供了遍历对象和数组的更加便利的循环语句,这就是 for…in 循环语句,其专用于遍历对象和数组,其结构如下:

```
for(变量  in  对象/数组){
    //对每个对象属性执行同样的操作
}
```

虽然 for…in 语句可以遍历数组,但其遍历主要是访问对象的属性,对于数组,其不仅遍历数组索引,而且还会遍历其属性,因此遍历数组最好还是使用 for 语句更加合适,除非是为了访问自定义的属性或方法。

9. for…of 循环

JavaScript 语言提供的 for…in 循环主要是访问对象的属性或数组的下标,而 for…of 循环访问的是对象属性值或数组元素值。其结构如下:

```
for(遍历  of  对象/数组){
    //对每个对象属性值执行同样的操作
}
```

【例 4-24】for…in 循环与 for…of 循环的区别。

```
<script type = "text/javascript" >
    var a =[1,2,3];        //定义一个数组
    a.test = '测试';
    for(var b in a){
      console.log(b);     //控制台输出 012test
    }
    for(var b of a){
      console.log(b);     //控制台输出 123,只包含了数组元素值
    }
</script>
```

4.1.6 Promise 对象

从 ECMAScript 6 开始,JavaScript 提供了 Promise 对象,专门用来控制延迟处理和异步操作,Promise 对象具有下列状态之一:

(1)初始(pending):初始状态、未完成或者被拒绝;

(2)完成(fulfilled):操作成功完成;

(3)拒绝(rejected):操作失败。

一个初始化的 Promise 对象变成成功完成(带一个值)或被拒绝(发生错误,并带一个原因,即消息文本),这些状态变化时,Promise 对象的 then() 方法被调用并执行成功或拒绝的回调处理函数,Promise 对象提供的方法可以链式调用。

Promise 对象包含的方法如下:

(1)Promise.all(iterable):返回一个 Promise 对象,iterable 包含的所有 Promise 处理都成功并返回带有一个数组的 Promise 对象。如果 iterable 中任何一个被拒绝则返回带有错误原因的被拒绝的 Promise 对象。这个方法通常使用来聚合多个 Promise 对象的结果。

(2)Promise.race(iterable):返回一个 Promise 对象,iterable 包含的 Promise 之一一旦成功或被拒绝,立刻返回新的带有成功的值或拒绝原因的 Promise 对象。

(3)Promise.reject(reason):返回一个带有原因的被拒绝的 Promise 对象。

(4)Promise.resolve(value):返回一个被解决的带值 Promise 对象,如果 Promise 对象带有实例方法则执行实例方法。

Promise 对象包含的实例方法如下:

(1)Promise.prototype.catch(onRejected):该方法向 Promise 对象追加一个拒绝(错误)处理器,并返回一个新的 Promise 对象;

(2)Promise.prototype.then(onFulfilled, onRejected):该方法向 Promise 对象追加一个成功完成的处理器和一个拒绝处理器,并返回一个新的 Promise 对象。

【例 4-25】异步加载一张图片。

```
<script type="text/javascript">
    function imgLoad(url){
        return new Promise(function(resolve,reject) {
            var request = new XMLHttpRequest();        //异步处理对象 XHR
            request.open('GET',url);                   //GET 方法请求 url
            request.responseType = 'blob';             //指出响应类型
            request.onload = function(){               //加载完成处理
              if(request.status ===200){
                resolve(request.response);             //成功获取,处理结果
              }else{
                //发生错误,给出错误原因
                reject(Error('图片加载失败,服务器响应:'+request.statusText));
              }
            };
            request.onerror = function(){              //加载错误事件处理
              reject(Error('There was a network error.'));//给出错误原因
            };
            request.send();
        });
    }
</script>
```

注意:异步加载需要 Web 服务器的支持。

4.1.7 数组和集合

数组是值的有序集合。每个值称作元素,每个元素在数组中有一个位置,以数字表示,称为索引或下标。JavaScript 语言是弱类型的语言,对于数据类型都是 JavaScript 语言解析系统依据数据本身自动识别,数组中的元素类型也不例外,可以是任意类型,因此,数组中的元素数据类型可能是不同类型。

JavaScript 语言的数组下标从 0 开始,即第一个元素的下标为 0,数组的最大下标是数组的元素个数减去 1,使用数组的 length 属性可获得数组的元素个数。在 JavaScript 语言中数组可以动态删减元素,这个特性使 JavaScript 语言的数组使用起来更加灵活。

1. 数组定义

JavaScript 语言中创建数组包括两种方式:使用 [ ] 直接赋值或使用 Array 类构造一个数组。在 JavaScript 语言中只有一维数组定义,没有二维或多维数组直接定义,也就是只有一个下标。对于二维数组及多维数组,JavaScript 语言中可通过一维数组构建,即一个二维数组是一个一维数组,这个一维数组的每个元素又是一个一维数组,从而构成一个二维数组,其他多维数组依此类推。

一维数组定义有两种格式,注意必须带初始化值才能确定为数组:

```
var arr =[];              //定义一个空数组
var arr = new Array();    //定义一个空数组
```

2. 访问数组元素

访问数组元素就是对数组中的元素引用,数组元素引用格式为:

```
数组名[下标];
```

这个格式的含义是引用位置在下标处的元素,值得注意的是 JavaScript 语言中数组的下标 index 取值为数字或字符串,这是它不同于其他语言的地方。

【例 4-26】数组的定义、初始化及引用的应用。

```
<script type="text/javascript">
    var a = [1,2,3,4,5,6];          //定义一个带有初始化值的数组
    var a2 = new Array(3);          //定义初始长度为 3 的数组
    a2[30] = 22;                    //a2.length 的值为 31,即 a2 有 31 个元素
    var a3 = new Array(1,2,3);      //定义并初始化 3 个元素的数组
    var a1 = [];                    //定义一个空数组
    a1['android'] = "安卓手机";     //给数组赋值,这里用了自定义属性
    a1[2] = "苹果手机";             //通过下标访问数组并赋值
    a1.blackberry = '黑莓手机';     //通过对象属性方式给数组赋值,a1.length 的值为 3

    console.log(a1[1]);             //输出:undefined
    console.log(a1.android);        //输出:安卓手机
    console.log(a1['blackberry']);  //输出:黑莓手机
    console.log(a1);                //输出:[2:"苹果手机",android:"安卓手机",black-
                                    berry:"黑莓手机"]
</script>
```

3. 遍历数组

遍历就是对数组中的每个元素挨个访问一遍,在 JavaScript 语言中可以使用任何一个循环语句来遍历数组,除了用循环语句来遍历数组,在 JavaScript 语言中,数组包含了一个成员方法 forEach,该方法的定义格式如下:

```
/**
 *遍历数组
 *@param callback,回调函数,参数包括 currentValue、currentIndex、array
 *@param thisArg,可选,被回调函数使用的 this 对象
 */
Array.prototype.forEach(callback,[thisArg]);
```

通过 Array.prototype 原型方式添加的方法,在 JavaScript 语言中也可通过类名直接添加方法,如 Array.add,这称为类方法,可直接通过类名调用;而由 Array.prototype 添加的方法称为实例方法或对象方法,只能被实例化的对象调用。

【例 4-27】使用实例方法 forEach 遍历数组。

```
<script type = "text/javascript" >
    function Counter() { //定义一个计数器类
      this.sum = 0;
      this.count = 0;
    }
    //计数器增加实例方法 add 以计算数组元素值的总和及元素个数
    Counter.prototype.add = function(array) {
      array.forEach(function(value,index,arr) {
          this.sum + = value; //this 来自 forEach 的第二个参数,默认为 window 对象
          ++ this.count;
      },this); //将当前对象传递给回调函数,如果没有这个对象,输出的两个结果都为 0
    };
    //实例化一个 Counter 对象
    var obj = new Counter();
    obj.add([2,5,9]);
    console.log(obj.count); //输出元素个数:3
    console.log(obj.sum); //输出元素值总和:16
</script>
```

【例 4-28】创建一个二维数组。

```
<script type = "text/javascript" >
    var aa = new Array();          //定义一维数组
    for(i = 1;i < = 10;i ++) {
        aa[i] = new Array();    //将每一个子元素又定义为一维数组
        for(n = 0;n < = 10;n ++) {aa[i][n] = i + n;} //此时 aa[i][n]可以看作一个二维
            数组
    }
</script>
```

4. Map 和 Set 集合

Map 和 Set 是 JavaScript 语言提供的两个集合,Map 集合以 key/value 的形式存储数据,可存储任何类型的数据,其键也可是任何类型。Set 是存储唯一值的集合,可存储任何类型的数据。其定义格式如下:

```
var <变量名> = new Set([ <iterable> ]);
var <变量名> = new Map([ <iterable> ]);
```

参数 iterabale 是可遍历的数组或对象,null 被看作 undefined。Map 和 Set 集合均包含一个 size 原型属性以获取集合中元素的个数。Set 集合包含原型的方法有:

(1) Set.prototype.add(value):向集合添加元素;
(2) Set.prototype.clear():删除集合的所有元素;
(3) Set.prototype.delete(value):删除元素 value 并返回 value;
(4) Set.prototype.entries():返回可遍历对象;
(5) Set.prototype.forEach(callbackFn[,thisArg]):遍历集合;
(6) Set.prototype.has(value):判断集合是否包含 value 元素;
(7) Set.prototype.keys():与 Set.prototype.values() 相同;
(8) Set.prototype.values():返回可遍历对象所包含集合的所有值。

Map 集合包含原型的方法有:
(1) Map.prototype.clear():删除集合的所有元素;
(2) Map.prototype.delete(key):删除 key 键元素并返回 value;
(3) Map.prototype.entries():返回可遍历的对象所包含 [key,value] 的数组;
(4) Map.prototype.forEach(callbackFn[,thisArg]):对每个 key-value 调用 callbackFn() 函数;
(5) Map.prototype.get(key):返回 key 对应的 value,不存在则返回 undefined;
(6) Map.prototype.has(key):判断是否包含 key;
(7) Map.prototype.keys():返回包含 key 的可遍历的对象;
(8) Map.prototype.set(key,value):向集合添加元素。

【例 4-29】 Map 和 Set 集合的应用。

```
<script type = "text/javascript">
    var aset = new Set();        //定义 Set 集合
    aset.add(10);                //添加一个元素
    console.log(aset.has(10));   //输出 true
    var arr = [1,3,5];
    var bset = new Set(arr);
    console.log(bset.has(3));    //输出:true
    var m = new Map();
    m.set(0,"石家庄");
    m.set(1,"承德市");
    console.log(m);    //输出:Map{0 = >"石家庄",1 = >"承德市"}
</script>
```

4.2 函　　数

在 JavaScript 语言中,函数是具有名称的独立代码块,是 JavaScript 语言一组执行任务或计算值的语句,函数具有较好的可重用性,一次定义后可无限次使用。使用函数时,必须先定义再使用。

1. 定义函数

JavaScript 语言中定义函数使用 function 关键字,其由函数名、以逗号分隔的参数列表以及由大括号({})括起来的 JavaScript 复合语句构成。其定义格式如下:

```
function 函数名(参数1,参数2,…,参数N){
    //函数体;
}
```

参数表中的参数个数不限,根据实际使用情况确定函数的参数个数,如无参数可空,但必须提供圆括号,在 JavaScript 中,函数的参数可以是变参,即定义参数列表中无须给定确定的参数个数,而是通过变参给出,其格式为:

```
function 函数名([参数列表],…变参){
    //函数体,变参以数组形式处理
}
```

2. 调用函数

函数定义后即可在其有效范围内调用之,函数的有效范围与变量相同,具有全局和局部之分,也就是说在一个函数的内部也可定义一个局部函数。调用函数的格式如下:

```
函数名(实参1,实参2,…,实参N);//根据函数定义时提供的参数列表提供实参
```

调用函数时,如果没有参数,圆括号不能省略,即无论何时,只要出现函数名,其后面必须有圆括号,有参数传递参数,无参数括号空着。

3. 函数返回值

函数是独立的功能块,如果需要,函数运行完成后可向调用者提供函数执行的结果,函数通过 return 语句返回结果。return 语句的格式如下:

```
//在函数体内,执行 return 语句返回值
return[ <任意类型数据 >];

//在函数的调用位置接收来自函数的返回值
var a = 函数名([ <提供给函数的参数表 >]);//将函数的返回值保存在变量中
var b = a + 函数名([ <参数表 >]);//函数返回值参加表达式的计算
```

4. 函数表达式

在 JavaScript 中可通过表达式定义函数,就像定义变量一样,其参考格式如下:

```
var〈变量〉= function[〈函数名〉]([〈参数列表〉]){/* 函数实现 */}
var〈变量〉= new Function([〈参数列表〉],〈函数实现〉);//这里使用了 Function 类实例化创建
函数
```

这样定义的函数可以匿名,即函数没有名称,调用函数通过变量完成,也就是说,变量实际上才是函数的名称。表达式定义的函数也可带上名字,这时名字在函数外部无法使用,可以在函数内部使用,参考【例4-30】。

5. 箭头函数

在很多时候,函数的实现(即函数体)只有简单的一条语句,这时可使用快捷的匿名函数定义形式,即使用"等于号+大于号"的符号组合(=>),其称为箭头函数。箭头函数不支持 this、arguments、super 以及 new、target 等,其定义格式如下:

```
([〈参数列表〉]) => {/* 函数实现 */}    //带返回语句的复合语句
([〈参数列表〉]) => 表达式    //表达式等价于{return 表达式}
//当只有1个参数时可省略圆括号
〈参数〉=> 表达式
//没有参数时不可省略圆括号
( ) => 表达式
```

箭头函数通常用来向函数传递参数,具体见【例4-30】。

【例4-30】应用函数计算 n 的阶乘。

```
<script type = "text/javascript">
    function fun(n){    //计算 n 和 n-1 阶乘的乘积
        if(n< =1)return 1;//如果 n 是 1 则直接返回不计算,这也是递归结束
                        条件
        return n * fun(n-1);//返回计算结果,函数自调用,这被称为递归运算
    }
    console.log(fun(6));//调用函数,控制台输出:720
    //表达式定义函数
    var fun 1 = function fun 2(n){    //表达式定义,函数名 fun 2,变量 fun 1
        if (n< =1)return 1;
        return n * fun 2(n-1);//这里还可写成 return n * fun 1(n-1);
    }
    console.log(fun 1(6));//这里不可写成 console.log(fun 2(6));
    //函数箭头应用
    var fun 3 =(a,b) => a + b;//计算两个数的和或连接两个字符串
    console.log(fun 3(3,5));
    console.log(fun 3('Hello','World'));
</script>
```

4.3 对象和类

JavaScript 语言中一切都是对象，这使对类的理解变得复杂，因为在面向对象思想中，类是对象的集合，对象是属性和方法的集合。方法就是前面提到的函数，在 JavaScript 语言中，全局函数是 window 对象的成员方法。属性是一个值或一组值，是对象的成员。JavaScript 支持四种类型的对象：内置类对象、自定义对象、宿主提供的对象（如 Internet 浏览器中的 window 和 document）以及 ActiveX 对象（外部组件）。

对象和数组几乎是以相同的方式处理的。数组实际上是一种特殊的对象。数组和对象的区别在于数组有一个 length 属性，而对象没有。JavaScript 语言中的所有对象包括数组均支持动态添加属性和方法。

类和对象的区别在于，类是对象的集合，对象是类的实例化，类是抽象的、概念化的，对象是具体的。

1. 对象的定义

在 JavaScript 语言中，通常意义上的对象（Object）实际上与类相似，但与其他面向对象的程序设计语言不同，JavaScript 语言的对象没有继承的概念，因此，将其称为对象，ECMAScript 6 开始提出了类（class），这实际上就是一种特殊函数，但却实现了继承。在 JavaScript 语言中可通过多种方式定义一个对象。

1) 通过 Object 定义一个对象

Object 是 JavaScript 语言的内置对象，通过 Object 可以实例化一个自定义的对象，其格式如下：

```
var 对象名称 = new Object();//这是一个对象定义格式
//给对象添加属性
对象名称.属性名 = 属性值；      //定义对象的属性
对象名称.方法名 = function([<参数列表>]){/*函数体*/};//定义对象方法
```

【例 4-31】用 Object 定义一个对象并定义成员。

```
<script type="text/javascript">
    var obj = new Object();//Object 的实例化,是真正的对象
    obj.name = "张三";      //定义对象的姓名属性
    obj.age = 10;           //定义对象的年龄属性
    obj.who = function(){//定义对象的方法
        console.log("姓名:" + this.name + ",年龄:" + this.age);
    }
    obj.who();//输出:姓名:张三,年龄:10
</script>
```

2) 通过 function 关键字定义对象

在 JavaScript 语言中，function 是定义函数的关键字，同时也是定义对象的关键字，其定

义格式与函数完全相同,但在函数体中通过 this 关键字表示当前对象。

【例 4-32】用 function 定义对象。

```javascript
<script type = "text/javascript" >
    function Student(stuNo,stuName){//定义 Student,构造对象时可带参数
        this.no = stuNo;
        this.name = stuName;
        this.info = function(){ //定义方法
            return"姓名:" + this.name + ",学号:" + this.no
        }
    }
    var s = new Student();    //定义一个 Student 的实例化对象 s
    s.no = 1;
    s.name = "张三";
    console.log(s.info());//输出:姓名:张三,学号:1
</script>
```

在【例 4-32】中实际上 function 定义的是一个类,但 ECMAScript 6 之前没有类的概念。这里通过使用 new 运算符才能得到真正的对象定义。

3) 用 {} 直接定义对象

大括号在 JavaScript 语言中用来定义复合语句,其另一个作用是定义对象,由 {} 定义的对象称为 JSON(Java Script Object Notation) 对象。

【例 4-33】用 {} 直接定义实例化对象。

```javascript
<script type = "text/javascript" >
    var obj = {};//对象定义
    obj.name = "张三";        //定义对象的姓名属性
    obj.age = 10;            //定义对象的年龄属性
    obj.who = function(){ //定义对象的方法
        console.log("姓名:" + this.name + ",年龄:" + this.age);
    }
    obj.who();//输出:姓名:张三,年龄:10
    var obj = { //对象定义开始,在{}里定义属性
        name:"张三", //成员和值之间用冒号(:)分隔
        age:10, //成员与成员之间用英文逗号(,)分隔
        who:function(){ //成员方法定义
            console.log("姓名:" + this.name + ",年龄:" + this.age);
        }
    };//对象定义结束
    obj.who();   //输出:姓名:张三,年龄:10
</script>
```

4）使用 class 关键字定义类

class 关键字是 ECMAScript 6 提出的概念，实际上 class 定义的是一个特殊的函数，可以通过 extends 继承，这里实现的是原型继承，并不是引入新的面向对象继承模式，只不过是提供了一个更加简单、清晰的语法以创建对象和处理继承。使用 class 关键字要注意浏览器的兼容性。

通过 class 关键字定义一个类有两种方式：类定义和类表达式。

（1）类定义。

类定义是通过 class 关键字定义一个带有名字的类，extends 关键字用来继承一个父类，在 JavaScript 语言中，一个类只能继承一个父类（超类），完整地类定义格式如下：

```
class <类名>[extends <父类名>]{
  constructor([<参数列表>]){
     //初始化
  }
  get <方法名>(){//getter 方法实现
  }
  set <方法名>(<参数>){//setter 方法实现
  }
  <方法名>([<参数列表>]){//定义原型方法
     //方法体
  }
  static <方法名>([<参数列表>]){//定义静态方法
     //方法体
  }
}
```

JavaScript 语言中函数和变量都被提升（hoisted）。类和函数最重要的不同在于函数被提升为全局的，而类没有提升。这就是说，函数可以先使用后定义，而类必须先定义后使用，即使用类的代码必须被放在类定义的后面，否则程序抛出一个 ReferenceError 错误。

（2）类表达式。

类表达式是另一种定义类的方法，类表达式可有类名，也可无类名，其定义格式如下：

```
var <变量> =class[ <类名>]{
  //类体定义
}
```

使用类定义和类表达式定义的类完全一样。在定义中大括号（{}）包含的代码称为类体，类定义和类表达式都是在严格模式（strict mode）下运行的，即便没有使用关键语句"use strict"。"use strict"语句声明脚本使用严格语法模式，注意使用引号括起来。

构造方法（constructor）是创建和初始化对象的特殊方法，只能通过 constructor 名称定义一次，多个被定义时程序将抛出 SyntaxError 错误。

方法定义分为原型方法定义和静态方法定义，原型方法必须通过实例化对象访问，而静态方法可直接通过类名访问。在原型方法和静态方法中通过 super 关键字引用父类对象。

4.4 内置对象

JavaScript 语言提供了一些内置对象，可被直接使用，包括全局属性、全局函数、数据结构、基本对象等。

1. 全局属性

Infinity：全局属性无穷大，初始化值为 Number.POSITIVE_INFINITY；
NaN：非数字的表示；
undefined：JavaScript 语言的基础数据之一，表示未定义；
null：对象不存在的表示，也是 JavaScript 语言的基础数据之一，运算中作 0 处理。
undefined 和 null 的区别在于如果一个对象为 null，表明其被定义但没有分配值，而 undefined 表示对象的属性未定义。

2. 全局函数

全局函数可以被直接使用而无须对象引用，这包括：
eval(value)：计算字符串表示的表达式，如 eval("1+2")；
isFinite(value)：value 是否是有限数字，null 被作为 0；
isNaN(value)：value 是否是一个非数字值，true 表示非数字，false 表示数字；
parseFloat(value)：把 value 解析为浮点型数据；
parseInt(value，radix)：把 value 解析为 radix 进制的整数；
decodeURI(encodedURI)：解码由 encodeURI 编码的串；
decodeURIComponent(encodedURI)：解码由 encodeURIComponent 编码的串；
encodeURI(URI)：对 URI 编码；
encodeURIComponent(str)：对 str 编码。

3. 基本对象

Object：用来构建一般对象；
Function：函数对象，用来构建一个函数，如 var fun = new Function([<参数>])；
Boolean：布尔值封装对象；
Symbol：独特的不可变数据类型，用来标识对象属性；
Error：错误对象，可被 try...catch 处理；
EvalError：eval() 函数发生错误；
RangeError：一个值在不被允许的范围内时抛出的错误；
ReferenceError：不存在的变量被引用时抛出的错误；
SyntaxError：语法错误；
TypeError：一个值不是期望的数据类型时抛出的错误；
URIError：以错误方式使用了 URI 相关函数时抛出的错误。

4. 数字和日期

对于数学计算、数字处理以及日期处理，JavaScript 语言提供了基本的对象：

Number：通过 new Number() 创建的数字对象，提供了对数字进行简单操作的相关方法和属性；

Math：数学对象，提供了数学计算需要的相关方法、属性，如三角函数；

Date：日期对象，包含了日期处理的相关方法和属性，Date.now() 方法返回当前自 197000：00：00 UTC 以来的以毫秒表示的时间。

5．文本处理对象

String：字符串对象，提供了字符串处理的相关方法和属性；

RegExp：正则表达式对象，提供了处理正则表达式的相关方法和属性。

6．结构数据对象

JSON 是 JavaScript 语言的 JavaScript Object Notation（简称 JSON）对象。该对象包含了两个静态方法，JSON.parse() 将一个字符串解析为 JSON 对象，JSON.stringify() 把一个 JavaScript 语言的对象转换成以 JSON 格式表示的字符串。

【例 4-34】字符串对象的应用。

```
<script type = "text/javascript" >
    var str = "0123456789";
    var substr1 = str.substring(4,7);//将字符串"456"赋给 substr1 变量
    var substr2 = str.substring(7,4);//将字符串"456"赋给 substr2 变量，
        两个语句等价
    var ilen = str.length;           //返回10,字符串中的字符个数
    console.log("a".repeat(3));    //返回 aaa,将 a 重复 3 次
    console.log("abcde"[3]);      //输出 d,第 4 个字符
    var s = str.concat("abc");     //连接两个字符串,返回 0123456789abc
    var s1 = str.endsWith("89");//判断 str 是否以 89 结尾,返回 true
    var s2 = str.includes("123");//判断 str 是否包含 123 字串,返回 true
    var s3 = str.startsWith("01");//判断 str 是否以 01 开始,返回 true
    console.log(str.trim());      //删除字符串两端的空白符
    var str2 = str.slice(4,-2);   //返回 4567,截取从第 5 个开始至第 str.length-2 个
                                    子串
    console.log(str2);           //输出
    var str1 = "石家庄,承德,唐山";
    var arrayCity = str1.split(",");//将字符串 str1 用逗号字串分隔成数组
</script>
```

【例 4-35】Math 对象的应用。

```
<script type = "text/javascript" >
    var radius =3;//定义球半径
    //pow 计算 x^y
    var volume =4/3 * Math.PI * Math.pow(radius,3);//计算球的体积
```

```
        console.log(volume);//输出:113.09733552923254
</script>
```

【例 4-36】 输出当前日期。

```
<script type="text/javascript">
        //使用 new 运算符创建 Date 对象,获取今天的日期
        var today = new Date();
        //提取年、月、日
        var y = today.getFullYear();//4 位年份
        var m = today.getMonth() +1;//月份获得的是 0-30,因此需要加 1
        var d = today.getDate();
        console.log(y + "年" + m + "月" + d + "日");
</script>
```

4.5 正则表达式

正则表达式是文本搜索的匹配模式,能够快速地从目标文本中找出需要的数据,类似模糊查找,但功能更加强大、灵活。使用正则表达式的优势如下:

(1) 测试字符串模式。测试字符串是否存在电话或信用卡号码。这称为数据有效性验证。

(2) 依据模式匹配替换文本。可以在文档中使用一个正则表达式来标识特定文字,将之全部删除,或替换为别的文字。

(3) 根据模式匹配从字符串中提取子串。可以用来在文本或输入字段中查找特定文字。

JavaScript 语言可使用正则表达式直接对字符串对象作简单处理,更专业的正则表达式应用是采用 RegExp 对象处理。

一个正则表达式就是由普通字符及特殊字符(称为元字符)组成的文字模式,该模式描述在查找文字主体时待匹配的一个或多个字符串。正则表达式可看作一个文本模板,将模板字符与所搜索的字符串进行匹配。在 JavaScript 语言中,正则表达式的元字符参考表 4-5。正则表达式具体的实例化格式中包括两个部分:模式和参数。其中模式是正则表达式文本,参数是某种标记,这些标记说明了匹配过程中应遵守的规则,具体参数参考表 4-6。

正则表达式的书写格式如下:

```
/模式/参数
var <模式对象> = new RegExp(模式,参数);
```

表4-5　元字符及其在正则表达式用法中的描述

字符	描　　述
\	将下一个字符标记为一个特殊字符，或一个原义字符，或一个后向引用，或一个八进制转义符，例如，"\n"匹配一个换行符，"\\"匹配"\"
^	匹配输入字符串的开始位置
$	匹配输入字符串的结束位置
*	匹配前面模式零或多次，如"zo*"匹配"z"及"zoo"
+	匹配前面模式一或多次，如"zo+"匹配"zo"及"zoo"，但不匹配"z"
?	匹配前面模式零或一次，如"do(es)?"可以匹配"do"或"does"
{n}	n是一个非负整数，匹配n次，例如，"o{2}"不匹配"Bob"中的"o"，但匹配"food"中的两个"o"
{n,}	n是一个非负整数，至少匹配n次，如"o{2,}"不能匹配"Bob"中的"o"，但能匹配"fooood"中的所有"o"。"o{1,}"等价于"o+"
{n,m}	m和n均为非负整数，其中n<=m，最少匹配n次，最多匹配m次，如"o{1,3}"将匹配"fooooood"中的前三个"o"，"o{0,1}"等价于"o?"，请注意在逗号和两个数之间不能有空格
.	匹配除"\n"之外的任何单个字符
(x)	匹配x并获取这一匹配，获取的匹配可从Matches集合得到，可使用$0...$9属性，要匹配圆括号字符，请使用"\("或"\)"
(?:x)	匹配x但不获取结果，不进行存储，供以后使用
x(?=y)	x后面紧跟着y时才匹配x
x(?!y)	x后面没有紧跟着y时才匹配x
x|y	匹配x或y
[xyz]	匹配字符集合中任意一个字符，如"[abc]"可以匹配"plain"中的"a"
[^xyz]	匹配未包含在集合中的任意字符
[a-z]	匹配范围内的任意字符，如"[a-z]"可匹配"a"~"z"范围内的任意小写字母
[^a-z]	匹配任何不在范围内的任意字符，如"[^a-z]"可匹配任何不在"a"~"z"范围内的任意字符
\b	匹配单词边界，即单词和空格间的位置，如"er\b"可以匹配"never"中的"er"，但不能匹配"verb"中的"er"
\B	匹配非单词边界，"er\B"能匹配"verb"中的"er"，但不能匹配"never"中的"er"
\cx	匹配由x指明的控制字符，如"\cM"匹配一个"Control-M"或回车符，x的值必须为"A"~"Z"或"a"~"z"之一，否则，将c视为一个原义的"c"字符
\d	匹配一个数字字符，等价于[0-9]
\D	匹配一个非数字字符，等价于[^0-9]
\f	匹配一个换页符，等价于\x0c和\cL
\n	匹配一个换行符，等价于\x0a和\cJ
\r	匹配一个回车符，等价于\x0d和\cM

续表

字符	描述
\s	匹配任何空白字符，包括空格、制表符、换页符等，等价于［\f\n\r\t\v］
\S	匹配任何非空白字符，等价于［^\f\n\r\t\v］
\t	匹配一个制表符，等价于\x09 和\cI
\v	匹配一个垂直制表符，等价于\x0b 和\cK
\w	匹配包括下划线的任何单词字符，等价于［A-Za-z0-9_］
\W	匹配任何非单词字符，等价于［^A-Za-z0-9_］
\xhh	匹配编码为 hh（两个十六进制数字）的字符
\uhhhh	匹配 Unicode（值为 hhhh 的四位十六进制数字）字符

表 4-6 正则表达式参数表

参数	描述
g	全局匹配
i	不区分大小写
m	多行匹配
u	Unicode 编码匹配
y	仅从 lastIndex 属性给出的索引匹配

表 4-7 给出的参数可以组合使用。如 gi 表示在整个文本范围内不区分大小写查找对应模式的匹配文本。在正则表达式中，JavaScript 语言提供了一些具有一定含义的字符，用这些字符可以定义匹配模式。具体提供的相关特定字符，参见表 4-5。

在构造正则表达式之后，就可以像数学表达式一样求值，也就是说，可以从左至右并按照一个优先权顺序来求值，见表 4-7。

表 4-7 正则表达式操作符的优先权顺序

操作符	描述
\	转义符
(), (?:), (?=), []	圆括号和方括号
*, +, ?, {n}, {n,}, {n, m}	限定符
^, $, \anymetacharacter	位置和顺序
|	"或"操作

【例 4-37】正则表达式示例。

```
<script type="text/javascript">
    var re = /\w+\s/g;//等价于 var re = new RegExp("\w+\\s","g");
    var str = "fee fi fo fum";
```

```javascript
        var myArray = str.match(re);
        console.log(myArray);    //输出:["fee","fi","fo"]
        var re = /(\w+)\s(\w+)/;
        var str = 'John Smith';
        str.replace(re,'$2, $1');// "Smith,John"
        RegExp.$1;// "John"
        RegExp.$2;// "Smith"
        var matches = /(hello\S+)/.exec('This is a hello world!');
        console.log(matches[1]);//输出:hello world!
        var str = "hello world!";
        var result = /^hello/.test(str);
        console.log(result);//输出:true
</script>
```

【例 4-38】验证电话号码。

```html
<!DOCTYPE html>
<html>
<head>
<meta http-equiv = "Content-Type" content = "text/html;charset=GBK">
<meta http-equiv = "Content-Script-Type" content = "text/javascript">
<script type = "text/javascript">
var re = /(?:\d{3}|\(\d{3}\))-\d{3}-\d{4}/;
        function testInfo(phoneInput){
            var OK = re.exec(phoneInput.value);
            if(! OK)
                window.alert(phoneInput.value + "不是一个带区号的电话号码!");
            else
                window.alert("你输入的电话号码是:" + OK[0]);
            }
</script>
</head>
<body>
<p>请输入带区号的电话号码并单击检查按钮
<br>输入的格式为:###-###-####.</p>
<form action = "#">
<input id = "phone">
        <button onclick = "testInfo(document.getElementById('phone'));">检查
            </button>
</form>
</body>
</html>
```

4.6 绘制技术

HTML5 新增 <canvas> 标签,可以让用户使用 JavaScript 语言在网页上绘制图像,<canvas> 的默认大小为 300 像素×150 像素(宽×高),绘制中会根据窗口大小自动适应,JavaScript 语言通过上下文对象支持绘制功能。HTML5 的 <canvas> 标签是一个矩形区域,<canvas> 标签中的 height 和 width 属性以像素为单位,用于设置高度和宽度。

<canvas> 绘制图形的步骤如下:

(1)在 HTML 中包含 <canvas> 标签并提供一个 id 属性可唯一标识的对象,<canvas> 必须有结束标签 </canvas>。

(2)JavaScript 通过 id 属性获得 canvas 对象,并通过 canvas 对象调用 getContext() 方法获得上下文对象。

(3)调用上下文的绘制方法开始绘制内容。注意绘制坐标以画布左上角为坐标原点,向下为 y 轴正向,向右为 x 轴正向,所有绘制从左上角开始,上下文对象的绘制方法比较多,常用方法见表 4-8。

表 4-8 上下文绘制方法

方法	说明
arc(x, y, r, sAngle, eAngle, anticlockwise)	在路径上添加圆弧
arcTo(x1, y1, x2, y2, radius)	在路径上用控制点和半径添加圆弧
beginPath()	开始绘制路径
clearRect(x, y, width, height)	清除矩形区域
closePath()	封闭路径
createLinearGradient(x0, y0, x1, y1)	创建线性梯度
createRadialGradient(x0, y0, r0, x1, y1, r1)	创建放射状梯度
createPattern(image, repeat);	创建图片填充模式
drawImage(image, dx, dy[, dWidth, dHeight])	绘制图片
drawImage(img, sx, sy, sw, sh, dx, dy, dw, dh)	复制图片
fill()	填充当前路径
fillRect(x, y, width, height)	绘制填充矩形
fillText(text, x, y[, maxWidth])	在 x, y 处填充文本
lineTo(x, y)	将当前路径结束点连到 x, y
measureText(text)	获得 TextMetrics 对象
moveTo(x, y)	将路径启动点移动到 x, y
rect(x, y, width, height)	为矩形创建路径
rotate(angle);	旋转绘制对象

续表

方法	说明
scale(x, y);	在 x, y 方向变形
stroke([path]);	勾画路径
strokeRect(x, y, width, height)	绘制矩形
strokeText(text, x, y[, maxWidth])	绘制文本
transform(a, b, c, d, e, f);	缩放、倾斜、移动变换
translate(x, y);	移动变换

【例 4-39】 用 HTML5 实现拼图游戏。

```
<script type = "text/javascript" >
canvas.addEventListener("click",function(event){
    if(GAME_STATE_NOTSTART = = gameOver){
        alert("请开始游戏!");return;
    }
    var event = event||window.event;
    //计算 x,y 坐标,获得单击的图片
    var x = parseInt(event.offsetX/IMAGE_WIDTH,10) * IMAGE_WIDTH;
    var y = parseInt(event.offsetY/IMAGE_HEIGHT,10) * IMAGE_HEIGHT;
    //移动被单击图片到空白位置
    for(var i = 0;i < images.length-1;i ++ ){
        var dx = images[i].dx;
        var dy = images[i].dy;
        if(dx = = x&&dy = = y){//获取被单击的图片
        //判断是否可以移动,对于四个移动方向,判断哪个方向是空白
        if(dx = = blank.x&&dy-IMAGE_HEIGHT = = blank.y//上面区域判断
            ||dx + IMAGE_WIDTH = = blank.x&&dy = = blank.y//右面区域判断
            ||dx = = blank.x&&dy + IMAGE_HEIGHT = = blank.y//下面区域判断
            ||dx-IMAGE_WIDTH = = blank.x&&dy = = blank.y//左面区域判断){
                images[i].dx = blank.x;//改变被单击图片的位置
                images[i].dy = blank.y;
                blank.x = x;//纪录新的空白区域位置
                blank.y = y;
            game.draw();
            }
        }
    }
}
if(game.isWin()){//所有图回到原始位置
```

```
            images[images.length-1].draw();//把空白填上图片
            alert("游戏结束了");
            return;
        }
    });
</script>
```

HTML5 还支持 SVG 图形绘制，<canvas>图形绘制以位图为主，而 SVG 图形绘制则属于矢量图绘制。ssCanvas 和 SVG 都允许在浏览器中创建图形，但是它们在根本上是不同的。

SVG 是一种使用 XML 描述 2D 图形的语言。SVG 基于 XML，这意味着 SVG DOM 中的每个元素都是可用的。用户可以为某个元素附加 JavaScript 事件处理器。在 SVG 中，每个被绘制的图形均被视为对象。如果 SVG 对象的属性发生变化，那么浏览器能够自动重现图形。

<canvas>通过 JavaScript 来绘制 2D 图形。<canvas>是逐像素进行渲染的。在<canvas>中，一旦图形被绘制完成，它就不会继续得到浏览器的关注。如果其位置发生变化，那么整个场景也需要重新绘制，包括任何或许已被图形覆盖的对象。

下面列出了<canvas>与 SVG 之间的一些不同之处：

（1）<canvas>：
①依赖分辨率；
②不支持事件处理器；
③文本渲染能力弱；
④能够以".png"或".jpg"格式保存结果图像；
⑤最适合图像密集型的游戏，其中的许多对象会被频繁重绘。

（2）SVG：
①不依赖分辨率；
②支持事件处理器；
③最适合带有大型渲染区域的应用程序（比如谷歌地图）；
④复杂度高时会减慢渲染速度（任何过度使用 DOM 的应用都不快）；
⑤SVG 并不适合游戏应用。

习　题

1. 列举 DOM 里常用的至少 4 个对象，并写出 window 对象的常用方法（至少 5 个）。
2. 简述文档对象模型 DOM 里 document 对象常用的访问节点的方法并作简单说明。
3. 通过 HTML5、CSS3、JavaScript 编写五子棋游戏，无须设计计算机玩家。

习题答案与讲解

数据传输格式

本章主要介绍在基于 HTML5 的应用开发中,客户端与服务器端的数据传送的方式方法,HTML5 的数据处理是基于 JavaScript 语言进行的。而当前的应用程序开发中,采取的数据传输包括两种主要格式:XML 格式和 JSON 格式。在学习前,需要掌握的知识点如下:

(1) HTML:超文本标记语言;
(2) JavaScript:浏览器解析执行的脚本语言。

5.1 JSON 格式

在第四章中,介绍 JavaScript 语言基础的对象时曾提到创建对象时,可采用大括号({}) 的方式,这种对象称为 JSON(JavaScript Object Notation) 对象。JSON 是 JavaScript 语言对象的表示方法,同时也是一种信息交换格式,在实际的应用系统开发中,通常采取 XML 格式数据和 JSON 格式数据,而 JSON 格式数据比 XML 格式数据存储和传送信息所占用的空间小,传输速度更快,且更容易被解析。JSON 具有明显的优势。

在 JavaScript 语言中,JSON 的定义格式如下:

```
{   //JSON 对象的定义开始
    属性1:值1,              //属性和值之间使用英文冒号(:)间隔
    属性2:值2,              //属性和属性之间用英文逗号(,)间隔
    ...
    属性n:值n,
    方法1:function(){}      //JSON 对象中定义方法
    方法2:function(){}
    ...
    方法n:function(){}
}
```

通过 JSON 的定义格式可以看到,JSON 以 "{" 符号开始,以 "}" 符号结束。其开始符号和结束符号之间包括了对象的成员定义,包括成员方法和成员属性。每个定义称为声明,声明以 key/value 对出现。在标准 JSON 格式中,声明中的属性名称和方法名称用双引

号括起来，值或方法的实现根据情况给出。key 和 value 之间采用冒号（:）分隔，声明之间采用逗号（,）分隔。

可将 JSON 对象直接赋值给变量。其格式如下：

```
var <对象名> = {/* JSON 对象体 */};
```

JSON 是对 JavaScript 语言中对象的序列化，不仅以 JavaScript 语言的对象的形式出现，而且可通过字符串的形式表示，字符串形式和对象形式之间可转换，这种转换使用 JavaScript 语言内置的 JSON 对象完成。

JSON 对象包括了对 JSON 格式的相关解析方法。JSON 对象不可以被构造，而是通过其提供的两个静态方法实现 JSON 格式的解析和转换。

5.1.1　JSON.parse(text[,reviver])

在 JavaScript 语言中，内置对象 JSON 提供了 parse() 方法将一个字符串转换成 JSON 对象，转换要求如果以对象或数组作为末尾，其末尾不能包含逗号，字符串表示的数据中，所有对象、数组的属性名称必须使用双引号括起来，以下为错误字符串格式，若转换，将抛出 SyntaxError 错误：

```
'{"foo":1,}'
'{"foo":1},'
'[1,2,3,4,5,]'
'[1,2,3,4,5],'
'12,'
'"abc",'
'{a:1,b:2}'     //属性没有被双引号括起来
"'ab:dd,aa:dd'" //单引号不允许
'{"name":}'    //没提供值
```

如果逗号出现在字符串的末尾而不是后边，则不会影响转换，如下形式是正确的字符串格式：

```
'"abc,"'
```

JSON.parse(text[,reviver]) 方法的参数包括：

（1）text：字符串，解析的字符串。

（2）reviver：函数，可选，规定在转换时产生值，格式为：function <函数名>(k,v){}，函数要提供返回值。

（3）返回：text 对应的 JavaScript 对象。

【例 5-1】JSON.parse 解析字符串为对象。

```
<script type="text/javascript">
    var str={"sno":"20110101","name":"张三","age":20,
            "classes":"软件1201"};
    var stu=JSON.parse(str);
    console.log("所在班级:"+stu.classes);
</script>
```

5.1.2　JSON.stringify(value[,replacer[,space]])

在 JavaScript 语言中，可使用内置对象 JSON 的 stringify() 方法转换一个 JavaScript 类型的对象或数组为 JSON 格式的字符串，转换中可替换值，甚至可以指定只转换某些属性。其参数包括：

（1）value：对象或数组，转换成 JSON 字符串的对象或数组。

（2）replacer：函数或数组，可选，改变处理行为，如果是数组，选择 value 的属性被转换为 JSON 字符串，如果 repacer 为 null 或未提供，全部属性被转换；函数接收两个参数 key 和 value，函数形式为：function <函数名> (key, value) {}，函数要提供返回值。

（3）space：字符串或数字，向 JSON 字符串中插入空白，如果是数字，表示空白字符的个数，最大为 10，小于 1 表示不用空白；如果是字符串，将字符作为空白符，最多 10 个字符，如果超过 10 个字符，取前 10 个；未提供这个参数默认不使用空白。

在 JavaScript 语言中，定义对象时，在对象成员中可提供一个 toJSON() 方法，实现对象转换成 JSON 格式字符串的具体行为。如果一个对象实现了 toJSON() 方法，在转换过程中转换方法 JSON.stringify() 调用对象自身的 toJSON() 方法执行转换。

【例 5-2】JSON 格式对象的使用。

```
<script type="text/javascript">
    var student={
"sno":"20110101",
    "name":"张三",
    "birthday":"1998-10-12",
    "classes":"软件1001",
"specialty":"软件技术专业"
    }
    var str=JSON.stringify(student);
    console.log(str);
</script>
```

需要注意的是，JSON 的所有声明中的属性，在 JavaScript 语言代码中直接定义 JSON 格式的对象时，属性无论采用双引号、单引号或不使用引号都是正确的。但对于字符串表示的 JSON 属性值，为了让 JSON 解析器能够正确解析字符串为 JSON 对象，属性必须用双引号括起来。

在实际开发过程中，数据传送均来自服务器端，因此，需要服务器端程序能够动态地输出 JSON 格式数据，而来自服务器端的 JSON 格式数据通常以字符串的形式存在，在客户端需要通过解析引擎将 JSON 的字符串格式解析为 JSON 对象。参考【例 5-3】，使用 eval( ) 函数把字符串表示的 JSON 数据转换成 JSON 对象，并提取对象中的属性值。

【例 5-3】用 eval( ) 函数转换 JSON 格式字符串为对象。

```
<script type = "text/javascript" >
    var s = "var student = { \"name\":\"张三\",\"sno\":\"20110101\"}";
    eval(s);   //通过 eval()函数获得对象
    alert(student.name);
</script>
```

在【例 5-3】中，使用了 eval( ) 函数将字符串作为表达式进行计算，并获得了一个 student 对象，通过 alert( ) 对话框将学生姓名显示出来。这里值得注意的是，通过 eval( ) 函数将示例中的字符串转变成 student 对象，如果将 JSON 格式的字符串中的双引号修改为单引号，也是正确的，这是因为 eval( ) 函数将整个字符串作为 JavaScript 语言的表达式代码执行了，而不是将字符串转换成 JavaScript 语言的对象，如果去掉字符串中的变量定义，eval( ) 函数将抛出 SyntaxError 错误。在实际应用中，JSON 格式的字符串形式通常来自服务器端应用程序。

在 JavaScript 语言中，多个 JSON 对象可组成数组，从而表示对象集合，可参考【例 5-4】。

【例 5-4】JSON 对象集合。

```
<script type = "text/javascript" >
  var students =[{
      sno:"20110101",
      name:"张三",
      birthday:"1998-10-12",
      classes:"软件1101",
      specialty:"软件技术专业",
      method:function(){/*方法体*/}
  },{
      sno:"20110102",
      name:"王五",
      birthday:"1996-1-1",
      classes:"软件1101",
      specialty:"软件技术专业",
      method:function(){/*方法体*/}
  }]
</script>
```

通过各个示例可看出，JSON 格式比较灵活，使用 JSON 格式数据时要注意其属性可包

括的值的类型,尤其在服务器端系统中生成 JSON 格式的数据时尤为重要,JSON 对象的属性值类型包括以下几种:

(1) 数字(整数或浮点数),任何时候无须用引号括起来;
(2) 字符串(在双引号中),注意字符串格式中必须是双引号;
(3) 逻辑值(true 或 false),任何时候无须用引号括起来;
(4) 数组(在方括号中);
(5) 对象(在花括号中);
(6) null,任何时候无须用引号括起来。

要注意的是,在 JavaScript 语言中,方括号和大括号含义的区别是:方括号([ ])表示数组,大括号({ })表示对象。

5.2 新闻客户端 JSON 数据格式定义

新闻类网站通常以文章为主要内容,文章的展现形式基本上是列表和文章详细内容,通常列表展示多个新闻标题、缩略图、发布日期、简要说明以及热点类型等,详细内容页面展示某个新闻的详细内容,其中包括新闻标题、发布者、发布日期、详细内容等。

根据界面新闻列表区域的需要,加载来自服务器端的数据,采取 JSON 格式进行数据传输,对于列表的每一项内容,根据需要可确定其格式。

【例 5 – 5】使用 JSON 格式定义新闻列表数据。

```
<script type = "text/javascript" >
var news =[{//数组容纳多条新闻
    id:"新闻流水号,唯一标识一条新闻",
    title:"新闻标题",
    author:"发布新闻的人",
    ndate:"发布新闻的日期",
    resume:"新闻概要,根据需要可设定 50 ~200 字以内",
    timg:"新闻的标题图片,缩略图,最大尺寸不超过 100x100 像素",
    ttype:"新闻热点类型,包括置顶、热门等"
    },…//每个 JSON 对象代表一条新闻
    ]
</script>
```

对于新闻的详细内容,加载时通过唯一的标识 id 获取具体内容,其使用 JSON 数据格式,由于只包含一条新闻,故在设计时无须使用数组加载数据,只要一个 JSON 对象即可。

【例 5 – 6】使用 JSON 格式定义新闻详细内容数据。

```
<script type = "text/javascript" >
var newDetail = {//新闻详细内容的 JSON 对象
```

```
        id:"新闻流水号,唯一标识一条新闻",
        title:"新闻标题",
        author:"发布新闻的人",
        ndate:"发布新闻的日期",
        resume:"新闻概要,根据需要可设定50~200字以内",
        timg:"新闻的标题图片,缩略图,最大尺寸不超过100x100像素",
        ttype:"新闻热点类型,包括置顶、热门等",
        content:"新闻详细内容,<b>HTML字符串形式</b>"
    }
</script>
```

由于在实际开发中，客户端的数据均来自服务器，因此，需要使用专门的 JSON 处理函数转换字符串或 JavaScript 语言对象为 JSON 数据，让服务器端的输出格式始终为 JSON 格式，客户端可通过内置的 JSON 对象相关方法处理。

5.3 XML 格式

在学习 HTML 的过程中，可以了解到 HTML 是以标签方式编写的，而 XML（Extensible Markup Language）是 HTML 的扩展标签语言，XML 比 HTML 更加灵活，HTML 的标签是固有的（已经被定义），而 XML 标签没有固定的，所有标签均可根据实际需要自行定义，但在语法要求上 XML 比 HTML 严格。在 XML 中严格要求所有标签必须有开始标签和结束标签。

5.3.1 XML 文件格式

XML 文件是一个纯文本文件，可用任何文本编辑工具编辑，通常 XML 文件的首行用来声明文件类型、版本以及内容的编码等信息，每个 XML 文件只能包括一个根标签，根标签下的子标签的个数没有限制，标签嵌套的深度也没有限制，其基本的文件格式如下：

```
<?xml version="1.0" encoding="UTF-8"?>
<root>
</root>
```

其中 root 表示根标签。与 HTML 类似，XML 的文档结构由标签组成，但 XML 中没有固有标签，所有标签都是使用者自己定义的。其定义格式如下：

```
<起始标签[<属性列表>]>内容</结束标签>
```

对于中间没有内容的标签，其定义格式如下：

```
<起始标签[<属性列表>]/>
```

标签也被称作节点或元素,对于标签及其属性命名需要注意:
(1) 名称中不能出现空格;
(2) 名称以文字开头,不要以数字或其他非文字符号开头;
(3) 名称对大、小写没有限制,但起始标签和结束标签的名称要保持一致。

在 XML 文档中可以包含注释,注释是用来对 XML 文档中的内容进行解释说明的,其注释的格式与 HTML 文档是相同的,格式如下:

```
<!--注释内容-->
```

XML 文档中包含中文时,通常选择编码 GBK、GB2312、GB18030 或 UTF-8,否则浏览时浏览器不能正确显示。

【例 5-7】 XML 格式的学生信息。

```
<?xml version="1.0" encoding="GBK"?>
<班级>
    <学生 sno="20130101">
        <姓名>张三</姓名>
        <性别>男</性别>
    </学生>
    <学生 sno="20130102">
        <姓名>秦凤</姓名>
        <性别>女</性别>
    </学生>
</班级>
```

通过浏览器可以直接查看 XML 文档,默认没有样式的 XML 文档以文档树的形式显示,如果希望 XML 文档象 HTML 文档一样显示为网页形式,可给 XML 文档提供 XSL 或 CSS 样式表。引入样式表的 XML 在浏览器窗口定制显示方式。

【例 5-8】 用 CSS 向 XML 文档提供样式。

```
<?xml version="1.0" encoding="GBK"?>
<?xml-stylesheet type="text/css" href="z.css"?>
<班级>
    <学生 sno="20130101">
        <姓名>张三</姓名>
        <性别>男</性别>
    </学生>
    <学生 sno="20130102">
        <姓名>秦凤</姓名>
        <性别>女</性别>
    </学生>
</班级>
```

样式文件"z.css"的内容如下：

```
班级{background-color:#ffffff;width:100% ;}
学生{margin-bottom:30pt;margin-left:0;}
姓名{color:#FF0000;font-size:20pt;}
性别{color:#0000FF;font-size:20pt;}
```

采用 CSS 样式表，虽然可以改变 XML 文档的显示方式，但对其显示格式及文档转换控制存在一定的局限性，对 XML 文档控制比较灵活的样式表使用扩展样式表语言（EXtensible Stylesheet Language，XSL），如果说 CSS 样式表是 HTML 文档样式表，那么 XSL 样式表才是 XML 文档样式表，XSL 能够更加容易控制 XML 文档的显示或转换。更加确切地说，CSS 样式表控制内容的显示样式，XSL 样式表控制内容的显示格局。通常 XSL 样式表包括 XSLT、XPath、XSL-FO 三个部分，其中 XSLT（XSL Transformations）用于转换 XML 文档的语言，XPath 是 XML 文档中导航的语言，XSL-FO 是格式化 XML 文档的语言。

【例 5-9】【例 5-7】中学生信息显示的 XSL 样式表。

```
<?xml version = "1.0"encoding = "GBK"? >
<xsl:stylesheet
        xmlns:xsl = "http://www.w3.org/1999/XSL/Transform"version =
                        "1.0" >
<xsl:template match = "/" >
<html >
   <body >
      <h2 >学生信息:</h2 >
      <table border = "1" >
      <tr ><th >姓名</th ><th >性别</th ></tr >
         <xsl:for-each select = "班级/学生" >
         <tr >
            <td ><xsl:value-of select = "姓名"/></td >
            <td ><xsl:value-of select = "性别"/></td >
         </tr >
         </xsl:for-each >
      </table >
   </body >
</html >
</xsl:template >
</xsl:stylesheet >
```

5.3.2 XML 解析

XML 格式的数据在使用中被解析后才可获得其中需要的数据，在 JavaScript 语言中，

XML 文档或 XML 格式的字符串解析有四种方式。

1. XMLSerializer

将一个 XML 文档的 DOM 对象序列化为 XML 字符串,该对象包括一个序列化转换方法 XMLSerializer.serializeToString(),该方法返回序列化后的字符串。

【例 5-10】将 HMTL 文档转换成字符串。

```
<!--以下 HTML 内容,保存在 html 文件中,并通过浏览器访问-->
<html>
<head>
    <title>DOM 转换成 XML 字符串</title>
</head>
<body>
这里 HTML 内容
</body>
</html>
<!--浏览器中按 F12 键打开开发人员工具,并在控制台(console)中输入如下脚本-->
    var s = new XMLSerializer();
    var str = s.serializeToString(document);
    console.log(str);
```

【例 5-10】分两步操作,详细看注释。执行完后,在控制台可以看到 HTML 文件的内容。需要注意,运行【例 5-10】时请使用 IE9 以上版本或其他浏览器。

2. XPath

XPath 是 XML 路径语言,其采用非 XML 语法提供灵活的地址访问方法访问 XML 文档的不同部分,也可用于测试一个文档内的节点是否匹配一个模式。XPath 主要被 XSLT 语言使用,也可被任何类似 XML 的 DOM 对象使用,如 HTML 可替代 document.getElementById() 方法、元素子节点访问 element.childNodes 属性以及 DOM 对象的核心功能。

XPath 通过路径导航 XML 文档的层次结构,使用非 XML 语法,因此可以被使用在 URI、XML 属性值中。使用 document.evaluate() 方法解析 XPath 可获得一个 XPathResult 对象,XPathResult 对象能够访问一个单独的节点或节点集。使用 document.evaluate() 方法的完整格式如下:

```
var xpathResult = document.evaluate(xpathExpression,contextNode,namespaceResolver,resultType,result);
```

其中包含的参数有:

(1) xpathExpression:字符串,包含 XPath 字符串的表达式;

(2) contextNode:对象,包含 XPath 的文档中的节点,通常使用 document 节点;

(3) namespaceResolver:函数,传递一个包含在 xpathExpression 里的命名空间前缀的参

数，函数返回一个字符串，它代表了分配前缀的命名空间 URI，对于 HTML 文档或非命名空间前缀被使用时，使用 null，该函数还可以是用户自定义函数或由 XPathEvaluator 对象的 createNSResolver() 方法创建；

(4) resultType：常量，返回的结果类型，通常使用 XPathResult.ANY_TYPE 常量；

(5) result：XPathResult 对象，如果一个存在的 XPathResult 对象被提供，其将被重用；若其为 null，将新建一个 XPathResult 对象。

【例 5-11】统计 HTML 文档中 <p> 元素的个数。

```
<!--将以下脚本放在 HTML 文档末尾,并通过浏览器访问 HTML 文档-->
<script type = "text/javascript" >
    var pcount = document.evaluate( 'count(//p)',document,
            null,XPathResult.ANY_TYPE,null);
    alert('文档中包括' + pcount.numberValue + '个段落');
</script>
```

获得的 XPathResult 对象由单个节点对象或节点集合构成，其中单个节点以简单类型表示，节点集合以节点集类型表示。简单类型的数据包括 NUMBER_TYPE（双精度的浮点型）、STRING_TYPE（字符串类型）、BOOLEAN_TYPE（布尔型），可通过 XPathResult 对象的对应属性（numberValue 属性、stringValue 属性、booleanValue 属性）获得相关结果。应用方式可参考【例 5-12】。

XPathResult 对象的节点集有 3 种不同类型，分别如下：

(1) Iterators。

返回的结果类型参数 resultType 的值如果是 UNORDERED_NODE_ITERATOR_TYPE 或 ORDERED_NODE_ITERATOR_TYPE，XPathResult 对象返回 Iterators 节点集，并通过 XPathResult 对象的 iterateNext() 方法访问每个节点，遍历过程中文档发生变化直接影响遍历过程。

【例 5-12】返回 Iterators 节点集，Iterators 与文档同步。

```
<script type = "text/javascript" >
    var iterator = document.evaluate('//p',document,null,
            XPathResult.UNORDERED_NODE_ITERATOR_TYPE,null);
    try{
        var thisNode = iterator.iterateNext();
        while(thisNode){
            console.log(thisNode.textContent);
            thisNode = iterator.iterateNext();
        }
    }
    catch(e){
        console.log('错误:文档树遍历过程中被修改' + e);
```

}
</script>

(2) Snapshots。

返回的结果类型参数 resultType 的值取 UNORDERED_ NODE_ SNAPSHOT_ TYPE 或 OR-DERED_ NODE_ SNAPSHOT_ TYPE 时，XPathResult 对象返回 Snapshots 静态节点集，并通过 XPathResult 对象的 snapshotItem(itemNumber) 方法访问每个节点，itemNumber 是节点的索引，SnapshotLength 属性可获得节点的总数。Snapshots 节点集遍历中，文档发生变化时并不会被影响。

【例 5 – 13】返回 Snapshots 节点集合，Snapshots 与文档不同步。

```
<script type = "text/javascript" >
    Var nodesSnapshot = document.evaluate('//p',
                document,null,
                XPathResult.ORDERED_NODE_SNAPSHOT_TYPE,null);
    for(var i = 0;i < nodesSnapshot.snapshotLength;i ++ )
    {
        console.log(nodesSnapshot.snapshotItem(i).textContent);
    }
</script>
```

(3) First Node。

参数 resultType 为 ANY_ UNORDERED_ NODE_ TYPE 或 FIRST_ ORDERED_ NODE_ TYPE 时，XPathResult 对象返回第一个节点，并通过 XPathResult 对象的 singleNodeValue 属性访问节点，如果节点集为空，该属性返回 null。

【例 5 – 14】返回 First Node 节点。

```
<script type = "text/javascript" >
    Var firstPhoneNumber = document.evaluate('//p',
                document,null,
                XPathResult.FIRST_ORDERED_NODE_TYPE,null);
    console.log('第一个学生是'
                + firstStudent.singleNodeValue.textContent);
</script>
```

(4) DOMParser。

DOMParser 对象将一个字符串形式的 XML 内容解析为 DOM 对象；为了使用 DOMParser 对象，使用 new 运算符构造对象即可。DOMParser 对象可以转换 HTML(MIME 类型为 text/html) 字符串、XML(application/xml) 字符串，甚至能够转换矢量图，如 SVG(image/svg + xml) 格式的图片。

【例5-15】将字符串转换成 DOM 对象。

```
<script type="text/javascript">
    var xml = "<学生><姓名>张三</姓名></学生>";
    var parser = new DOMParser();
    var doc = parser.parseFromString(xml,"application/xml");
    console.log(doc);//输出 document 文档对象树
</script>
```

注意：DOMParser 解析错误时不抛出错误，而是返回一个错误文档。其格式如下：

```
<parsererror xmlns = "http://www.mozilla.org/newlayout/xml/parsererror.xml">
(错误描述)
<sourcetext>源文档片段内容</sourcetext>
</parsererror>
```

5.3.3 XMLHttpRequest 对象

XMLHttpRequest 对象将 URL 资源解析为 DOM 对象。XMLHttpRequest 对象提供了一组客户端与服务器端传送数据的客户端 API，提供了不刷新整个页面而获取 URL 指定数据的方法，这能够局部更新 Web 页面的内容。该对象被 AJAX 程序大量使用，可获取的数据不仅仅是 XML 格式的。

XMLHttpRequest 对象很容易发送 HTTP 请求，只需简单创建对象实例，打开 URL 地址，然后发送请求即可。一般采用两种方式抓取数据：同步和异步。通过 open() 方法的第三个参数 async 设置，默认或 async 参数为 true 时执行异步请求，否则执行同步请求。在实际的应用开发中，应尽可能少地使用同步请求。XMLHttpRequest 对象的方法有如下几种。

1. XMLHttpRequest()

其为构造方法，用来创建、初始化 XMLHttpRequest 对象。所有其他方法、属性在被调用前必须调用该方法。

2. void abort()

当请求发送后，调用该方法以放弃当前请求。

3. DOMString getAllResponseHeaders()

其获得所有来自服务器端的响应头部，如果没有响应返回 null，通常是采用 CRLF (\r\n，回车换行) 分割的字符串。

4. DOMString getResponseHeader(DOMString header)

其获得给定 header 的响应头部，如果 header 不存在则返回 null，若 header 存在多个，则返回串联的字符串，每个由逗号和空格分隔。该方法返回 UTF 字节。

5. void open(DOMString method, DOMString url, optional boolean async, optional DOMString user, optional DOMString password)

其初始化请求。method 是请求方法，如 GET、POST、PUT、DELETE 等，非 HTTP 请求

时跳过；url 是请求的 URL 地址；async 为 true 时执行异步请求，为 false 时执行同步请求，默认为 true，如果 multipart 的属性为 true，async 的属性必须为 true；user 用来认证的用户名；password 是认证用的密码。

6. void overrideMimeType(DOMString mime)

其用来覆盖服务器返回的 MIME 类型，发送请求前调用该方法。

7. void send()

其向服务器发送请求，如果请求为异步，方法立即返回，如果请求为同步，直到响应完成才会返回。该方法根据不同的参数发送不同的数据。该方法的重载方法包括：

(1) void send(ArrayBufferView data);

(2) void send(Blob data);

(3) void send(Document data);

(4) void send(DOMString data);

(5) void send(FormData data)。

8. void setRequestHeader(DOMString header, DOMString value)

其设置 HTTP 请求的头部，必须在 open() 方法后、send() 方法前调用该方法，如果使用同一个 header 调用多次，则 header 被组合成一个。

XMLHttpRequest 对象包含以下属性：

(1) XMLHttpRequest.onreadystatechange。

其为当 readyState 属性发生变化时的回调函数，只能在异步请求时使用。

(2) XMLHttpRequest.readyState。

其为只读属性，返回一个无符号短整型表示请求的状态，请求的各个状态参见表 5-1。

表 5-1 请求状态

状态值	状态	描述
0	UNSENT	客户端被创建，但 open() 没有调用
1	OPENED	open() 已经被调用
2	HEADERS_RECEIVED	send() 被调用且 header 和状态有效
3	LOADING	下载中，responseText 属性包括数据
4	DONE	请求已完成

(3) XMLHttpRequest.responseType。

其为只读属性，返回响应的实体数据。依据 XMLHttpRequest.responseType 属性的不同，其可能包括的值有 ArrayBuffer、Blob、document、JavaScript 对象、字符串，如果请求没有完成或者失败，返回 null。

(4) XMLHttpRequest.responseText。

其为只读属性，返回响应的文本内容，如果请求不成功或没有发送请求，返回 null。

(5) XMLHttpRequest.responseXML。

其为只读属性，返回响应的 XML 格式内容，当 responseType 设置为 document 且为异步请求时，响应的格式为 text/xml，如果发送失败或没有发送，返回 null。该属性不能用于

workers。

(6) XMLHttpRequest. responseType。

其为响应的类型,可包括的值参见表 5-2。

表 5-2 响应的类型

响应值	数据类型
""	响应的默认值,字符串
"arraybuffer"	ArrayBuffer
"blob"	Blob
"document"	document
"json"	返回一个 JavaScript 对象
"text"	DOMString 类型字符串

(7) XMLHttpRequest. status。

其为只读属性,请求返回的响应对象状态码,无符号短整型,是 HTTP 的结果码,当该值为 200 时表示 HTTP 请求成功并响应成功。

(8) XMLHttpRequest. statusText。

其为只读属性,返回由服务器端返回的响应字符串,该属性包含的是文本消息,对于请求成功且响应成功的请求返回 200 OK。

(9) XMLHttpRequest. timeout。

其为以毫秒为单位的请求超时时间,如果值为 0,表示不超时。

(10) XMLHttpRequestEventTarget. ontimeout。

其为当发生超时时调用的回调函数。

(11) XMLHttpRequest. upload。

其为只读属性,表示一个上传处理,是一个 XMLHttpRequestUpload 对象,属于不透明对象,但可作为 XMLHttpRequestEventTarget 事件监听处理过程。

(12) XMLHttpRequest. withCredentials。

其为布尔值,指示是否使用跨域访问凭据,默认值为 false。同域请求不会受到该属性的影响。

XMLHttpRequest 对象在请求过程中,可以处理 XMLHttpRequestEventTarget 事件,事件包括:

(1) XMLHttpRequestEventTarget. onabort,在发送的请求被放弃时调用。

(2) XMLHttpRequestEventTarget. onerror,在请求过程中发生错误时调用。

(3) XMLHttpRequestEventTarget. onload,在成功加载内容后 HTTP 请求返回时调用。

(4) XMLHttpRequestEventTarget. onloadstart,在 HTTP 请求首次开始加载数据时调用。

(5) XMLHttpRequestEventTarget. onprogress,在请求处理过程中,周期性调用的回调函数。

(6) XMLHttpRequestEventTarget. ontimeout,在请求超时时调用,请求超过了 XMLHttpRequest 对象的 timeout 属性设置的超时时间,即发生请求超时。

(7) XMLHttpRequestEventTarget. onloadend,无论请求是否成功完成,该回调函数都会被调用。

【例 5-16】 XMLHttpRequest 获取 XML 内容。

```
<script type="text/javascript">
    var xhr = new XMLHttpRequest();
    xhr.open("GET","/calsses.xml",true);
    xhr.onload = function(e){
        if(xhr.readyState === 4){
            if(xhr.status === 200){
                console.log(xhr.responseXML);
            }else{
                console.error(xhr.statusText);
            }
        }
    };
    xhr.onerror = function(e){
        console.error(xhr.statusText);
    };
    xhr.send(null);
</script>
```

【例 5-17】 XMLHttpRequest 处理进度。

```
<script type="text/javascript">
    var xmlHttp = new XMLHttpRequest();
    xmlHttp.addEventListener("progress",updateProgress);
    xmlHttp.addEventListener("load",transferComplete);
    xmlHttp.addEventListener("error",transferFailed);
    xmlHttp.addEventListener("abort",transferCanceled);
    xmlHttp.open("GET",url);
    xmlHttp.send();
    //下载过程
    function updateProgress(oEvent){
        if(oEvent.lengthComputable){
            var percentComplete = oEvent.loaded/oEvent.total;
        }else{
            //总数不知道,不处理
        }
    }
    function transferComplete(evt){
```

```
console.log("请求处理完成!");
        }
        function transferFailed(evt){
console.log("传输失败!");
        }
        function transferCanceled(evt){
console.log("传输被用户取消");
        }
</script>
```

【例 5-18】XMLHttpRequest 跨平台请求。

```
type = "text/javascript">
    var xhr = new XMLHttpRequest();
    xhr.open('GET','http://example.com/',true);
    xhr.withCredentials = true;
    xhr.send(null);
</script>
```

在 XMLHttpRequest 对象执行凭据跨域请求时,要求服务器向客户端发送响应的头信息中,必须包含属性 Access-Control-Allow-Credentials 且其值为 true,以声明允许跨域请求,同时发送 Access-Control-Allow-Origin 属性,其值必须是明确请求的域,如 http://www.example.com,不能使用通配符(*)。

5.4 新闻客户端 XML 数据格式定义

在实际应用开发中,传送数据格式通常使用 JSON 格式或 XML 格式,这两种数据格式各有优缺点。对于大型数据传送使用 XML 格式更容易处理,对于小数据量传送使用 JSON 格式更加简便。

【例 5-19】用 XML 格式定义新闻列表数据。

```
<?xml version = "1.0" encoding = "GBK">
<新闻列表>
    <新闻 id = "新闻流水号,唯一标识">
<标题>新闻标题</标题>
<发布人>新闻发布人</发布人>
<发布日期>2016-05-01</发布日期>
<概要>大约 50-200 个字以内,根据具体需要确定</概要>
<缩略图>图片路径及文件名</缩略图>
```

```
<!--0 表示置顶,1 表示热门 -->
<类型>0</类型>
</新闻>
    …
<新闻 id="流水号">…</新闻>
</新闻列表>
```

对比 XML 格式数据和 JSON 格式数据,很明显 JSON 格式数据更加简单、占用的空间更小,在传送过程中有着较好的优势。但在数据转为 HTML 格式或其他格式时(如转为 PDF 格式、HTML 格式等),XML 格式数据显得比 JSON 格式数据更为灵活。

习 题

1. 编写一个网站用户的 JSON 对象,并通过 JavaScript 语言的 document.write() 方法将所有信息显示在浏览器窗口中。

2. 通过 XML 格式编写网站用户资料,并将之输出到浏览器窗口中。

3. 定义一个班级信息的 XML 格式文件,在 XML 文件中包括本班级所有学生的资料。

4. 通过 XMLHttpRequest 对象向服务器端发送最新通知列表的远程请求,并将请求获得的新闻列表显示在界面上。

5. 编写两个网站应用,一个网站使用 JSP 实现 JSON 或 XML 格式数据输出,另一个网站通过 XMLHttpRequest 对象发送跨域请求,并将获得的数据显示在浏览器中。

习题答案与讲解

文档对象模型

在基于 HTML5 技术的应用开发过程中,其客户端包含的 HTML DOM 对象为客户端应用平台开发提供了通过程序操作 HTML 元素和 XML 元素的能力。本章主要通过对文档对象模型(DOM)的分析,介绍 DOM 对象以及每个对象的相关属性。在学习文档对象模型前,需要掌握的知识点如下:

(1) HTML:超文本标记语言;
(2) CSS:层叠样式表,用来美化 HTML 的展示效果;
(3) JavaScript:浏览器解析执行的脚本语言,可为界面提供丰富的交互能力。

6.1 文档对象模型

文档对象模型(Document Object Model,DOM)是万维网联盟(W3C)提供的标准,其定义了访问 HTML 和 XML 的标准。其目的是将 HTML 和 XML 中的标签对象化,并通过 DOM 树结构模式访问 HTML 元素和 XML 元素及其元素属性。DOM 对象中提供了大量的访问 HTML 文档和 XML 文档以及 SVG 的方法和属性。DOM 提供了树形结构,提供方法来访问树,可改变树的结构、样式以及内容,同时 DOM 对象是一组节点和对象组,提供了各种属性和方法,节点可附加事件处理,最重要的是 DOM 对象将脚本语言与 Web 页面链接起来。

W3C DOM 标准被分为 3 个部分:
(1) 核心部分,针对任何结构化文档的标准模型;
(2) XML DOM,处理 XML 文档的标准模型,定义了所有 XML 文档元素的对象和属性以及访问方法;
(3) HTML DOM,处理 HTML 文档的标准模型,定义了 HTML 文档元素的对象和属性以及访问方法。

虽然 DOM 对象可被 JavaScript 语言访问,但 DOM 对象不属于 JavaScript 语言的内容,DOM 对象也可被其他语言访问。对于 Web 应用,一个页面就是一个文档,DOM 对象提供了使用脚本语言(如 JavaScript 语言)访问、存储和处理 Web 文档的能力。

6.2 HTML DOM 对象

在 HTML DOM 中,把所有 HTML 标签作为节点处理,因此任何一个 HTML 标签都是 DOM 对象中的一个节点元素,每个节点元素有其对应的相关属性和方法。

根据 HTML 文档结构，HTML DOM 的根节点为 < html >，在根节点下面包括了两个节点：一个是 < head > 节点，定义了 HTML 文档的相关信息，不显示在界面上；另一个是 < body > 节点，其下面的所有节点内容将会显示在界面上，但由于 HTML 语法并不严格，因此，< body > 节点中可以包含非显示性的节点，如 < link >、< script > 等。

6.2.1 HTML DOM 的几个概念

在 HTML DOM 中，节点也称作元素，节点之间存在上下级层次关系，需要掌握其中的几个重要节点的基本概念。

根节点：其处于 HTML DOM 树结构的顶端，在 HTML DOM 中根节点就是 < html > 节点，HTML 语法不够严格，因此在 HTML 文档中偶尔会出现多个 < html > 节点，但这并不会影响界面效果。

父节点（parent）：HTML DOM 是一个树形结构，每个节点都有一个父节点，即一个节点的上级节点，在 HTML DOM 中一个节点只有一个直接父节点，如图 6 – 1 中 < html > 就是 < head > 和 < body > 节点的父节点。

子节点（child）：一个节点的下一级节点，在 HTML DOM 中一个节点下可以包括多个子节点，如图 6 – 1 中 < head > 节点和 < body > 节点就是 < html > 根节点的子节点。

同胞（sibling）节点：其也称为兄弟节点，是与其他节点拥有同一个父节点的节点，如图 6 – 1 中的 < head > 节点和 < body > 节点就互为同胞节点。

文本节点：具体的文本内容，在节点树中，称为文本节点，文本节点不能再有子节点。

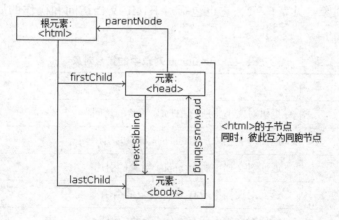

图 6 – 1　HTMLDOM 的树形结构

6.2.2 HTML DOM 中的对象

在 JavaScript 语言的访问中，包括了浏览器对象以访问浏览器中的相关信息对象，这些对象虽然不是 JavaScript 语言的组成部分，但都可以作为 JavaScript 语言的内部对象使用，即直接使用，其中的 window 对象在使用时可省略对象本身，window 对象也称作全局对象，所有自定义的全局变量和函数默认被附加到 window 对象中，window 对象中的方法和属性可直接作为 JavaScript 语言的内置全局方法和属性使用。各个浏览器均包含一些基本的对象，各个浏览器级别对象描述见表 6 – 1。

表6-1 浏览器级别对象

对象	描述
window	顶层对象,其他对象均直接或间接作为其子对象,表示浏览器窗口
navigator	包含客户端浏览器的相关信息
screen	包含客户端显示屏屏幕的相关信息
history	包含浏览器窗口访问过的 URL
location	包含当前 URL 的相关信息

6.3 JavaScript 访问 HTML DOM

HTML 标签元素在 DOM 中被称为节点对象或元素对象,标签名称和节点名称一一对应。在移动互联应用客户端的开发中,最常用的 HTML DOM 节点操作是采用 JavaScript 语言,其操作方式是通过 HTML DOM 中的相关方法和属性。HTML 标签元素对应对象的名称基本是相同的。

在 HTML DOM 对象中,文档由 document 对象表示。通常该 HTML DOM 文档的根节点为 HTML 标签节点,document 对象包括许多方法和属性,用来访问 HTML DOM 中的节点。document 对象是 window 对象的内部对象,因此,在 JavaScript 语言中可直接访问。document 对象包括一些集合对象,见表6-2,它也包括对 HTML 文档访问和操作的属性和方法,见表6-3 和表6-4。

表6-2 document 对象中的集合对象

集合	描述
all	提供对文档中所有 HTML 元素的访问
anchors	返回对文档中所有 anchor 对象的引用
applets	返回对文档中所有 applet 对象的引用
forms	返回对文档中所有 form 对象的引用
images	返回对文档中所有 image 对象的引用
links	返回对文档中所有 area 和 link 对象的引用

表6-3 document 对象的属性

属性	描述
body	提供对 <body> 元素的直接访问。对于定义了框架集的文档,该属性引用最外层的 <frameset>
cookie	设置或返回与当前文档有关的所有 <cookie>

续表

属性	描述
domain	返回当前文档的域名
lastModified	返回文档被最后修改的日期和时间
referrer	返回载入当前文档的文档的 URL
title	返回当前文档的标题
URL	返回当前文档的 URL

表 6-4　document 对象的方法

方法	描述
close()	关闭用 document.open() 方法打开的输出流,并显示选定的数据
getElementById()	返回对拥有指定 id 的第一个对象的引用
getElementsByName()	返回带有指定名称的对象集合
getElementsByTagName()	返回带有指定标签名的对象集合
open()	打开一个流,以收集来自任何 document.write() 或 document.writeln() 方法的输出
write()	向文档写 HTML 表达式或 JavaScript 代码
writeln()	等同于 write() 方法,不同的是在每个表达式之后写一个换行符

【例 6-1】使用 document 对象操作 DOM 元素。

```
<div id = "mydiv" > </div >
<script type = "text/javascript" >
        var mdiv = document.getElementById("mydiv");//获取 id 为 mydiv
            对象
        var newDiv = document.createElement("div");//创建一个新 <div >元素
        var txt = document.createTextNode("document 对象创建的文本内容");//创建文本
            元素
        newDiv.appendChild(txt); //将文本元素附加给 <newDiv >元素
        //将 <newDiv >元素附加给以 id 为 mydiv 的界面元素,让文本显示在界面上
        mdiv.appendChild(newDiv)
</script >
```

将【例 6-1】保存在 HTML 文件中,并通过浏览器访问,在浏览器窗口中可看到文本字符串"document 对象创建的文本内容"。浏览器执行代码后,实际生成的 HTML 文档代码如下:

```
<html >
  <head >
    <title >document 对象示例</title >
```

```
      </head>
      <body>
        <div id="mydiv">
          <div>document 对象创建的文本内容</div>
        </div>
      </body>
</html>
```

在【例 6-1】中 <script> 标签必须在 id 值是 mydiv 的 <div> 标签后面,这是因为浏览器解析 HTML 文档是按照自上向下的顺序进行的,若 <script> 标签放在 <div> 标签前面,浏览器访问会抛出错误。

【例 6-2】document 对象操作属性示例。

```
<div id="mydiv">
    <p id="p1">通过 JavaScript 实现段落居中</p>
</div>
<script type="text/javascript">
    var p1 = document.getElementById("p1");
    //设置段落居中,第一个参数是属性名称,第二个参数是属性值
    p1.setAttribute("align","center");
    var alg = p1.getAttribute("align");//读取属性值,参数为属性名称
    p1.setAttribute("cvar", "10");//设置自定义属性
    var cv = p1.getAttribute("cvar");//读取自定义属性
    document.write("<span>自定义属性 cvar = " + cv + "</span>");
</script>
```

在【例 6-2】中,使用 document 对象的 setAttribute()/getAttribute() 方法操作 DOM 元素的属性,其中,setAttribute() 方法需要两个参数用来设置属性的值,第一个参数为属性名,第二个参数为属性值。getAttribute() 方法需要属性名作为参数以获取属性值。这两个方法还可以设置和读取节点元素的自定义属性,让 HTML 文档中的标签可以携带自定义的内容,这在实际的应用开发中传送或存储临时数据非常有用。对于 DOM 对象,其包括 innerHTML/innerText 属性,这两个属性能够设置或读取节点的内容,即 HTML 开始标签和结束标签之间的数据,innerHTML 是获取 HTML 格式,innerText 将删除标签,仅取得标签之间的纯文本。

【例 6-3】用 DOM 元素的 innerHTML/innerText 属性操作文本节点。

```
<div id="ediv"><p>这是段落内容</p></div>
<div id="adiv"></div>
<script type="text/javascript">
    var eg = document.getElementById("ediv");
```

```
var a = eg.innerHTML;
    var b = eg.innerText;
    console.log(a); //控制台输出:<p>这是段落内容</p>
    console.log(b); //控制台输出:这是段落内容
    var ad = document.getElementById("adiv");
    ad.innerHTML = "<font color=red>由innerHTML添加的内容</font>";
</script>
```

从【例6-3】中可看出DOM元素的innerHTML属性获取到的内容是当前元素下面的HTML格式内容，而innerText属性获取到的内容是纯文本内容，不包括任何HTML标签。innerHTML和innerText属性不仅可以获取标签内容，同样可改变标签内容。

【例6-4】 DOM元素的父节点操作示例。请按F12键打开开发人员工具，并查看控制台（console）输出消息。

```
<div><p id="cnode"></p></div>
<script type="text/javascript">
    var cn = document.getElementById("cnode");
    //p是div标签的DOM对象,兼容所有浏览器
    var p = cn.parentNode||parentElement;
    console.log(p.innerHTML);
</script>
```

在【例6-4】中，采用DOM元素的parentNode/parentElement属性获取一个元素的父节点元素，对于不同浏览器采用的属性名不同，对于这两个属性，并非所有浏览器都能支持。除了这些方法和属性外，DOM元素还有很多属性及方法可使用。

6.4 window 对象

window对象代表了打开的浏览器窗口或者文档中的iframe框架，可对当前浏览器窗口进行相应的操作。window对象是全局变量、函数的所属对象，默认在JavaScript语言中定义的变量、函数都被附加到window对象中，称为全局属性或方法。window对象的常见属性和方法分别见表6-5和表6-6。

表6-5 window对象的常见属性

属性	描述
applicationCache	只读，对离线资源进行访问
caches	只读，cacheStorage对象，离线存储
closed	只读，返回窗口是否已被关闭
defaultStatus	设置或返回窗口状态栏中的默认文本

续表

属性	描 述
document	只读，对 document 对象的只读引用，请参考 document 对象
frameElement	只读，获取嵌入窗口，如果没有嵌入窗口则返回 null
frames	只读，返回当前窗口中的所有框架
fullScreen	返回窗口是否全屏显示
history	对 history 对象的只读引用，请参考 history 对象
innerHeight	获取浏览器窗口内容区域的高
innerWidth	获取浏览器窗口内容区域的宽
length	只读，设置或返回窗口中的框架数量
location	只读，用于窗口或框架的 location 对象
localStorage	只读，返回本地存储对象
name	设置或返回窗口的名称
navigator	只读，对 navigator 对象的只读引用
opener	返回对创建此窗口的窗口的引用
outerHeight	只读，获取浏览器窗口的高
outerWidth	只读，获取浏览器窗口的宽
pageXOffset	只读，scrollX 属性的别名
pageYOffset	只读，scrollY 属性的别名
parent	只读，返回父窗口
sessionStorage	只读，session 数据存储对象
screen	对 screen 对象的只读引用，请参考 screen 对象
screenX	只读，浏览器左边位置
screenY	只读，浏览器顶部位置
scrollbars	只读，弹出窗口的滚动条对象
self	只读，返回对当前窗口的引用，等价于 window 属性
status	设置窗口状态栏的文本
statusbar	只读，状态条对象
top	返回最顶层的先辈窗口

表 6-6 window 对象的常见方法

方法	描 述
alert()	显示带有一段消息和一个确认按钮的警告框
blur()	把键盘焦点从顶层窗口移开
clearInterval()	取消由 setInterval() 方法设置的 timeout

续表

方法	描述
clearTimeout()	取消由 setTimeout() 方法设置的 timeout
close()	关闭浏览器窗口
confirm()	显示带有一段消息以及确认按钮和取消按钮的对话框
createPopup()	创建一个 pop-up 窗口
find()	在当前窗口中搜索一个字符串
focus()	把键盘焦点给予一个窗口
getSelection()	获取包含被选择内容的选择对象
moveBy()	可相对窗口的当前坐标把它移动指定的像素
moveTo()	把窗口的左上角移动到一个指定的坐标
open()	打开一个新的浏览器窗口或查找一个已命名的窗口
postMessage()	发送字符串数据给另一个窗口
print()	打印当前窗口的内容
prompt()	显示可提示用户输入的对话框
resizeBy()	按照指定的像素调整窗口的大小
resizeTo()	把窗口的大小调整到指定的宽度和高度
scrollBy()	按照指定的像素值来滚动内容
scrollTo()	把内容滚动到指定的坐标
setInterval()	按照指定的周期（以毫秒计）来调用函数或计算表达式
setTimeout()	在指定的毫秒数后调用函数或计算表达式

【例 6-5】在 JavaScript 语言中使用对话框。

```
<script type="text/javascript">
    if(confirm("有选择的对话框")){
        alert("你单击了确定按钮");
    }
</script>
```

window 对象中的属性和方法属于全局范围，均可直接使用，无须通过 window 对象引用，在 JavaScript 语言中定义在方法和函数外的变量、函数均属于 window 对象成员，即全局范围。window 对象包括 3 个对话框：警告（alert）、确认（confirm）、提示（prompt）。

【例6-6】网页上显示日期和时间的电子表。

```
<script type="text/javascript">
    function showclock(){
var d=new Date();
    var y=d.getFullYear();
var m=d.getMonth()+1;
var day=d.getDate();
var h=d.getHours();
var mm=d.getMinutes();
var s=d.getSeconds();
var c=document.getElementById("clock");
c.innerHTML=y+"年"+m+"月"+day+"日 "+h+"时"+mm+"分"+s+"秒";
}
var t=setInterval("showclock()",1000);
    //clearInterval(t);//停止执行,使用此行取消电子表
</script>
<div><p id="clock"></p></div>
```

在 window 对象中,setInterval( )/clearInterval( ) 方法以及 setTimeout( )/clearTimeout( ) 方法用来间隔性地执行 JavaScript 语言代码,setInterval( ) 的含义是每间隔给定的毫秒数执行一次代码,这是一种循环执行方式,直至调用 clearInterval( ) 方法停止执行,setTimeout( ) 方法是延迟给定的毫秒数后执行一次代码,代码只执行一次或通过 clearTimeout( ) 方法取消方法的执行。修改【例6-6】也可使用 setTimeout( ) 方法实现电子表效果。

6.5 location 对象

location 对象代表了浏览器访问地址(也称为 URL 地址),可通过 location 对象获取浏览器访问地址中的相关信息,其主要属性见表 6-7,其主要方法见表 6-8。

表 6-7 location 对象的属性

属性	描述
hash	设置或返回从"井"号(#)开始的 URL(锚)
host	设置或返回主机名和当前 URL 的端口号
hostname	设置或返回当前 URL 的主机名
href	设置或返回完整的 URL
pathname	设置或返回当前 URL 的路径部分
port	设置或返回当前 URL 的端口号
protocol	设置或返回当前 URL 的协议
search	设置或返回从问号(?)开始的 URL(查询部分)

表 6-8 location 对象的方法

属性	描述
assign()	加载新的文档
reload()	重新加载当前文档
replace()	用新的文档替换当前文档

【例 6-7】在网页上输出当前访问 URL 地址的相关信息。

```
<script type = "text/javascript" >
document.write(location.href);//显示当前访问的完整 URL 地址
document.write(location.host);//输出当前访问的主机名和端口
document.write(location.hostname);//输出当前访问的主机名
document.write(location.port);//输出当前访问的端口
document.write(location.protocol);//输出当前访问 URL 使用的协议
document.write(location.search);//输出 URL 中包含"?"的查询串
document.write(location.hash);//输出 URL 中"#"后面的部分,含"#"
</script>
<div > <p id = "info" > </p > </div >
```

【例 6-8】通过 location 对象实现网页跳转。

```
<script type = "text/javascript" >
    location.href = "http://www.cdpc.edu.cn";//跳转页面
</script>
<div > </div >
```

6.6　navigator 对象

navigator 对象包含浏览器本身的相关信息，使用时以判断浏览器类型等为主，其主要属性见表 6-9。

表 6-9 navigator 对象的属性

属性	描述
appCodeName	返回浏览器的代码名
appMinorVersion	返回浏览器的次级版本
appName	返回浏览器的名称
appVersion	返回浏览器的平台和版本信息
browserLanguage	返回当前浏览器的语言

续表

属性	描述
cookieEnabled	返回指明浏览器中是否启用 cookie 的布尔值
cpuClass	返回浏览器系统的 CPU 等级
onLine	返回指明系统是否处于脱机模式的布尔值
platform	返回运行浏览器的操作系统平台
systemLanguage	返回 OS 使用的默认语言
userAgent	返回由客户机发送服务器的 user-agent 头部的值
userLanguage	返回 OS 的自然语言设置

【例 6-9】判断用户当前使用的浏览器及其版本。

```
<script type = "text/javascript">
    document.write(navigator.appCodeName + "<br>");//浏览器的代
        码名
    document.write(navigator.appName + "<br>");//浏览器的名称
    document.write(navigator.appVersion + "<br>");//浏览器的版本
    document.write(navigator.userAgent + "<br>");//返回 user-agent
    //显示用户使用的浏览器和版本
var brr = navigator.appName
    var bvs = navigator.appVersion
    var vs = parseFloat(b_version)
    document.write("浏览器名称:" + brr)
    document.write("<br />")
    document.write("浏览器版本:" + vs)
</script>
```

6.7　history 对象

　　history 对象是用户的访问历史对象,通过该对象可得到用户的访问历史记录,该对象包括一个属性——length,可获取历史记录的个数,通过该对象可以查看用户浏览历史。history 对象的方法见表 6-10。

表 6-10　history 对象的方法

方法	描述
back()	加载 history 列表中的前一个 URL
forward()	加载 history 列表中的下一个 URL
go()	加载 history 列表中的某个具体页面

【例 6-10】history 应用示例。

```
<script type="text/javascript">
    function go(){
        window.history.go(-1);//负值回查,正值向前
    }
    function goBack(){
        window.history.back()
    }
    function goForward(){
        window.history.forward()
    }
</script>
<input type="button" value="后退" onclick="goBack()"/>
<input type="button" value="向前" onclick="goForward()"/>
```

6.8 DOM 事件

HTML DOM 包括了很多事件,用以响应对应的操作,并执行对应的函数,从而实现一些有用的功能。事件是 DOM 对象处理相关动作的方式,事件包括事件源、事件、处理器三个基本要素。事件源是事件发生的起源控件或 DOM 元素,事件是指发生了什么,处理器是事件发生后应执行的函数。HTML DOM 的事件见表 6-11。

表 6-11 HTML DOM 的事件

属性	描述(什么时候发生事件)
onabort	数据加载被中断
onblur	元素失去焦点
onchange	表单域内容被改变
onclick	当用户单击某个对象
ondblclick	当用户双击某个对象
onerror	在加载文档或图像时发生错误
onfocus	元素获得焦点
onkeydown	键盘按键被按下
onkeypress	键盘按键被按下并松开
onkeyup	键盘按键被松开
onload	页面或图像完成加载后
onmousedown	鼠标按钮被按下
onmousemove	鼠标被移动

续表

属性	描述（什么时候发生事件）
onmouseout	鼠标从某元素移开
onmouseover	鼠标移到某元素之上
onmouseup	鼠标按键被松开
onreset	表单中的重置按钮被单击
onresize	窗口或框架被重新调整大小
onselect	文本被选中
onsubmit	提交表单时
onunload	用户退出页面
onafterprint	在打印文档之后运行脚本
onbeforeprint	在文档打印之前运行脚本
onbeforeonload	在文档加载之前运行脚本
onhaschange	在文档改变时运行脚本
onmessage	在触发消息时运行脚本
onoffline	在文档离线时运行脚本
ononline	在文档上线时运行脚本
onpagehide	在窗口隐藏时运行脚本
onpageshow	在窗口可见时运行脚本
onpopstate	在窗口历史记录改变时运行脚本
onredo	在文档再执行操作（redo）时运行脚本
onstorage	在 Web Storage 区域更新时（存储空间中的数据发生变化时）
onundo	撤销操作时

【例 6 – 11】向界面上的按钮添加单击事件。

```
<script type = "text/javascript" >
    function btnClick() {
        alert("按钮被单击了");
    }
</script>
<input type = "button" value = "单击这里" onclick = "btnClick()" />
```

在【例 6 – 11】中，使用 HTML 元素的 onclick 属性向 <input> 标签元素添加了一个单击事件，当浏览者在浏览器窗口单击"单击这里"按钮时，将看到由 alert 对话框弹出的消息框。其主要在 onclick 属性中调用了 JavaScript 语言代码中定义的函数 btnClick( )，调用时应注意后面要带着空的圆括号。

【例 6 – 12】鼠标移动改变 <div> 的背景颜色。

```
<style type = "text/css" >
        div{width:100px;height:100px;border:1px solid blue;}
</style >
<script type = "text/javascript" >
function mOver(o){
            o.style.backgroundColor = "red";
        }
        function mOut(o){
            o.style.backgroundColor = "white";
        }
</script >
<div onmouseover = "mOver(this);" onmouseout = "mOut(this);" > </div >
```

在浏览器窗口打开【例 6 – 12】时，可看到一个蓝色框，将鼠标移动至 <div> 围绕的蓝色框内或离开时，<div> 的背景颜色发生变化。

【例 6 – 13】通过 <div> 制作一个自定义的按钮。

```
<style type = "text/css" >
    div{cursor:pointer;width:100px;height:30px;background-color:
       green;
        border:1px solid blue;text-align:center;line-height:30px;
           color:white;
    }
</style >
<script type = "text/javascript" >
    function divClick(o){
        alert("div 被单击了,div 内部文本:" + o.innerText);
    }
</script >
<div onclick = "divClick(this);" >DIV 按钮 </div >
```

按钮在 HTML 文档中通常使用 <input> 和 <button> 标签实现，<input> 标签可实现 submit、button、reset 类型的按钮，<button> 标签可实现普通的按钮，如果要实现自定义按钮，可将 <input> 标签的 type 属性设置为 image，并通过 src 属性给出自定义按钮图片实现。然而在实际的应用开发中，按钮的实现结合 HTML DOM 事件可使用几乎任何可显示的标签实现。借助 CSS 以及 JavaScript 语言实现自定义的按钮，在浏览器窗口界面上，浏览者很难区别按钮的实现方式。

【例6-14】在界面上,通过键盘移动一个<div>。

```
<style type = "text/css">
    div{position:absolute;width:100px;height:100px;
        border:1px solid blue; left:0;top:0;
    }
</style>
<script type = "text/javascript">
    function keyDown(event){
        var evt = window.event||event;//兼容IE和其他浏览器
        var o = document.getElementById("div1");
        var c = evt.keyCode||evt.which;
        var cx = parseInt(o.offsetLeft,10);
        var cy = parseInt(o.offsetTop,10);
      var speed = 50;//移动的速度
    switch(c){
            case 37:
 o.style.left = (cx-speed) + "px";  break;
            case 38:
                o.style.top = (cy-speed) + "px";  break;
            case 39:
                o.style.left = (cx + speed) + "px";break;
            case 40:                        o.style.top = (cy + speed) + "px";  break;
        }
    }
</script>
```

当浏览器打开【例6-14】时,鼠标单击界面上的<div>区域,通过键盘的上、下、左、右方向键控制<div>移动,这里使用事件对象event获得被按下键对应的ASCII编码,即可判断是哪一个键被按下,再根据按键的方向移动<div>。

【例6-15】实现一个跟着鼠标移动的<div>。

```
<style type = "text/css">
    div{position:absolute;width:100px;height:100px;
        border:1px solid blue;left:0;top:0;
    }
</style>
<script type = "text/javascript">
    function mouseMove(event){
        var evt = window.event||event;//兼容IE和其他浏览器
        var o = document.getElementById("div1");
```

```
            var mx = evt.clientX;
            var my = evt.clientY;
            o.style.left = mx + "px";
            o.style.top = my + "px";
        }
</script>
```

【例6-15】中通过event对象获得鼠标在当前浏览器窗口中的位置,即鼠标的x、y坐标,并将<div>的位置在鼠标移动时(事件onmousemove)改变为鼠标的位置,这里需要注意<div>已经被CSS样式表设置为绝对位置。

【例6-16】使用JavaScript语言验证文本框的输入。

```
<style type = "text/css" >
        #errmsg{color:red;}
</style>
<script type = "text/javascript" >
    function txtChange(event){
        var evt = window.event || event; //兼容IE和其他浏览器
        var o = evt.srcElement || evt.target;
        var etxt = document.getElementById("errmsg");
    etxt.innerText = "";
        var ilen = o.value.length;
        for(var i = 0; i < ilen; i ++ ){
            if(o.value.charAt(i) < '0'|| o.value.charAt(i) > '9'){
                etxt.innerText = "只能输入数字";return;
        }
        }
}
</script>
<input type = "text" onchange = "txtChange(event)" > <span id = "errmsg" > </span >
```

在【例6-16】中,当表单域文本框中的输入内容发生变化时,验证输入是否为数字,需要注意的是在文本框的事件中,只有文本框失去焦点时才会发生onchange事件。

【例6-17】控制内容的显示和隐藏。

```
<style type = "text/css" >
        #div1{height:30px;line-height:30px;border: 1px solid blue;
            background-color:blue;color:white;}
        #div2{background-color:red;color:white;display:none;}
</style>
```

```
<script type="text/javascript">
    window.onload = function(){
        var div1 = document.getElementById("div1");
        var div2 = document.getElementById("div2");
        div1.onmouseover = function(event){
            div2.style.display = "block";
        }
        div1.onmouseout = function(event){
            div2.style.display = "none";
        }
    };
</script>
<div id="div1">鼠标放到这里,就可看到被隐藏的内容</div>
<div id="div2">你看到的被隐藏内容</div>
```

在【例6-17】中,元素增加事件的方法与前面不同,【例6-17】中通过window对象的onload事件为元素添加指定的事件,onload事件是在HTML文档加载完成后执行对应的函数,HTML文档加载完成后为id值是div1的<div>标签增加了两个鼠标移动事件,分别是onmouseover和onmouseout。

习　题

1. 在网页上编写显示星期数的电子表。
2. 在网页上编写猜数字的游戏。
3. 网页上常见的对话框包括哪几个?
4. setInterval() 和 setTimeout() 方法的区别是什么?
5. 判断用户使用的浏览器类型以及版本,并通过对话框提示用户。

习题答案与讲解

jQuery 库介绍

JavaScript 语言的功能在 Web 前端的表现相当丰富，只要不断地挖掘就可实现意想不到的效果。jQuery 库给开发人员提供了更加方便、快捷地使用 JavaScript 语言所提供的丰富的属性和方法的渠道，让 JavaScript 语言开发变得更加轻松。本章通过对 jQuery 库的基本介绍，让读者对 jQuery 库有一个初步了解，并掌握 jQuery 库的基本用法。学习本章内容必须先掌握：

（1）HTML：超文本标记语言；
（2）CSS：层叠样式表，用来美化 HTML 的展示效果；
（3）JavaScript：浏览器解析执行的脚本语言，可为界面提供丰富的交互能力。

7.1 jQuery 库简介

jQuery 库是一个快速、轻量级、功能丰富的 JavaScript 语言库，它让 HTML 文档的传输、DOM 元素操作、事件处理、动画以及异步请求处理变得容易，同时，它兼容更多的浏览器，让开发人员无须考虑浏览器兼容问题。学习 jQuery 库是一件轻松愉快的事情，但是要学好 jQuery 库必须先掌握 JavaScript 语言的基础知识，没有 JavaScript 语言的知识基础，jQuery 库的学习过程将是较为困难的。

在使用 jQuery 库之前，首先需要下载 jQuery 库的相关文件，包括 JavaScript 语言代码文件和帮助文档，进入 jQuery 库的官方网站（http:// jquery.com）即可下载，下载后将 jQuery 库的 JavaScript 语言代码文件引入 HTML 文档中，即可在 JavaScript 语言代码中使用 jQuery 库的各种特性了。jQuery 库分为 1.x 版本和 2.x 版本两种，1.x 和 2.x 两个版本具有相同的操作 API，在使用上是相同的，只是 2.x 版本不再兼容 IE6/7/8，如果运行的浏览器依然是 IE6/7/8，则还应使用 jQuery 库的 1.x 版本。

对于 jQuery 库的 1.x 版本，其由 1.9 版本开始与之前的版本又有所区别，如果应用升级或其他操作需要从 1.9 之前版本升级至 1.9 或其之后版本，则应尽可能使用 jQuery 官方提供的专用 jQuery 迁移插件（jQuery Migrate plugin）。迁移插件包含已经自 1.9 版本舍弃的功能，以保证 jQuery 库版本的兼容性。

除了 jQuery 库本身提供的核心内容外，jQuery 库同时提供了一组用户界面控件，其相关功能描述可参考官方网站（http:// api. jqueryui. com/），当前最新版本的 jQuery UI 为 1.12。jQuery 库不仅考虑了桌面计算机应用，还针对智能移动设备提供了优化后的 jQuery mobile 版本，学习 jQuery mobile 可进入官方网站（http:// api. jquerymobile. com/）。jQuery mobile 提供了各种在智能设备上使用的界面控件,为开发基于移动设备的 Web 应用和移动 APP 提供了极大方便。

在使用 jQuery 库的过程中,可通过类似 CSS 的选择器查找 HTML 文档中的标签,并将标签转换成 jQuery 对象,从而可通过 jQuery 对象所提供的相关功能处理元素。jQuery 库提供了丰富的选择功能,要学习使用 jQuery 库,首先需要掌握 jQuery 核心中定义的几个重要的函数。

1. jQuery( )

其在当前 HTML 文档中执行检索并返回匹配参数的元素集合,参数可以是基于 DOM 的元素对象或 HTML 字符串等,也可以是一个函数。传递一个函数的含义是在 HTML 文档加载完成后执行该函数。通常,该核心方法的名称可简写为美元符号($)。

【例 7-1】 在 HTML 文档加载完成后弹出对话框。

```
<!--引入 jquery 库文件-->
<script type = "text/javascript" src = "jquery.min.js" ></script>
<script type = "text/javascript" >
    $(function(){//方法名简化为美元符号,等价于 jQuery(function(){});
        alert("jquery 欢迎你!");
    });
</script>
```

在 HTML 文档中,如果使用 jQuery 库,一定要引入其相关的 JavaScript 代码文件,即【例 7-1】中引入的 jquery.min.js 文件。通常 jQuery 发布包含两个方式:压缩和非压缩。压缩版本主要用在已经使用的产品中,以".min.js"作为扩展名;非压缩版本用在开发人员的开发过程中,可方便开发人员调试。

2. jQuery.noConflict(removeAll)

其考虑是否从全局范围删除美元符号($)对 jQuery 库的引用,以防止与其他 JavaScript 脚本库发生冲突。许多 JavaScript 脚本库用美元符号($)作为函数名或变量名,而美元符号($)是 jQuery 库的别名,因此不使用美元符号一样可以使用 jQuery 库。如果 jQuery 库与其他库混合使用,通过调用该方法可让美元符号保持原有的功能。

【例 7-2】 停止使用美元符号($)引用 jQuery 库。

```
<script type = "text/javascript" >
    //默认参数为 true,取消$引用,下划线(_)作为 jQuery 引用
    var _ = $.noConflict();
    //$保留原功能,不再是 jQuery 别名,但下划线(_)是 jQuery 别名了
    (function($){
        //在这里美元符号依然是 jQuery 的别名了,下划线(_)同样起作用
    })(jQuery);
</script>
```

在【例7-3】中,给出了jQuery库与其他库中出现美元符号($)引用冲突时的方案,在停止使用美元符号($)后,如果还希望使用美元符号($)作为jQuery库的别名且不与其他库混淆,可采取函数传参方式来使用美元符号($)。【例7-3】中同时还示例使用下划线(_)作为jQuery库的新的别名来引用jQuery库。

7.2 选 择 器

jQuery库简化了JavaScript语言操作DOM对象的方式,其基本概念就是"找到元素执行操作",最为核心的内容就是选择器。jQuery库的选择器与CSS的选择器基本相同,但更加丰富且兼容所有流行的浏览器。jQuery库基本的选择器包括ID选择器、类选择器、标签选择器、DOM对象选择器、属性选择器等,其他类型的选择器均扩展自这些基本的选择器。在选择器中使用特殊字符时必须转义,包括!"#$%&'()*+,./:;<=>?@[\]^{|}~等。所有内容选择器用星号(*)表示。

7.2.1 ID选择器

HTML文档中的所有标签均可添加一个id属性,id属性是一个标签的唯一标识,尽可能不要出现重复的id值。ID选择器就是使用HTML文档中标签的id属性执行选择,ID选择器以"井"号(#)开头,加上HTML文档中标签的id属性值。选择器在JavaScript语言代码中以字符串的形式出现。如果存在多个id属性值相同的HTML标签元素,通过ID选择器只能对第一个匹配的标签元素起作用。

【例7-3】使用ID选择器,当单击按钮时修改<div>的内容。

```
<div id="abc">单击按钮修改这里内容</div>
<input type="button" value="单击我!"
            onclick="$('#abc').html('按钮被单击了');"/>
```

7.2.2 类选择器

类选择器是通过HTML文档中标签的class属性值执行选择,类选择器以英文句点(.)开头加上HTML文档中标签的class属性值。类选择器可将HTML文档中所有给定类名称的标签元素全部选择并返回一个jQuery对象数组,通过数组的length属性即可获知被选择标签元素的个数。

【例7-4】使用类选择器,在单击按钮时修改<div>的内容。

```
<div class="abc">单击按钮修改这里内容</div>
<div class="abc"></div>
<input type="button" value="单击我!"
            onclick="$('.abc').html('按钮被单击了');"/>
```

7.2.3 对象选择器

相对于 CSS 选择器，对象选择器是 jQuery 库中独有的，对象选择器主要是采用 HTML 文档中标签元素对应的 DOM 对象或标签元素的 jQuery 对象作为选择标签的条件。对象选择器与 ID 选择器类似，只选择独立的单个标签元素。

【例 7-5】在单击 <div> 时修改其内容。

```
<script type="text/javascript">
    $(function(){//HTML 文档加载完成后执行
        var d1 = document.getElementById("div1");
    var d2 =$("#div2");
        var d11 =$(d1).html("文档已经加载完成!");//DOM 对象选择器
        var d22 =$(d2).html("jQuery 已经运行");//jQuery 对象选择器
    });
</script>
<div id="div1"></div>
<div id="div2"></div>
<div onclick="$(this).html('这是对象选择器,this 表示当前标签的 DOM 对象')">
    单击我吧!
</div>
```

7.2.4 标签选择器

HTML 文档中的所有内容由标签提供，标签是 HTML 文档的组成元素，通过标签选择器可找出 HTML 文档中所有给定名称的标签并将之转换成 jQuery 对象数组。标签名作为选择器无须添加任何前缀。

【例 7-6】获取文档中的 <div> 标签总数。

```
<script type="text/javascript">
    $(function(){
        var c =$("div").length;
        $("#total").html("文档中共计" + c + "个 div 标签");
    });
</script>
<div><div></div></div>
<div id="total"></div>
```

7.2.5 属性选择器

每个 HTML 标签元素都包含有自己的属性，每个属性都有固定的含义，且 HTML 允许向标签元素添加自定属性。与 CSS 的属性选择器相同，jQuery 库也可通过属性来选择 HTML 文档中的标签。属性选择器是将属性用中括号（[ ]）括起来，见表7－1。

表7－1　属性选择器

序号	属性选择器	描　　述
1	[name｜="value"]	属性 name 值以 value 为前缀，即 name 值等于或以 value-开头
2	[name*="value"]	属性 name 值包含 value
3	[name~="value"]	属性 name 值包含 value 给出的单词
4	[name$="value"]	属性 name 值以 value 结尾
5	[name="value"]	属性 name 值等于 value
6	[name!="value"]	属性 name 值不等于 value
7	[name^="value"]	属性 name 值以 value 开头
8	[name]	选择具有 name 属性的元素
9	[name="value"][name="value"]	多个属性选择

【例7－7】将具有 abc 属性的 <div> 背景设置为红色。

```
<script type="text/javascript">
    $(function(){
        $("div[abc]").css("background","red");
    });
</script>
<div>普通div</div><div>普通div</div><div abc="自定义属性">自定义属性</div>
```

7.2.6　其他选择器

除了基本的选择器外，jQuery 库提供了大量的其他辅助选择器，见表7－2。这些辅助的选择器可分为基础过滤、子元素过滤、内容过滤、表单选择、继承层次、jQuery 扩展、可视过滤等。在 jQuery 库中，所有的选择器可成组（每个选择器之间用逗号间隔）或组合（每个选择器之间用空格或其他非逗号符号间隔）使用。

表7－2　其他选择器

序号	属性选择器	描　　述
1	:animated	选择正在处理中的动画
2	:button	选择所有按钮
3	:checkbox	选择所有类型为 checkbox 的元素

续表

序号	属性选择器	描述
4	:checked	选择所有被选择的元素，用在 checkbox 和 radio 类型的元素
5	parent > child	选择子元素
6	:contains	选择包含被给定文本的元素
7	祖先后代	选择祖先下的所有后代
8	:disabled	选择所有被禁止的元素
9	:empty	选择没有子元素的元素
10	:enabled	选择所有被允许的元素
11	:eq( )	选择给定索引的元素
12	:even	基于 0 索引的偶数索引选择
13	:file	选择类型为文件的元素
14	:first-child	选择第一个子元素
15	:first-of-type	选择同类型的第一个元素
16	:first	选择被匹配的第一个元素
17	:focus	选择当前焦点元素
18	:gt( )	大于给定索引选择
19	:has( )	包含至少一个给定选择器的元素
20	:header	选择所有头元素，包含 \<h1\>、\<h2\> 等
21	:hidden	选择所有隐藏元素
22	:image	选择所有类型为 image 的元素
23	:input	选择所有用户交互元素，包括 \<input\>、\<textarea\>、\<select\>、\<button\> 等
24	:lang	选择给定语言的元素
25	:last-child	选择最后一个元素
26	:last-of-type	选择同类型中最后一个元素
27	:last	匹配最后一个元素
28	:lt( )	选择小于给定索引的元素

续表

序号	属性选择器	描 述
29	选择器组	多个选择器成组用逗号（,）分隔成组
30	prev + next	相邻元素选择器
31	prev ~ siblings	选择 prev 后面的所有兄弟元素
32	:not( )	选择所有不匹配选择器的元素
33	:nth-child( )	选择给定索引的子元素
34	:nth-last-child( )	从后向前索引，最后一个子元素索引为 1，可为 even、odd、3n，3n 表示从后面的第三个开始向前隔行选择，1n 或 n 表示全部
35	:nth-last-of-type( )	具有相同元素名称的兄弟标签，从后向前索引选择子元素
36	:nth-of-type( )	选择具有相同元素名称的兄弟标签
37	:odd	基于 0 索引的奇数索引被选择
38	:only-of-type	选择给定名称的无兄弟元素
39	:parent	选择父元素
40	:password	返回所有类型为 password 的元素
41	:radio	选择所有类型为 radio 的元素
42	:reset	选择类型为 reset 的元素
43	:root	选择文档的根元素，HTML 文档中总是 <html> 元素
44	:selected	选择所有被选择的元素，用于 <option> 元素
45	:submit	选择所有类型为 submit 的元素
46	:target	选择由 URI 碎片标识的元素
47	:text	选择所有类型为 text 的元素
48	:visible	选择所有可见元素

7.3 事 件

事件是 HTML 文档界面上的与标签元素相关的行为。事件包含三个基本要素：事件、事件源以及监听器。事件是发生了什么；事件源是引发事件的 HTML 标签元素或 DOM 对象；监听器是具体完成的动作，是一个函数，也被称为事件处理器。在 jQuery 库中事件包括浏览器事件、文档加载事件、表单事件、键盘事件以及鼠标事件等。在 HTML 文档中，事件默认以冒泡形式发生，即当一个元素的父节点也存在相同事件时，则元素及其父元素的相同事件都会被处理,依此类推,直到 document 对象,其处理从子级向父级以冒泡形式完成。要了解事件,首先需要了解 event 对象以及如何将事件绑定到 HTML 文档的标签元素。

7.3.1 Event 对象

jQuery 库的事件系统依赖 W3C 标准,Event 对象被传递给事件处理器,并复制 JavaScript 的原始事件对象属性进入 Event 对象,Event 对象的属性以及可用的方法见表 7-3。jQuery 库也通过 Event 对象提供了自定义事件能力。

表 7-3 jQuery.Event 对象的属性和方法

序号	属性	描述
1	currentTarget	触发当前事件的事件源对象
2	data	传递给事件处理器的数据对象
3	delegateTarget	当前事件对应的元素,由 delegate() 和 on() 附加的事件
4	isDefaultPrevented()	判断是否 event.preventDefault() 被调用
5	isPropagationStopped()	判断是否 stopPropagation() 被调用
6	metaKey	判断是否 meta key 被按,对于 Windows 系统为 Windows 键
7	namespace	事件触发时被指定的命名空间
8	pageX	鼠标指针距离文档顶部的距离
9	pageY	鼠标指针距离文档左边的距离
10	relatedTarget	事件发生时的相关联对象,对于 mouseout 为进入的元素,对于 mouseover 为离开的元素
11	preventDefault()	取消事件的默认行为
12	stopPropagation()	停止事件冒泡
13	result	访问前一个事件处理器返回的结果
14	target	触发事件的元素对象
15	timeStamp	发生事件的时间,以毫秒表示
16	type	事件类型,如 click
17	which	指出哪个键或鼠标按钮被单击(1 左、2 中、3 右)

7.3.2 元素添加事件

在 HTML 文档中,标签对于键盘、鼠标等的响应都是依赖事件实现的,通常使用 JavaScript 语言向标签添加事件时采用属性方式或调用 DOM 对象的 addListener() 方法,使用事件往往与处理器代码不在一个位置,代码显得较为凌乱,而 jQuery 库改变了向标签或 DOM

对象添加元素的方式及方法,操作起来更加简单、明了,让事件与标签更加容易维护。jQuery 库提供了多种方法向 DOM 对象添加事件。

1. off( ) 方法

这是 jQuery1.7 版本添加的方法,off( ) 方法移除由 on( ) 方法添加的事件处理器,无参数时移除所有事件,支持名称空间处理事件。off( ) 方法的形式包括:

(1) off(eventTypes [, selector] [, handler]);

(2) off(events [, selector]);

(3) off(event);

(4) off( )。

其中,各形式方法的参数描述如下:

(1) eventTypes:字符串,事件类型,多个类型用空格间隔,也可提供带名称空间的事件类型或名称空间,如 click、click.test、.test。

(2) handler:函数,事件触发时执行的处理器函数。

(3) selector:选择器,用来选择将要添加事件的元素。

(4) event:Event 对象。

2. on( ) 方法

其向被选择的元素附加一个或多个事件,事件可通过名称空间限制,如 click.test.my,移除事件时可使用 off("click.test") 或者 off("click.my"),名称空间不分层级,仅匹配一个名称,以下划线 (_) 开头的名称空间被 jQuery 库保留使用。on( ) 方法的形式包括:

(1) on(eventTypes [, selector] [, data], handler);

(2) on(events [, selector] [, data])。

其中,各形式方法的参数描述如下:

(1) eventTypes:字符串,事件类型,多个类型用空格间隔,可使用名称空间。

(2) selector:字符串,匹配元素子元素的选择器,若其为 null 或省略,则匹配元素会触发被绑定的事件。

(3) data:任意类型,传递给事件处理器函数的数据,通过 event.data 即可获取。

(4) handler:函数,事件触发时执行的处理器函数,用 false 作为值以执行 return false。

(5) events:对象,包含事件类型和不再执行的处理器函数的对象。事件类型支持名称空间。

selector 为 null 或省略的情况称为直接事件或直接绑定事件,当匹配元素每次发生事件时,事件处理器函数都会被调用。若 selector 被提供,事件处理器被委托处理,当匹配元素发生事件时,事件处理器函数不会被调用,但其通过 selector 匹配的子元素发生事件时事件处理器函数会被调用。直接绑定事件必须确保匹配元素已经存在,因此,直接绑定事件时将脚本代码放在 HTML 文档的末尾或者放在 ready( ) 方法中执行事件绑定,否则使用委托处理,委托处理能够向后加的元素绑定事件。对于 SVG 不能使用委托处理。

【例 7-8】向按钮动态添加或移除事件。

```
<style>
button{margin:5px;}
button#theone{color:red;background:yellow;}
```

```
</style>
<button id = "theone">单击无任何动作</button>
<button id = "bind">添加动作</button>
<button id = "unbind">移除动作</button>
<div style = "display:none;">被单击了！</div>
<script type = "text/javascript">
   function btnClick(){
$("div").show().fadeOut("slow");
   }
   $("#bind").click(function(){
   $("body").on("click", "#theone", btnClick)
        .find("#theone").text("可以单击我了!");
   });
   $("#unbind").click(function(){
$("body").off("click", "#theone", btnClick)
           .find("#theone").text( "单击无任何动作" );
   });
</script>
```

【例7-9】自定义事件处理。

```
<style type = "text/css">
   p{color: red;}
   span{color: blue;}
</style>
<p>自定义事件处理</p>
<button>单击触发自定义事件</button>
<span style = "display:none;"></span>
<script type = "text/javascript">
$("p").on("我自定义的事件", function(event, myName) {
   $(this).text( myName + ", 你好!");
   $("span").stop().css("opacity", 1)
      .text("myName = " + myName)
      .fadeIn( 30 )
      .fadeOut( 1000 );
});
   $("button").click(function(){
      $("p").trigger("我自定义的事件", ["岳飞"]);
});
</script>
```

【例 7-10】 给 <div> 下的 <p> 元素绑定 click 事件。

```
<p>这个段落没有绑定事件！</p>
<div id="abc"><p>单击我吧！</p></div>
<script>
$("#abc").on("click","p",function(){
    $(this).after("<p>新增的段落！</p>");
});
</script>
```

注意，由于事件被委托给 <div> 的子元素 <p> 标签上，当单击第一个段落后，新增加的段落由于使用了 <p> 标签，也被绑定了 click 事件。

3. one() 方法

向匹配的元素添加事件处理器，由 one() 方法添加的事件中每种事件类型只能被触发一次。one() 方法的形式包括：

(1) one(eventTypes [, data], handler)；
(2) one(eventTypes [, selector] [, data], handler)；
(3) one(events [, selector] [, data])。

其中，各形式方法的参数描述如下：

(1) eventTypes：字符串，事件类型，多个类型用空格间隔，可使用自定义事件及名称空间。
(2) selector：附加事件的元素选择器。
(3) data：对象，传递给事件处理器函数的数据。
(4) handler：函数，事件触发时执行的处理器函数。
(5) events：对象，包含事件类型和对应的处理器函数，对象键可包含多个由空格分隔的事件类型，对应一个事件处理器函数。

one() 方法与 on() 方法是一样的，其区别就在于 one() 方法添加的事件处理器函数第一次被执行后，事件处理器函数被解除绑定。如下两段代码具有同样的功能：

用 one() 方法实现添加 click 事件：

```
$("#ele").one("click",function(){
    alert("这个处理器函数仅被调用一次");
});
```

用 on() 方法实现添加 click 事件，其行为和结果与用 one() 方法添加的事件处理器函数相同：

```
$("#ele").on("click",function(event){
    alert("这个处理器函数仅被调用一次");
    $(this).off(event);
});
```

如果是用空格分隔的多个事件类型添加对应的处理器函数,则每个事件类型仅执行一次对应的处理器函数。其形式如下:

```
$( "#ele" ).one( "click mouseover", function() {
    alert( "每个事件类型仅执行一次这个函数" );
});
```

【例 7-11】向所有 <div> 添加一次性事件处理。

```
<style>
    div{width: 60px;height: 60px;margin: 5px;float: left;
        background: green;border: 10px outset;cursor:pointer;}
    p{color: red;margin: 0;clear: left;}
</style>
<div></div><div></div><div></div><div></div><div></div><div></div>
<p>请单击绿色的方块...</p>
<script type = "text/javascript">
    var n = 0;
    $("div").one("click", function(){
var index = $("div").index(this);
$(this).css({borderStyle: "inset",cursor: "auto"});
$("p").text("索引是" + index + "的 div 被单击了。" +
            "总单击次数:" + ( ++n));
    });
</script>
```

4. trigger() 方法

任何使用 on() 方法或者其快捷方法添加的事件处理函数都可以在事件触发后被执行,也可在代码中使用 trigger() 或 triggerHandler() 方法手动触发某个类型的事件。trigger() 方法执行所有附加到匹配元素的给定事件类型对应的事件处理器函数,该方法处理所有匹配元素,会触发 event() 方法调用;triggerHandler() 方法执行所有附加到匹配元素的事件处理器函数。元素的 on{evnetType} 方法如果被找到,它也会被执行,该方法只针对第一个匹配的元素,不会冒泡处理,不会触发 eventType 给出的事件对应的本地方法调用,即 event() 方法调用,如触发 click 类型的事件时,不会触发对象的. click() 方法执行。trigger()/triggerHandler() 方法的形式包括:

(1) trigger(eventType [, extraParameters]);

(2) trigger(event [, extraParameters])。

其中,各形式方法的参数描述如下:

(1) eventType:字符串,事件类型。

(2) extraParameters:数组或对象,传递给事件处理器的参数。

(3) event:jQuery. Event 对象。

trigger( ) 方法支持冒泡,为了取消事件处理器冒泡,处理器函数返回 false 即可,或者在处理器函数中调用事件对象的 stopPropagation( ) 方法以停止事件冒泡。如果不希望调用 trigger( ) 方法触发本地事件方法的执行,可使用 triggerHandler( ) 方法代替 trigger( ) 方法。

【例 7 – 12】 trigger( ) 和 triggerHandler( ) 的区别。

```html
<!DOCTYPE html>
<html>
<head>
<meta charset = "GBK">
<title>trigger 和 triggerHandler 示例</title>
<script type = "text/javascript" src = "jquery.min.js"></script>
</head>
<body>
<button id = "old">.trigger("focus")</button>
<button id = "new">.triggerHandler("focus")</button><br><br>
<input type = "text" value = "单击按钮获取焦点">
<script type = "text/javascript">
$("#old").click(function(){
  $("input").trigger("focus");
});$("#new").click(function(){
  $("input").triggerHandler("focus");
});
$("input").focus(function(){
  $("<span>焦点已经获取!</span>").appendTo("body").fadeOut(1000);
});
</script>
</body>
</html>
```

运行【例 7 – 12】时注意观察单击两个按钮时文本框焦点获取的不同之处,从而可以判断在 triggerHandler( ) 触发 focus 类型的事件时,并没有执行元素对象的 .focus( ) 方法,而对于 trigger( ) 触发 focus 类型事件时,执行元素对象的 .focus( ) 方法。可添加多个文本框再次观察两个方法的不同。

【例 7 – 13】 显示鼠标指针的位置。

```html
<!DOCTYPE html>
<html>
<head>
<meta charset = "utf-8">
<title>鼠标指针位置</title>
<script type = "text/javascript" src = "jquery.min.js"></script>
```

```
</head>
<body>
<div id = "log"></div>
<script>
$(document).on("mousemove", function(event){
   $("#log").text( "pageX: " + event.pageX + ", pageY: " + event.pageY );
});
</script>
</body>
</html>
```

在浏览器窗口中移动鼠标，可显示出当前鼠标的位置。

【例7-14】制作简易的两层导航菜单。

```
<!DOCTYPE html>
<html lang = "zh_CN">
<head>
<meta charset = "GBK">
<title>菜单示例</title>
<script src = "jquery.min.js"></script>
</head>
<body>
<ul>
<li>一级菜单1
<ul>
<li>子菜单11</li>
<li>子菜单12</li>
</ul>
</li>
<li>一级菜单2
<ul>
<li>子菜单21</li>
<li>子菜单22</li>
</ul>
</li>
</ul>
<script>
function handler(event) {
   var target =$(event.target);
   if (target.is("li")) {
      target.children().toggle();
```

```
    }
}
$("ul").click( handler ).find("ul").hide();
</script>
</body>
</html>
```

jQuery 库向元素添加事件是非常灵活的,除了以上方法外,还可使用事件函数直接向元素添加或触发事件,其形式通常如下:

(1) 事件名(事件回调函数),参考【例 7 – 14】,向 <ul> 标签添加 click 事件的形式。

(2) 事件名():无参调用是触发事件函数,即 trigger() 方法的简化形式。

7.3.3 常见事件

jQuery 事件包括浏览器事件、文档加载事件、表单事件、键盘事件、鼠标事件等。浏览器事件是针对浏览器的全局处理事件,文档处理过程中出现错误、浏览器窗口大小发生变化以及浏览器滚动页面等都会触发浏览器事件发生;文档加载事件是 HTML 文档加载和关闭中出现的事件;表单事件是用 JavaScript 语言处理表单事件时发生的各种操作;键盘事件是针对键盘进行的操作;鼠标事件是浏览网页的过程中鼠标的所有动作。各个事件的调用形式如下:

(1) 事件名(handler):向匹配的所有元素绑定事件;

(2) 事件名(［eventData］,handler):向匹配的所有元素绑定事件;

(3) 事件名():触发所有匹配元素的事件。

其中,各形式方法的参数描述如下:

(1) handler:函数,绑定到事件的处理器函数;

(2) eventData:任意类型,传递给 handler 的数据。

所有事件方法是 on("事件名",handler) 的快捷形式,而触发事件(即无参调用事件方法)方法是 trigger("事件名") 的快捷形式。jQuery 库向开发者提供了各种形式的事件,具体见表 7 – 4。

表 7 – 4　jQuery 库提供的事件

序号	事件	说明
1	blur	元素失去焦点时触发
2	change	表单输入域中内容发生变化时触发
3	click	元素被单击时触发
4	contextmenu	元素的上下文菜单事件
5	dblclick	元素被双击时触发
6	error	错误处理事件

续表

序号	事件	说　　明
7	focus	元素获得焦点时触发
8	focusin	元素获得焦点时触发，支持事件冒泡
9	focusout	元素失去焦点时触发，支持事件冒泡
10	hover	鼠标进入和离开元素触发，鼠标进入元素时第一个回调函数被调用，鼠标离开时第二个回调函数被调用
11	keydown	键盘键被按下时触发
12	keypress	键盘键被按下并释放时触发
13	keyup	键盘键被释放时触发
14	load	文档加载完成后触发
15	mousedown	鼠标键被按下时触发
16	mouseenter	鼠标进入元素时触发
17	mouseleave	鼠标离开元素时触发
18	mousemove	鼠标在元素上移动时触发
19	mouseout	鼠标离开元素后触发
20	mouseover	鼠标进入元素后触发
21	mouseup	鼠标键被释放时触发
22	ready	文档加载完成触发事件
23	resize	浏览器窗口大小发生变化时触发
24	scroll	窗口滚动事件
25	select	元素被选择时触发
26	submit	表单被提交时触发

【例7－15】图片加载失败时使用默认图片替代。

```
<!DOCTYPE html>
<html lang = "zh_CN">
<head>
<meta charset = "GBK">
<title>error 示例</title>
<script src = "jquery.min.js"></script>
</head>
<body>
<img src = "show.png">
<script type = text/javascript>
```

```
    $("img").error(function(){
        $( this ).attr("src","default.png");
    });
</script>
</body>
</html>
```

【例7-16】页面加载成功后让文本框获得焦点。

```
<!DOCTYPE html>
<html>
<head>
<meta charset = "GBK">
<title>focus 事件示例</title>
<script type = "text/javascript" src = "jquery.min.js"></script>
</head>
<body>
<input type = "text" name = "username">
    <script type = "text/javascript">
        $("input[name ='username']").focus();
    </script>
</body>
</html>
```

【例7-17】使用键盘移动界面上的<div>框。

```
<!DOCTYPE html>
<html>
<head>
<meta charset = "GBK">
<title>键盘事件示例</title>
<script type = "text/javascript" src = "jquery.min.js"></script>
<style type = "text/css">
    div{position:absolute;left:0px;top:0px;width:100px;height:100px;border:
      1px solid red;}
</style>
</head>
<body>
<div id = "moveme"></div>
<script type = "text/javascript">
    var speed = 5;
```

```
$(document).keydown(function(event){
    var keyCode = event.which;
    var divObject = document.getElementById("moveme");
    var locleft = parseInt(divObject.offsetLeft,10);
    var loctop = parseInt(divObject.offsetTop,10);
    switch(keyCode){
        case 37://左移
            divObject.style.left = (locleft-speed) + "px";break;
        case 38://上移
            divObject.style.top = (loctop-speed) + "px";break;
        case 39://右移
            divObject.style.left = (locleft + speed) + "px";break;
        case 40://下移
            divObject.style.top = (loctop + speed) + "px";break;
    }
    divObject.innerText = keyCode;
});
</script>
</body>
</html>
```

【例7-18】 鼠标事件的实现。

```
<!DOCTYPE html>
<html>
<head>
<meta charset = "GBK">
<title>鼠标事件示例</title>
<script type = "text/javascript" src = "jquery.min.js"></script>
</head>
<body>
<div id = "log">在这里操作鼠标</div>
<script type = "text/javascript">
    var log = document.getElementById("log");
    $("div").mousedown(function(event){log.innerHTML + = "mousedown 事件发生";});
    $("div").mouseup(function(event){log.innerHTML + = "mouseup 事件发生";});
    $("div").mousemove(function(event){log.innerHTML + = "mousemove 事件发生";});
    $("div").mouseover(function(event){log.innerHTML + = "mouseover 事件发生";});
    $("div").mouseout(function(event){log.innerHTML + = "mouseout 事件发生";});
    $("div").mouseenter(function(event){log.innerHTML + = "mouseenter 事件发生";});
```

```
$("div").mouseleave(function(event){log.innerHTML + = "mouseleave 事件发
  生";});
$("div").click(function(event){log.innerHTML + = "click 事件发生";});
$("div").dblclick(function(event){log.innerHTML + = "dblclick 事件发生";});
$("div").contextmenu(function(event){log.innerHTML + = "contextmenu 事件发
  生";});
$("div").hover(function(event){log.innerHTML + = "hover 进入事件发生";},
                function(event){log.innerHTML + = "hover 离开事件发生";});
</script>
</body>
</html>
```

7.4 DOM 处理

jQuery 库通过选择器选择 HTML 标签元素并将元素的 DOM 对象转换成 jQuery 对象，从而可以通过 jQuery 库简化对元素对象的操作。jQuery 库提供了大量的方法处理 DOM 对象，包括属性处理、CSS 处理等。jQuery 库中的 DOM 对象处理方法均支持链式操作，即每个方法返回的依然是当前的 jQuery 对象。其具体方法见表 7－5。

表 7－5 jQuery 库中的 DOM 处理方法

序号	方法	说 明
1	addClass	向所有匹配元素添加样式类
2	after	向每个匹配元素的后面添加给定内容
3	append	向元素内容末尾追加内容
4	appendTo	将匹配元素追加到目标元素内容末尾
5	attr	获取第一个匹配元素的指定属性值，设置所有匹配的 HTML 标签元素指定属性值
6	before	在每个匹配元素的前面添加给定内容
7	clone	将所有匹配元素复制一份
8	css	获取第一个匹配元素的给定 CSS 属性值，设置所有匹配元素的 CSS 属性，数字值支持"＋＝"和"－＝"
9	detach	从 DOM 中移除匹配元素，但保留相关数据
10	empty	移除匹配元素的所有子元素的内容
11	hasClass	判断匹配元素样式是否应用了给定 CSS 类
12	height	获取第一个匹配元素的高，设置所有匹配元素的高
13	html	获取第一个匹配元素的 <html> 内容，设置所有匹配元素的 <html> 内容

149

续表

序号	方法	说明
14	innerHeight	获取第一个匹配元素的带内边距高,设置所有匹配元素带内边距高
15	innerWidth	获取第一个匹配元素的带内边距宽,设置所有匹配元素带内边距宽
16	insertAfter	将匹配元素插入到目标元素后面
17	insertBefore	将匹配元素插入到目标元素前面
18	offset	获取第一个匹配元素的坐标,设置所有匹配元素的坐标,相对于文档
19	outerHeight	获取第一个匹配元素带外边距、边框的高,设置所有匹配元素带外边距、边框的高
20	outerWidth	获取第一个匹配元素带外边距、边框的宽,设置所有匹配元素带外边距、边框的宽
21	position	获取相对父节点的坐标
22	prepend	将给定内容插入到标签内的前面,给定内容作为第一个元素
23	prependTo	将匹配元素插入到目标标签内的前面,匹配元素作为第一个元素
24	prop	获取第一个匹配元素的 DOM 属性,设置所有匹配元素的 DOM 属性
25	remove	移除匹配元素,包括移除相关数据
26	removeAttr	删除匹配元素的 HTML 属性
27	removeClass	从匹配元素的样式类中移除给定 CSS 类
28	removeProp	从匹配的 DOM 元素中移除给定属性
29	replaceAll	用匹配元素替换目标元素
30	replaceWith	用给定内容替换所有匹配元素
31	scrollLeft	获取第一个匹配元素水平滚动条的位置,设置所有匹配元素的水平滚动条的位置
32	scrollTop	获取第一个匹配元素垂直滚动条的位置,设置所有匹配元素的垂直滚动条的位置
33	text	获取第一个匹配元素的纯文本内容,设置所有匹配元素的文本内容
34	toggleClass	让匹配元素增加或删除 CSS 样式类

续表

序号	方法	说 明
35	unwrap	删除所有匹配元素的父节点
36	val	获取第一个匹配元素的值，设置所有匹配元素的值
37	width	获取第一个匹配元素的宽，设置所有匹配元素的宽
38	wrap	在所有匹配的每个元素外面围绕给定元素
39	wrapAll	将所有匹配的元素都围绕在给定元素中
40	wrapInner	将所有匹配元素的内容用给定元素围绕

【例 7-19】 HTML 标签动态应用样式类。

```html
<!DOCTYPE html>
<html>
<head>
<meta charset="GBK">
<title>动态改变样式类示例</title>
<script type="text/javascript" src="jquery.min.js"></script>
<style type="text/css">
    .newClass{border:1px solid red; width:200px;height:100px;}
</style>
</head>
<body>
<div id="log">这里样式类被改变</div>
<button>单击我改变或恢复div样式</button>
<button>toggleClass 效果一样,但更简单</button>
<script type="text/javascript">
  $("button:first").click(function(){
    if($("#log").hasClass("newClass")){
        $("#log").removeClass("newClass");
    }
    else
        $("#log").addClass("newClass");
  });
  $("button:last").click(function(){
    $("#log").toggleClass("newClass");
  });
</script>
</body>
</html>
```

【例7-20】改变<div>的位置。

```html
<!DOCTYPE html>
<html>
<head>
<meta charset="GBK">
<title>动态改变标签位置</title>
<script type="text/javascript" src="jquery.min.js"></script>
</head>
<body>
<div id="log" style="border:1px solid red">这里是div标签</div>
<button>单击我改变div的位置</button>
<script type="text/javascript">
  $("button").click(function(){  //链式调用
    $("#log").css("position","absolute").css("left","100px").css("top",
    "100px");
  });
</script>
</body>
</html>
```

【例7-21】在标签前后插入内容。

```html
<!DOCTYPE html>
<html>
<head>
<meta charset="GBK">
<title>元素的前后插入内容</title>
<script type="text/javascript" src="jquery.min.js"></script>
</head>
<body>
<div id="log" style="border:1px solid red">div原内容</div>
<button>单击我在div前后插入内容</button>
<button>效果一样</button>
<script type="text/javascript">
 $("button:eq(0)").click(function(){
   $("#log").before("<span>前面插入内容</span>")
            .after("<a href='#'>后面插入内容</a>");
 });
 $("button:eq(1)").click(function(){
   $("<span>前面插入内容</span>").insertBefore("#log");
   $("<a href='#'>后面插入内容</a>").insertAfter("#log");
```

```
});
</script>
</body>
</html>
```

【例 7-22】在标签内部的前后添加内容。

```
<!DOCTYPE html>
<html>
<head>
<meta charset = "GBK" >
<title>向元素前后附加内容</title>
<script type = "text/javascript" src = "jquery.min.js" ></script>
</head>
<body>
<div id = "log" style = "border:1px solid red" >div 原内容</div>
<button id = "fbtn" >单击我向 div 添加内容</button>
<button id = "lbtn" >效果一样</button>
<script type = "text/javascript" >
  $("#fbtn").click(function(){
    $("#log").prepend("<span>前面添加内容</span>")
            .append("<a href ='#'>后面添加内容</a>");
  });
  $("#lbtn").click(function(){
    $("<span>前面添加内容</span>").prependTo("#log");
    $("<a href ='#'>后面添加内容</a>").appendTo("#log");
  });
</script>
</body>
</html>
```

7.5 动画处理

jQuery 库提供了多种形式的动画,包括简单动画、标准动画以及自定义动画等。其所包含的动画处理方法见表 7-6。

表 7-6 jQuery 库中的动画处理方法

序号	动画处理方法	说明
1	animate	执行一个自定义的 CSS 属性集动画
2	delay	延迟执行动画

续表

序号	动画处理方法	说明
3	dequeue	执行队列中的下一个函数
4	fadeIn	逐渐不透明效果
5	fadeout	逐渐透明效果
6	fadeTo	修改元素的透明度
7	fadeToggle	通过修改透明度显示或隐藏匹配元素
8	finish	停止当前动画,finish() 与 stop() 的不同在于其会引起 CSS 属性值直接等于动画结束时的值
9	hide	隐藏文档中的元素,可执行动画效果隐藏
10	jQuery.fx.interval	全局属性,会影响所有动画,表示每帧动画间隔的毫秒数,默认为 13 毫秒
11	jQuery.fx.off	全局属性,当值为 true 时,所有的动画将设置元素状态为动画的最终状态
12	jQuery.speed	创建一个对象,包含自定义动画需要的属性,使用这个方法无须处理默认的动画属性和可选参数

【例 7-23】以动画形式显示和隐藏元素。

```
<!DOCTYPE html>
<html>
<head>
<meta charset="UTF-8">
<title>动画示例</title>
<script type="text/javascript" src="jquery.min.js"></script>
</head>
<body>
<div id="an" style="position:relative;left:0;">动画显示效果</div>
<button id="lbtn">隐藏</button>
<button id="fbtn">显示</button>
<button id="abtn">自定义动画</button>
<script type="text/javascript">
    $("#fbtn").click(function(){$("#an").fadeIn();});
    $("#lbtn").click(function(){$("#an").fadeOut();});
    $("#abtn").click(function(){$("#an").animate({left:"+=50"});});
</script>
</body>
</html>
```

7.6 数据处理

jQuery 库提供了向 DOM 元素附加数据处理的能力，使程序根据需要存储数据。其相关方法见表 7-7。

表 7-7 jQuery 库的数据处理方法

序号	方法	说明
1	clearQueue	从给定的队列中移除所有还没有运行的项目
2	data	向匹配元素存储任意数据，返回第一个匹配元素给定名称的数据
3	jQuery.data	底层方法，存储数据
4	jQuery.hasData	底层方法，判断是否有数据
5	jQuery.removeData	底层方法，删除数据
6	removeData	删除任意数据

【例 7-24】向 <div> 存储数据。

```
<!DOCTYPE html>
<html>
<head>
<meta charset = "UTF-8">
<title>数据存储示例</title>
<script type = "text/javascript" src = "jquery.min.js"></script>
</head>
<body>
<div id = "savedata">这里存储着数据</div>
<button id = "save">存储数据</button>
<button id = "show">显示数据</button>
<button id = "delete">删除数据</button>
<script type = "text/javascript">
  $("#save").click(function(){$("#savedata").data({"age":30,"name":"彤彤"});});
  $("#show").click(function(){alert("姓名:" +$("#savedata").data("name")
                    +",年龄:" +$("#savedata").data("age"));});
  $("#delete").click(function(){$("#savedata").removeData(["age","name"]);});
</script>
</body>
</html>
```

7.7 AJAX 处理

jQuery 库提供了一整套 AJAX 处理方法，这些方法提供了在不刷新浏览器的情况下从服务器加载数据的能力。jQuery 库提供了全局 AJAX 事件处理器、帮助函数、低级接口以及快捷方法。其具体方法见表 7-8。

表 7-8 jQuery 库中的 AJAX 处理方法

序号	方法	说明
1	ajaxComplete	全局事件注册，当 AJAX 请求完成后执行的回调函数
2	ajaxError	全局事件注册，AJAX 请求带错误完成后执行的函数
3	ajaxSend	全局事件注册，在 AJAX 请求发出前执行一个附加函数
4	ajaxStart	全局事件注册，当首次 AJAX 请求开始时执行的函数
5	ajaxStop	全局事件注册，当所有 AJAX 请求都完成后执行的函数
6	ajaxSuccess	全局事件注册，无论何时 AJAX 请求成功完成后执行的函数
7	jQuery.param	创建一个可序列化的数组，JavaScript 对象、jQuery 对象被作为 URL 地址或 AJAX 请求的查询串
8	load	从服务器加载数据并将返回数据放入匹配元素，URL 中空格后的字符串被作为选择器，以选择加载的 HTML 部分内容
9	serialize	将表单元素转换成字符串以提交给服务器，创建一个标准的 URL 编码参数字符串
10	serializeArray	将表单元素序列化为数组，为编码成为 JSON 格式数据做好准备
11	jQuery.ajax	执行一个 AJAX 请求
12	jQuery.ajaxPrefilter	每个请求被发送前或被 jQuery.ajax( ) 处理前，处理自定义选项或修改已经存在的选项
13	jQuery.ajaxTransport	创建一个处理 AJAX 数据实际转换的对象
14	jQuery.get	通过 HTTP GET 方法从服务器加载数据
15	jQuery.getJSON	向服务器发送 HTTP GET 请求，获取 JSON 格式数据
16	jQuery.getScript	发送 HTTP GET 请求加载 JavaScript 文件并执行脚本
17	jQuery.post	使用 HTTP POST 请求从服务器加载数据

【例 7 – 25】 使用超级链接提交表单。

```html
<!DOCTYPE html>
<html>
<head>
<meta charset = "GBK">
<title>submit 事件示例</title>
<script type = "text/javascript" src = "jquery.min.js"></script>
</head>
<body>
<form action = "login.jsp" method = "POST">
    <label>账号:</label><input type = "text" name = "username">
    <label>密码:</label><input type = "password" name = "password">
    <a href = "javascript:void(0)" id = "asubmit">单击我提交表单</a>
</form>
  <script type = "text/javascript">
    $("#asubmit").click(function(){
        $("form").submit();
    });
    var data =$("form").serialize();//序列化表单数据
    console.log(data);
  </script>
</body>
</html>
```

7.8 延迟处理

jQuery 库自 1.5 版本开始提供了延迟（deferred）处理，deferred 对象是一个可链式调用的工具对象，能够注册多个回调函数进入回调队列，并调用回调队列及转发任何同步或异步函数的成功或失败状态。deferred 对象由 jQuery.Deferred() 方法创建，该方法接收一个 jQuery.Deferred() 方法返回前执行的可选函数作为参数。Defered 对象以 pending 状态开始，可通过 Defered 对象的 then()、always()、done()、fail() 等方法添加回调函数到回调队列，并在以后执行队列函数，通过执行 resolve() 或 resolveWith() 方法将状态转为 resolved，并立即执行任何成功回调函数。通过执行 reject() 或 rejectWith() 方法将状态转为 rejected 并立即执行任何失败回调函数，进入 resolved 或 rejected 状态时将保持在该状态下，这时依然可以向 Deferred 对象添加回调函数并立即被执行。

Deferred 对象提供了对一个或多个回调函数的灵活管理和调用。Deferred 对象提供的方法见表 7 – 9。

表7-9　Deferred 对象提供的方法

序号	方法	说明
1	always	添加当延迟对象被解决（resolved）或被拒绝（rejected）时执行的处理器
2	done	添加当延迟对象被解决时执行的处理器
3	fail	添加当延迟对象被拒绝时执行的处理器
4	notify	使用提供的参数调用回调函数
5	notifyWith	使用提供的上下文对象和参数调用回调函数
6	progress	添加当延迟产生处理通知时执行的处理器
7	promise	返回 promise 对象，promise 对象是延迟对象方法的子集对象
8	reject	拒绝一个延迟对象，并传递参数给失败回调函数
9	rejectWith	与 reject() 方法一样，但传递上下文和参数给失败回调函数
10	resolve	解决一个延迟对象并传递参数给成功回调函数
11	resolveWith	与 resolve() 方法一样，但传递上下文和参数给成功回调函数
12	state	检测延迟对象的状态，无参数，返回字符串表示当前延迟对象的状态：pending、resolved、rejected
13	then	向延迟对象增加处理器，当延迟对象被解决、被拒绝或者正在处理中调用的处理器
14	jQuery.Deferred	工厂方法，用来创建可链式处理的延迟（Defered）对象
15	jQuery.when	提供基于一个或多个对象执行回调函数的方法

【例7-26】延迟请求远程数据。

```
<!DOCTYPE html >
<html >
<head >
<meta charset = "UTF-8" >
<title >延迟处理示例</title >
<script type = "text/javascript" src = "jquery-1.12.4.min.js" ></script >
</head >
<body >
<button id = "load" >加载数据</button >
<script type = "text/javascript" >
```

```
$("#load").click(function(){
$.when($.ajax( "/a.json" ),$.ajax( "/b.json" ) )
.then(function(a,b){ //每个参数为[ data, statusText, jqXHR ]
alert(a[0].data);alert(b[0].data);
}, function(){alert("Fail");} );
});
</script>
</body>
</html>
```

习 题

1. 什么是选择器？jQuery 库包含哪些基本的选择器？

2. 什么是 Deferred 对象？其作用是什么？

3. jQuery 库如何向动态添加的 DOM 元素增加事件，并编写程序实现动态添加元素事件？（动态添加元素是指在文档加载完成后，通过程序方式添加的 DOM 元素）

4. 编写程序，当鼠标在界面上单击时，让一个给定的 <div> 元素移动到鼠标单击的位置。

5. 编写程序，实现一个下拉导航菜单。

习题答案与讲解

Bootstrap 样式库和插件

Bootstrap 将常用的 Web 页面控件形成可重用的样式库，本章通过实例介绍了 Bootstrap 样式库和组件（jQuery 插件）的使用，让开发者能够快速上手使用 Bootstrap 完成 Web 页面的美化及 Bootstrap 组件的使用。学习本章的内容，读者必须掌握以下知识点：

（1）HTML：超文本标记语言；
（2）CSS：层叠样式表，用来美化 HTML 的展示效果；
（3）JavaScript：浏览器解析执行的脚本语言，可为界面提供丰富的交互能力；
（4）jQuery：基于 JavaScript 语言的函数库。

8.1 Bootstrap 介绍

Bootstrap 是当前开发者最喜欢的 HTML、CSS 和 JavaScript 综合库，其最大的特点是简洁、灵活、可快速开发 Web 应用，同时具有较好的跨平台性，通常被用于开发响应式布局和移动设备优先的 Web APP。Bootstrap 是 Twitter 技术团队开发的一组样式库和 jQuery 插件，是完全开源产品，当前最新版本为 3.3.6。在使用 Bootstrap 的过程中，虽然可单独使用 Bootstrap 的样式库，为了取得更好的效果，必须依赖 jQuery 库才可以发挥 Bootstrap 的最大优势。Bootstrap 的某些 HTML 属性和 CSS 属性基于 HTML5 实现，因此，使用 Bootstrap 时应尽可能使用 HTML5 文档。

8.1.1 Bootstrap 环境搭建

Bootstrap 的安装非常简单且方法多样，可从网络直接下载，也可通过 Bower、npm、Composer 等包管理工具下载安装，本书采取直接下载方式安装。只需要在其官网（http://getbootstrap.com/）下载最新包解压即可获得需要的 Bootstrap 内容，共包含 css、fonts、js 三个文件夹，分别放着 Bootstrap 的相关样式、字体和 JavaScript 脚本文件。由于 Bootstrap 的 JavaScript 组件及 jQuery 插件依赖 jQuery 库，因此还需要下载 jQuery 库。安装后其文件结构如图 8-1 所示。

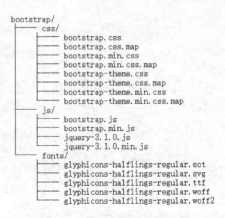

图 8-1　Bootstrap 的文件结构

若网络条件好,可直接使用 Bootstrap 提供的内容分发网络(Content Delivery Network,CDN)库,若使用 CDN,Bootstrap 无须下载,直接在使用的 HTML 文档中引用即可,这在网络上能够极大地提高文档加载速度。

【例 8-1】通过 CDN 加载 Bootstrap 库。

```
<link rel = "stylesheet" type = "text/css"
  href = "https://maxcdn.bootstrapcdn.com/bootstrap/3.3.6/css/bootstrap.min.css">
<linkrel = "stylesheet" type = "text/css"
  href = "https://maxcdn.bootstrapcdn.com/bootstrap/3.3.6/css/bootstrap-theme.min.css">
<script src = "https://maxcdn.bootstrapcdn.com/bootstrap/3.3.6/js/bootstrap.min.js"></script>
```

8.1.2　Bootstrap 的基本页面模板

为了让开发者快速、简单地入门,Bootstrap 提供了一个基本页面模板供开发者参考使用,模板中除了 Bootstrap 需要的基本文件外,还考虑了对 IE9 以下版本的兼容处理。Bootstrap 采用响应式设计,因此可兼容个人计算机和智能设备屏幕。

【例 8-2】Bootstrap 的基本页面模板。

```
<!DOCTYPE html>
<html>
<head>
<meta charset = "utf-8">
<meta http-equiv = "X-UA-Compatible" content = "IE = edge">
<meta name = "viewport" content = "width = device-width, initial-scale = 1">
<title>Bootstrap 基本模板</title> <!--上面三个<meta>标签是必须的,且要放在上面-->
<link href = "css/bootstrap.min.css" rel = "stylesheet"> <!--Bootstrap 的 CSS 样式库-->
<!--让 IE8 支持 HTML5, Respond.js 不能使用 file://协议-->
<!--[if lt IE 9]>
<script src = "https://oss.maxcdn.com/html5shiv/3.7.2/html5shiv.min.js"></script>
<script src = "https://oss.maxcdn.com/respond/1.4.2/respond.min.js"></script>
<![endif]-->
</head>
<body>
<h1>Bootstrap 基本模板,可参考使用</h1>
<script src = "js/jquery-3.1.0.min.js"></script> <!--引入 jQuery-->
```

```
<script src = "js/bootstrap.min.js" > < /script > <! -- 引入 Bootstrap JavaScript 脚
本文件 -->
</body >
</html >
```

8.2　Bootstrap 样式库

8.2.1　容器与网格

　　Bootstrap 提供的 CSS 样式库包括了丰富的效果，在布局上 Bootstrap 提供了容器（container）和网格（grid）布局模式。

　　容器向界面及网格系统提供了布局基础功能，包括响应式、固定宽的 .container 样式类和 100% 宽的 .container-fluid 样式类。

　　网格系统是 Bootstrap 中提供的行列形式组成的页面布局系统。网格系统的每一行最多被分为 12 列。界面上显示的内容只可以放在列中，包括的样式类有：.row、.col-xs-n、.col-sm-n(750px)、.col-md-n(970px)、.col-lg-n(1170px)，在列的样式类中 n 是数字，取值范围是 1~12，而像素值 750、970 以及 1170 是网格系统响应设备窗口的临界点，在 CSS 中这种界限通过媒介查询@ media 实现。

　　在实际开发中，使用 Bootstrap 的网格系统应掌握以下内容：

　　（1）网格中的行必须放在容器中；

　　（2）通过行将列排成组；

　　（3）内容必须放在列中，且行的直接节点必须是列；

　　（4）通过 padding 创建列间隔，行的第一列及最后一列通过 padding 设置偏移；

　　（5）若一行中超过 12 列，多出 12 列的其他列将成为一组被移入新行；

　　（6）让列偏移使用样式类 .col-md-offset-n，n 的取值范围为：1 <= n，n <= 12；

　　（7）列排序可使用样式类 .col-md-push-n 和 .col-md-pull-n，n 的取值范围为：1 <= n，n <= 12。

　　【例 8 - 3】实现响应式网格布局以适配手机和桌面屏幕。

```
< div class = "container" >
    < div class = "row" >
        < div class = "col-md-1" >大 1 列 < /div >
        < div class = "col-md-1" >大 2 列 < /div >
        < div class = "col-md-1" >大 3 列 < /div >
        < div class = "col-md-1" >大 4 列 < /div >
        < div class = "col-md-1" >大 5 列 < /div >
        < div class = "col-md-1" >大 6 列 < /div >
        < div class = "col-md-1" >大 7 列 < /div >
        < div class = "col-md-1" >大 8 列 < /div >
```

```
    <div class = "col-md-1">大9列</div>
    <div class = "col-md-1">大10列</div>
    <div class = "col-md-1">大11列</div>
    <div class = "col-md-1">大12列</div>
</div>
<div class = "row">
    <div class = "col-xs-12 col-md-8">小12列,大8列</div>
    <div class = "col-xs-6 col-md-4">小6列,大4列</div>
</div>
<div class = "row">
    <div class = "col-xs-6 col-md-4">小6列,大4列</div>
    <div class = "col-xs-6 col-md-4">小6列,大4列</div>
    <div class = "col-xs-6 col-md-4">小6列,大4列</div>
</div>
<div class = "row">
    <div class = "col-xs-6">小6列</div>
    <div class = "col-xs-6">小6列</div>
</div>
</div>
```

在运行【例8-3】时,请通过拖动浏览器的边缘缩小和放大浏览器窗口,以观察界面的变化。为了清晰观察,请在 <style> 标签中定义样式 .row div {background：#ccc；border：1px solid #ddd；},这给列添加了边框和背景,更容易区分、观察。

8.2.2 排版样式

Bootstrap 提供了一些专用于排版的标签和样式类,包括标题、字体、内联文本、对齐方式等。在文本方面,Bootstrap 设置 <body> 和 <p> 标签默认文本大小是 14px,行高为 1.428。排版相关的具体内容见表 8-1,表中名称以英文点（.）开头的是样式类,其他为 HTML 标签,后面的表格均采用此风格。

表 8-1 Bootstrap 定义的排版样式和标签

序号	名称	说明
1	h1 ~ h6	定义 HTML 的标题
2	.h1 ~ .h6	定义 HTML 的标题
3	small	定义标题下的二级标题
4	.small	定义标题下的二级标题
5	.lead	突出显示文本
6	mark	让文本高亮显示
7	del	显示删除文本

续表

序号	名称	说明
8	s	显示带有中划线的文本
9	ins	显示被插入的文本内容
10	u	向文本添加下划线
11	small	小文本显示
12	.samll	小文本显示
13	strong	强调文本
14	em	斜体显示文本
15	text-left	左对齐文本
16	text-center	居中对齐文本
17	text-right	右对齐文本
18	text-justify	两端对齐文本
19	text-nowrap	文本不换行
20	text-lowercase	小写显示文本
21	text-uppercase	大写显示文本
22	text-capitalize	让每个单词的首字母大写

【例8-4】实现页面中区域的标题。

```
<h1>Bootstrap入门小站<small>Web前端开发技术</small></h1>
```

8.2.3 表格

Bootstrap 提供了灵活的表格样式，让开发者更加灵活地控制表格的显示形式，其包括以下几种风格样式：

（1）基本表格样式，只有水平分隔线，通过向<table>标签添加.table样式类实现，其他类型的表格样式都继承基本表格样式。

（2）间隔条纹表格样式，是在基本表格样式的基础上向<table>标签添加一个.table-striped样式类，让<tbody>标签下的所有行实现条纹效果，即表格的偶数行与奇数行背景不同，由于CSS实现中采用：nth-child伪类，因此条纹效果不支持IE8。

（3）带边框表格样式，是向表格及所有单元格添加边框，通过在基本表格样式上增加一个.table-bordered样式类实现；

（4）鼠标悬停表格，通过向基本表格样式添加.table-hover样式类，使<tbody>标签中的行具有鼠标悬停效果，即鼠标放在行上，行的背景色发生变化；

（5）紧凑表格样式，让表格更加简洁，通过向基本表格样式添加.table-condensed样式类实现。

Bootstrap 表格提供了一些上下文颜色，让表格中的行、单元格实现独立，具体颜色见

表 8-2，直接将这些色彩样式类用到 <tr>、<td> 及 <th> 标签即可。

表 8-2 表格的上下文色彩

序号	样式类	说明
1	.active	将鼠标悬停时的颜色应用到给定的行和单元格背景
2	.success	使用成功性色彩填充背景
3	.info	使用信息提示色彩填充背景
4	.warning	使用警告色彩填充背景
5	.danger	使用危险色彩填充背景

对于响应式表格，Bootstrap 提供了样式类 .table-responsive 来实现，将一个 .table 样式类修饰的表格放入 .table-responsive 样式类修饰的容器中，这个表格即成为响应式表格。

【例 8-5】实现多彩表格。

```
<table class = "table">
    <tr class = "active"><td>活动行</td></tr>
    <tr class = "success"><td>成功行</td></tr>
    <tr class = "warning"><td>警告行</td></tr>
    <tr class = "danger"><td>危险行</td></tr>
    <tr class = "info"><td>信息行</td></tr>
    <tr>
        <td class = "active">活动单元格</td>
        <td class = "success">成功单元格</td>
        <td class = "warning">警告单元格</td>
        <td class = "danger">危险单元格</td>
        <td class = "info">信息单元格</td>
    </tr>
</table>
```

8.2.4 表单

表单是 Web 页面中与用户交互的主要方式，Bootstrap 提供了丰富的表单风格，具体如下：

（1）基本的表单样式。Bootstrap 向每个表单域添加了默认的样式行为，表单域是表单中与用户交互的输入控件。Bootstrap 会向所有文本标签控件 <input>、<textarea> 以及 <select> 添加样式类 .form-control，并设置控件的宽度为 100%，默认情况下控件的标签 <label> 和控件被放在样式类为 .form-group 的容器中。

（2）内联表单。对于视图至少为 768px 宽的表单，Bootstrap 提供了表单样式类 .form-inline，表单中的所有控件左对齐且被设置为行内块（inline-block）。在内联表单中，控件的标签可通过添加样式类.sr-only隐藏。

（3）水平控件表单。将Bootstrap网格系统中的列样式类应用在控件的标签和输入控件容器中即可将控件水平放置。

对于表单域控件，Bootstrap提供了灵活的处理方式，每个控件的处理以及交互过程中表单域状态的变化如下。

1. 文本输入域

Bootstrap支持所有HTML5标签<input>提供的控件，包括text、password、datetime、datetime-local、date、month、time、week、number、email、url、search、tel及color等。区别这些控件只需要向<input>标签添加一个type属性即可。<textarea>标签提供的多行文本框控件通过设置rows参数改变大小。

2. 复选框和单选按钮

对于复选框和单选按钮，Bootstrap提供了.radio、.radio-inline、.checkbox、.checkbox-inline样式类，为了禁止操作复选框和单选按钮，只需要在控件的容器标签上添加.disabled样式类即可，默认复选框和单选按钮垂直排列。为了让复选框和单选按钮水平排列，只要将<input>标签放到其对应的<label>标签内部，并向复选框的<label>标签添加样式类.checkbox-inline，向单选按钮的<label>标签添加样式类.radio-inline。

3. 静态文本域

在实际开发中有时候表单中要显示一些静态文本，Bootstrap提供通过向<p>标签添加一个样式类.form-control-static生成一个静态文本控件的方法。

4. 表单域状态

Bootstrap提供了一些表单域状态，用来在表单和用户交互过程中给出不同的提示方案，有控件获得焦点、禁止控件、验证状态等。

（1）获得焦点状态。Bootstrap移除了默认的outline样式，而使用：focus伪类向控件添加了box-shadow样式属性。

（2）禁止状态。直接向表单域控件添加disabled属性即可设置为禁止状态并将鼠标指针设置为not-allowed形式，对于放在<fieldset>标签中的控件，如果需要禁止所有控件，将disabled属性添加在<fieldset>标签上即可。

（3）只读状态。直接向表单域控件添加readonly属性即可设置表单域控件为只读状态。

（4）验证状态。Bootstrap为表单域提供了各种验证状态，如错误、警告、成功等，这只需要向表单域的容器标签添加.has-error、.has-warning、.has-success，这些状态颜色会影响容器中的所有内容。

5. 表单域图标

Bootstrap还提供了表单域图标，将图标和表单域合为一体。为了实现这样的效果，首先需要向文本表单域<input>控件添加一个带有样式类.has-feedback的容器，并在<input>后面添加一个带有组合样式类.glyphicon、.glyphicon-*及.form-control-feedback的标签，其中星号（*）代表了具体的图标。如果希望在<input>的左边添加内容，将控件<input>及左边标签放在样式类为.input-group的容器中即可。

6. 表单域帮助文本

在表单域的控件标签后面添加一个带有样式类.help-block的标签即可向表单域添加帮

助文档,以提示用户关于表单域的相关输入要求。

7. 表单域控件尺寸

设置表单域控件尺寸时可直接向控件添加样式类.input-lg(大)、.input-sm(小) 以设置高度,设置宽度时使用网格系统的列样式类即可。对于由.form-horizontal 修饰的水平表单域控件,其尺寸在表单域容器(.form-group)上设置,在容器上只要增加一个样式类.form-group-lg(大) 或.form-group-sm(小) 即可设置<label>和输入域控件的尺寸。如果实际开发中需要自定义表单域控件的尺寸,可使用网格系统的列样式或任何容器来控制表单域的尺寸。

【例8-6】实现 Web 网站的注册表单。

```
<form>
<div class = "form-group">
<label for = "username">用户</label>
<input type = "text"class = "form-control"id = "username"placeholder = "用户">
<span id = "helpBlock" class = "help-block">用户名必须以字母开头,长度6-20个字符</span>
</div>
<divclass = "form-group">
<label for = "password">密码</label>
<input type = "password"class = "form-control"id = "password"placeholder = "密码">
</div>
<div class = "form-group">
<label for = "cpwd">确认密码</label>
<input type = "password"class = "form-control"id = "cpwd"placeholder = "确认密码">
</div>
<div class = "form-group">
    <div><label class = "control-label">性别</label></div>
<label class = "radio-inline">
<input type = "radio"name = "inlineRadioOptions"id = "inlineRadio1"value = "option1">男
</label>
<label class = "radio-inline">
<input type = "radio"name = "inlineRadioOptions"id = "inlineRadio2"value = "option2">女
</label>
</div>
<div class = "form-group">
<label for = "email">电子邮件</label>
<input type = "email"class = "form-control"id = "email"placeholder = "电子邮件">
```

```
</div>
<div class = "form-group">
  <div><label class = "control-label">爱好</label></div>
  <label class = "checkbox-inline">
     <input type = "checkbox" id = "inlineCheckbox1" value = "option1">足球
  </label>
  <label class = "checkbox-inline">
     <input type = "checkbox" id = "inlineCheckbox2" value = "option2">乒乓球
  </label>
  <label class = "checkbox-inline">
     <input type = "checkbox" id = "inlineCheckbox3" value = "option3">羽毛球
  </label>
</div>
<div class = "form-group">
<label for = "city">籍贯</label>
<select class = "form-control" id = "city">
<option>石家庄</option>
<option>承德</option>
<option>唐山</option>
</select>
</div>
<button type = "submit" class = "btn btn-primary">注册</button>
</form>
```

8.2.5 按钮和图片

1. 按钮

在 Bootstrap 中,按钮是在 <a>、<input>、<button> 标签上添加一个 .btn 样式类,对于不同样式的按钮,Bootstrap 提供了 .btn-* 格式的样式类,这里的星号(*)可使用的替换值有:default、primary、success、info、warning、danger、link。按钮的尺寸包括 .btn-lg、.btn-sm、.btn-xs。Bootstrap 提供了相对容器的全宽按钮,需要在按钮上添加样式类 .btn-block。在多个按钮放在一起时,若希望将当前按钮显示为激活状态,需要在按钮标签上添加 .active 样式类。对于禁止状态的按钮,样式类 .disabled 给 <a>,disabled 属性给 <button> 和 <input>。

【例 8-7】按钮的不同形式。

```
<a href = "#" class = "btn btn-default">超链接按钮</a>
<input type = "button" class = "btn btn-primary" value = "Input 按钮">
<button class = "btn btn-warning">Button 按钮</button>
```

2. 图片

Bootstrap 用样式类 .img-responsive 提供了响应式图片，这样图片能够随着容器尺寸的变化而自动变化。如果希望图片能够居中，可使用样式类 .center-block。在显示缩略图的形状上 Bootstrap 提供了三个样式类：圆角 .img-rounded、圆形 .img-circle 和缩略图 .img-thumbnail。这三种缩略图的尺寸默认是 140×140px。

【例 8-8】图片显示的不同形式。

```
<img src="images/img0.jpg" class="img-responsive" alt="响应式图片">
<img src="images/img0.jpg" alt="圆角图片" class="img-rounded">
<img src="images/img0.jpg" alt="圆图片" class="img-circle">
<img src="images/img0.jpg" alt="缩略图" class="img-thumbnail">
```

8.2.6 帮助样式类及工具样式类

Bootstrap 为了更好地修饰界面，提供了一些帮助样式类和工具样式类，从而使实现 Web 界面时更方便、更简化。具体的帮助样式类和工具样式类见表 8-3。

表 8-3 Bootstrap 提供的帮助样式类和工具样式类

序号	名称	说明	
1	.text-*	文本颜色，*可取值 muted、primary、success、info、warning、danger	
2	.bg-*	背景色，*可取值 primary、success、info、warning、danger	
3	.close	关闭图标	
4	.caret	三角形图标	
5	.pull-left	向左边浮动，导航条上的浮动用 .navbar-left	
6	.pull-right	向右边浮动，导航条上的浮动用 .navbar-right	
7	.center-block	让内容居中，容器样式必须包含 text-align: center	
8	.clearfix	清除浮动	
9	.show	显示元素	
10	.hidden	隐藏元素，如果希望屏幕阅读器可读内容，使用 .sr-only	
11	.text-hide	隐藏文本，显示背景	
12	.visible-xs-*	超小屏幕显示内容，屏幕宽 <768px	*的取值包括： block inline inline-block
13	.visible-sm-*	小屏幕显示内容，屏幕宽 >=768px	
14	.visible-md-*	中型屏幕显示内容，屏幕宽 >=992px	
15	.visible-lg-*	大屏幕显示内容，屏幕宽 >=1200px	
16	.hidden-xs	超小屏幕隐藏内容，屏幕宽 <768px	
17	.hidden-sm	小屏幕隐藏内容，屏幕宽 >=768px	

续表

序号	名称	说明
18	.hidden-md	中型屏幕隐藏内容,屏幕宽>=992px
19	.hidden-lg	大屏幕隐藏内容,屏幕宽>=1200px
20	.visible-print-*	打印显示内容,在浏览器中隐藏
21	.hidden-print	打印隐藏内容,在浏览器中显示

【例8-9】帮助样式类的应用。

```
<div class="clearfix">
<div class="pull-left">左浮动</div>
<div class="pull-right">右浮动</div></div>
<div class="bg-success center-block"style="width:500px">元素居中,
清除浮动
</div>
<div class="show">此处内容可以看见</div>
<div class="hidden">此处内容是看不见的</div>
```

8.2.7 其他样式类和标签

除了前面提出的样式类,Bootstrap还提供了一些非常有用的样式类和标签,具体见表8-4。

表8-4 Bootstrap的其他样式类及标签

序号	名称	说明
1	abbr	向缩写文本添加提示
2	.initialism	向<abbr>标签添加样式类,表示缩写文本是首字母缩写
3	address	显示地址信息,在每行内容末尾添加 保持格式
4	blockquote	将段落内容组织成块显示,<footer>向块添加页脚
5	.blockquote-reverse	<blockquote>的样式,让内容右对齐
6	.list-unstyled	取消列表的样式,用于<ul>、<ol>
7	.list-inline	将列表水平显示,用于<ul>、<ol>
8	dl	描述性列表,<dt>是项的标题,<dd>是项的概要
9	.dl-horizontal	水平显示<dl>的项
10	code	显示代码文本
11	kbd	显示要求用户输入的文本
12	pre	原格式显示文本
13	.pre-scrollable	向<pre>添加350px的最大高度和垂直滚动条
14	var	显示数学、代码等公式中的变量
15	samp	显示由程序输出的文本

【例 8-10】标签样式示例。

样式代码：<code>.style1{color:red}</code>
请使用快捷键<kbd>CTRL+A</kbd>
数学公式：<var>y</var>=3<var>x²</var>+1

8.3 Bootstrap 组件

Bootstrap 组件是样式类和 JavaScript 语言组合使用所形成的可重复使用的界面控件。在使用中，组件有两种方式：纯 HTML+CSS 格式和 jQuery 插件格式。无论哪一个方式，其都依赖 jQuery 插件，因此，在 HTML 文档中必须引入 jQuery 库且将之放在 Bootstrap 的 JavaScript 库文件前面。

8.3.1 下拉组件

下拉组件是可切换开和关的上下文菜单，也称为上下文菜单，菜单容器使用样式类.dropdown 或设置 position：relative 的标签元素，通常使用无序列表<ul>添加样式类.dropdown-menu 设置菜单，而菜单项使用<li>设置。默认情况下菜单的出现形式是下拉，若希望向上显示菜单，可将菜单容器的样式类换成.dropup。为了单击按钮让菜单显示，在下拉组件容器中添加按钮，并在按钮上添加样式类.dropdown-toggle，设置按钮的 data-toggle 属性值为 dropdown，在容器上添加样式类.dropdown-menu-right，可让菜单在父容器中居右显示。

在菜单项中可分组，只需将一个项使用样式类.dropdown-header 设置分组标题，其下内容即组成员项。菜单项可使用分割线分隔，这需要设置菜单项<li>的 role 属性值为 separator，并添加样式类.divider。向菜单项添加样式类.disabled 即可禁止菜单项。

【例 8-11】实现一个下拉菜单。

```
<div class = "dropdown">
  <button class = "btn btn-default dropdown-toggle"data-toggle = "dropdown">文件
    <span class = "caret"></span>
  </button>
  <ul class = "dropdown-menu">
    <li>新建...</li>
    <li>打开</li>
  </ul></div>
```

8.3.2 按钮组

一个按钮组由一系列按钮放在一行组合而成。按钮组容器属性 role 值为 group，其样式

类是 .btn-group。在容器中放置一系列样式类为 .btn 和 .btn-* 的按钮，按钮组的尺寸直接在组容器上添加样式类 .btn-group-*（* 可取值为 lg、sm、xs）实现，将多个按钮组放在属性 role 值为 toolbar 和样式类为 .btn-toolbar 的容器中即可形成工具条。若想把下拉组件放在按钮组中，在一个按钮组中嵌套一个放下拉组件的按钮组即可。按钮组使用样式类 .btn-group-vertical 可让按钮垂直排列。添加 .btn-group-justified 样式类即可让按钮组两端对齐。

【例 8-12】实现一个按钮组及工具条。

```
<div class = "btn-group" role = "group" >
<a class = "btn btn-default" >新建</a>
<button class = "btn btn-default" >打开</button>
<input type = "button" class = "btn btn-default" value = "保存" >
</div>
<div class = "btn-toolbar" >
<div class = "btn-group" role = "group" >
<a class = "btn btn-default" >
<span class = "glyphicon glyphicon-file" ></span>
</a>
<a class = "btn btn-default" >
<span class = "glyphicon glyphicon-folder-open" ></span>
</a>
<a class = "btn btn-default" >
<span class = "glyphicon glyphicon-floppy-disk" ></span>
</a>
</div>
<div class = "btn-group" >
<button type = "button" class = "btn btn-default" >
<span class = "glyphicon glyphicon-align-justify" ></span>
</button>
<button type = "button" class = "btn btn-default" >
<span class = "glyphicon glyphicon-align-left" ></span>
</button>
<button type = "button" class = "btn btn-default" >
<span class = "glyphicon glyphicon-align-center" ></span>
</button>
<button type = "button" class = "btn btn-default" >
<span class = "glyphicon glyphicon-align-right" ></span>
</button>
</div>
</div>
```

8.3.3 表单输入域组

输入域组是表单域的扩展,是通过在 <input> 输入控件的前、后面或两边添加附加文本、按钮等的方式实现的。输入域组容器使用样式类.input-group,在容器中输入域的前、后或两边添加带有样式类.input-group-addon 或.input-group-btn 的内容,添加按钮时使用样式类.input-group-btn,甚至可以添加下拉组件,其他复选框和单选按钮均使用样式类.input-group-addon。整个输入域组不加任何尺寸样式是默认情况,可通过在组容器上添加样式类.input-group-*(*可取值 lg、sm)改变输入域组的尺寸。

【例 8-13】实现一个搜索表单,浏览时放大或缩小窗口尺寸。

```
<div class = "col-md-2 col-sm-6 input-group">
<label class = "sr-only">搜索</label>
<input class = "form-control"placeholder = "请输入关键字">
<span class = "input-group-btn">
<button class = "btn btn-default">
<span class = "glyphicon glyphicon-search"></span>
</button>
</span>
</div>
```

8.3.4 导航及导航条

导航在 Bootstrap 中使用样式类.nav 作为基类,Tabs 和 Pills 两个类型的导航均继承自基类。Bootstrap 提供的其他导航控件见表 8-5。导航容器通常使用 <ul>,每个导航项 <li> 可添加属性 role,值为 presentation,该属性表明元素的类型,每个项下面使用 <a> 作为项内容,在导航项上添加样式类.dropdown 即可添加下拉项。

表 8-5 Bootstrap 提供的导航控件

序号	名称	说明
1	.active	当前被选择的选项卡样式类
2	.nav-tabs	Tabs 控件容器类,用 <ul> 实现 Tabs 控件
3	.nav-pills	胶囊式导航控件 Pills,要实现垂直效果可加样式类.nav-stacked
4	.nav-justified	加在导航上让 Tabs 和 Pills 在宽度大于 768px 的屏幕上两端对齐
5	.disabled	禁止导航的某个项

【例 8-14】Tabs 导航控件的使用。

```
<ul class = "nav nav-tabs">
<li class = "active"><a href = "#">常规</a></li>
<li><a href = "#">查看</a></li><li><a href = "#">高级</a></li>
```

```
<li class = "dropdown" >
        <a role = "button"class = "dropdown-toggle"data-toggle = "dropdown" >更多
<span class = "caret" > < /span >
< /a >
<ul class = "dropdown-menu" >
<li >设置 </li > <li >关于 </li >
</ul >
</li >
</ul >
```

导航条与导航类似,但导航条通常作为 Web 应用的主、次菜单部件,在手机界面上可以关闭和打开。导航条的相关样式类见表 8-6。

表 8-6 Bootstrap 导航条的相关样式类

序号	名称	说明
1	.navbar	导航条容器类
2	.navbar-*	导航条的颜色效果
3	.navbar-header	添加商标、文字或图片形式
4	.navbar-brand	添加商标图片,子节点包含 <img> 可添加图片
5	.navbar-nav	将导航放入导航条
6	.navbar-text	用 <p> 添加导航条上的静态文本,样式类.navbar-link 修饰其中的链接
7	.navbar-btn	修饰导航条上添加的按钮
8	.navbar-fixed-top	固定在页面顶部,导航条内容在样式类.container 或.container-fluid 中
9	.navbar-fixed-bottom	固定在页面底部,导航条内容在样式类.container 或.container-fluid 中
10	.navbar-left	导航条上的控件左排列
11	.navbar-right	导航条上的控件右排列
12	.navbar-static-top	导航条总在窗口顶部,随着页面的滚动不会消失
13	.navbar-inverse	反转导航条的颜色

【例 8-15】Web 网站响应式菜单的实现。

```
<div class = "navbar navbar-default" > <!-- 导航条容器 -->
<div class = "container-fluid" > <!-- 内容容器 -->
<div class = "navbar-header" > <!-- 导航条的标题部分 -->
```

```html
<button type = "button"class = "navbar-toggle collapsed"
  data-toggle = "collapse"data-target = "#menu1" > <!--折叠菜单操作按钮 -->
<span class = "sr-only" >打开导航菜单</span >
<span class = "glyphicon glyphicon-menu-hamburger" ></span >
</button >
<div class = "navbar-brand visible-xs-block" >Bootstrap 导航条</div >
</div >
<div class = "collapse navbar-collapse"id = "menu1" > <!--菜单内容,定义为可折叠式 -->
<ul class = "nav navbar-nav" >
<li class = "active" ><a href = "#" >首页</a ></li >
<li ><a href = "#" >教学系部</a ></li >
<li ><a href = "#" >管理机构</a ></li >
<li class = "dropdown" >
<a role = "button"class = "dropdown-toggle"data-toggle = "dropdown" >
更多
<span class = "caret" ></span >
</a >
<ul class = "dropdown-menu" ><li >精品课程</li ><li >数字图书馆</li ></ul >
</li >
</ul >
<form class = "navbar-form navbar-left"role = "search" > <!--菜单上的搜索表单 -->
<div class = "form-group" >
<div class = "input-group" >
<input type = "text"class = "form-control"placeholder = "Search" >
<span class = "input-group-btn" >
<button type = "submit"class = "btn btn-default" >
<span class = "hidden-xs" >搜索</span > <!--大屏显示 -->
<span class = "glyphicon glyphicon-search visible-xs-inline" ></span > <!--小屏显示 -->
</button >
<span >
</div >
</div >
</form >
</div ></div ></div >
```

8.3.5 多媒体

Bootstrap 的媒体组件向 Web 开发者提供了一个带有多媒体信息的综合展示效果,让多媒体信息展示更加灵活、生动。Bootstrap 多媒体样式类见表 8 - 7。

表 8-7 Bootstrap 多媒体样式类

序号	名称	说明
1	.media	单个多媒体显示容器样式类
2	.media-left	让媒体放在文字左边的子容器中
3	.media-right	让媒体放在文字右边的子容器中，放在样式类 .media-body 后面
4	.media-object	媒体对象样式类，图片、视频、音频
5	.media-body	与媒体相关的文字内容子容器
6	.media-heading	文字中的标题样式类
7	.media-*	媒体对象对齐方式样式类，* 可取值 top、middle、bottom
8	.media-list	多媒体列表容器类

【例 8-16】多媒体组件的使用。

```
<ul class = "media-list">
<li class = "media">
<div class = "media-left">
<a href = "#">
<img class = "media-object" src = "images/java.jpg" alt = "LOGO">
</a>
</div>
<div class = "media-body">
<h4 class = "media-heading">Java</h4>
<p>Java 是一种纯面向对象的程序设计语言。</p>
</div>
</li>
<li class = "media">
<div class = "media-left">
<a href = "#">
<img class = "media-object" src = "images/html5.jpg" alt = "LOGO">
</a>
</div>
<div class = "media-body">
<h4 class = "media-heading">HTML5</h4>
<p>HTML5 是功能强大、应用极为广泛的 Web 应用设计、开发语言。</p>
</div>
</li>
</ul>
```

8.3.6 列表组

列表组是一个功能强大且非常灵活的列表组件,不仅能够显示简单列表,还可让内容自定义,所有的列表组件都由基本的列表组继承,Bootstrap 列表组相关样式类见表 8-8。

表 8-8 Bootstrap 列表组相关样式类

序号	名称	说明
1	.list-group	列表组容器样式类
2	.list-group-item	列表组项的样式类
3	.badge	向列表项添加徽章
4	.list-group-item-*	列表项颜色样式类,* 可取值 success、info、warning、danger
5	.list-group-item-heading	自定义项时提供标题的样式类
6	.list-group-item-text	自定义项时提供具体内容的样式类

【例 8-17】最新通知区域列表。

```
<ul class = "list-group">
  <li class = "list-group-item">
  <h4 class = "list-group-item-heading">新闻标题</h4>
  <p class = "list-group-item-text">新闻描述</p>
  </li>
  <li class = "list-group-item">
  <h4 class = "list-group-item-heading">阅读次数<span class = "badge">20</span>
  ></h4>
  <p class = "list-group-item-text">新闻概要显示在这里</p>
  </li>
</ul>
```

8.3.7 其他组件

Bootstrap 提供了丰富的组件供开发者使用,除了前面介绍的组件,它还提供了类似当前内容位置导航、翻页组件、面板组件等,这些组件的相关样式类见表 8-9。

表 8-9 Bootstrap 其他组件样式类

序号	名称	说明
1	.breadcrumb	当前页面位置导航容器
2	.pagination	翻页导航容器,.disabled 和 .active 修饰禁止和当前页
3	.pagination-*	翻页组件尺寸,* 为 lg 或 sm
4	.pager	上一页、下一页翻页按钮容器样式类
5	.label	文本样式类

续表

序号	名称	说明
6	.label-*	文本颜色，*可取值 default、primary、success、info、warning、danger
7	.badge	设置徽章效果
8	.jumbotron	巨幕效果，如果取消圆角，内容放在 .container 中
9	.page-header	定义页面标题
10	.thumbnail	定义缩略图容器样式类，其子节点为 <img>
11	.alert	提示消息显示
12	.alert-*	提示消息的风格，*可取值 primarysuccess、info、warning、danger
13	.alert-dismissible	提示消息中关闭按钮颜色效果淡化
14	.alert-link	修饰提示消息中的超链接
15	.progress	进度条容器样式类
16	.progress-bar	进度条样式类，样式类 .progress-bar-striped 加条纹效果
17	.progress-bar-*	进度条颜色，*可取值 success、info、warning、danger
18	.active	与样式类 .progress-bar-striped 合用，让条纹有动画效果
19	.panel	面板容器，在界面上定义一个区域的样式类
20	.panel-*	面板风格样式类，*可取值 success、primary、info、warning、danger
21	.panel-body	面板的内容容器样式类
22	.panel-heading	面板的标题容器样式类
23	.panel-title	面板的标题样式类，使用 <h1> ~ <h6> 定义标题尺寸
24	.panel-footer	面板的页脚容器样式类
25	.embed-responsive	<iframe>、<embed>、<video>、<object> 的响应式容器样式类
26	.embed-responsive-16by9	16×9 的响应式容器样式类
27	.embed-responsive-4by3	4×3 的响应式容器样式类
28	.embed-responsive-item	<iframe>、<embed>、<video>、<object> 成为响应式项的样式类

8.4 Bootstrap 插件

插件为 Bootstrap 的组件提供了交互行为，插件不依赖 Bootstrap，可单独使用，但有的插件会依赖其他插件，如果单独引入必须将其依赖的插件也引入。Bootstrap 的 JavaScript 文件 bootstrap.js 或 bootstrap.min.js 包括了所有插件。插件 API 分为纯标签 API 和纯 JavaScript

API。纯标签 API 采用 data 属性实现，可通过如下代码禁止所有标签 API 或单个插件的标签 API：

```
$(document).off('.data-api')或$(document).off('.alert.data-api')
```

8.4.1 模式对话框

模式对话框是打开后必须关闭才可进行界面其他操作的对话框。Bootstrap 通过 modals 插件实现模式对话框，其不支持同时打开多个模式对话框，但可改变模式对话框内的 HTML 内容。必须向模式对话框.modal 添加属性 role = "dialog" 和 aria-labelledby = "..."，在.modal-dialog 容器上添加属性 role = "document"。模式对话框的相关 CSS 样式类见表 8 – 10。

表 8 – 10　模式对话框的相关 CSS 样式类

序号	名称	说明
1	.modal	模式容器样式类，可添加动画，如.fade
2	.modal-dialog	模式对话框容器样式类，添加.modal-lg 或.modal-sm 设置尺寸
3	.modal-content	模式对话框内容容器样式类
4	.modal-header	模式对话框标题栏样式类
5	.modal-title	模式对话框标题样式类
6	.modal-body	模式对话框内容栏样式类
7	.modal-footer	模式对话框页脚样式类

在打开模式对话框的按钮上添加属性 data-toggle = "modal" 及 data-target = "selector"，selector 是要打开的模式对话框的选择器，按钮上增加自定义按钮 data-* 属性可向模式对话框传递数据，并可使用 event.relatedTarget 对象获得按钮后调用 jQuery 的 data() 方法读取数据。在模式对话框内的按钮上添加属性 data-dismiss = "modal" 即可实现单击按钮关闭模式对话框功能。在 JavaScript 语言中可调用模式对话框对象的 modal() 方法控制对话框。模式对话框提供的事件见表 8 – 11。

表 8 – 11　模式对话框提供的事件

序号	名称	说明
1	show.bs.modal	显示 show() 方法被调用时立即触发
2	shown.bs.modal	对话框已经显示时触发
3	hide.bs.modal	隐藏 hide() 方法被调用时立即触发
4	hidden.bs.modal	对话框已经隐藏时触发
5	loaded.bs.modal	使用 remote 加载内容后触发

【例8-18】单击按钮弹出对话框。

```
<button class = "btn btn-default"data-toggle = "modal"data-target =
"#mydlg" >
    打开模式对话框</button >
<div class = "modal"role = "dialog"id = "mydlg" >
<div class = "modal-dialog" >
<div class = "modal-content" >
<div class = "modal-header" >
<span class = "modal-title" >提示</span >
</div >
<div class = "modal-body" >这里是对话框的内容,可以放任何 HTML 内容</div >
<div class = "modal-footer" >
<a class = "btn btn-success"data-dismiss = "modal" >关闭</a >
</div >
</div >
</div >
</div >
```

8.4.2 滚动检测

滚动检测（scrollspy）能够根据滚动位置自动更新导航条上的当前项，要求被监控的元素使用样式属性 position：relative。所谓被监控元素就是其内容区域具有滚动条，在滚动条滚动的过程中会根据滚动位置更新导航条的当前项。通常使用 <body >，若不是 <body >元素被监控，在被监控元素上添加样式属性 height 和 overflow-y：scroll 设置。被监控的元素需要添加属性 data-spy = "scroll" 及 data-target = "selector"，selector 是选择器，用来指出关联的导航条。导航条中应使用链接形式 <a href = "#home" >home </a >定义项，链接对应的目标位置定义格式为 <div id = "home" > </div >。滚动检测提供了 JavaScript 监控方法 scrollspy()，增加或删除元素时调用 scrollspy(' refresh ') 更新监控，可使用 data-* 属性传递参数，如 data-offset。滚动检测包含一个事件 activate. bs. scrollspy，新的导航项被设置成当前状态时触发。

【例8-19】在页面上创建一个导航条及滚动区域，根据滚动位置改变导航条的当前项。

```
<nav class = "navbar navbar-default"id = "mynav" > <! --导航条-->
<div class = "container" >
<ul class = "nav navbar-nav" >
<li class = "active" > <a href = "#home" >首页</a > </li >
<li > <a href = "#a1" >教学系部</a > </li >
<li > <a href = "#a2" >管理机构</a > </li >
<li > <a href = "#a3" >数字图书馆</a > </li >
<li > <a href = "#a4" >精品资源库</a > </li >
```

```
<li><a href="#a5">常用下载</a></li>
</ul>
</div>
</nav>
<div style="position:relative;height:600px;overflow:auto;"
    data-spy="scroll" data-target="#mynav"><!--滚动区域-->
<div id="home" style="height:1000px;">首页</div>
<div id="a1" style="height:1000px;">教学系部</div>
<div id="a2" style="height:1000px;">管理机构</div>
<div id="a3" style="height:1000px;">数字图书馆</div>
<div id="a4" style="height:1000px;">精品资源库</div>
<div id="a5" style="height:1000px;">常用下载</div>
</div>
```

8.4.3 工具提示

在 Bootstrap 中工具提示是界面上弹出的小型消息框，可动画显示，包括 tooltip 和 popover 两个形式，使用这两个插件时必须通过脚本初始化：

```
$('[data-toggle="tooltip"]').tooltip();或$('[data-toggle="popover"]').popover();
```

tooltip 插件使用 title 提供消息内容，data-toggle="tooltip"设置有提示的元素，data-placement="left"设置提示的位置，通常相对元素的上（top）、右（right）、下（bottom）、左（left）。也可在 JavaScript 语言中调用，方式是调用工具提示插件的 tooltip() 方法，该方法接收一个可选的 JavaScript 对象，该对象的相关属性见表 8-12，每个属性对应 data-* 属性中的 *。

表 8-12 tootip() 方法参数对象的属性

序号	名称	说明
1	animation	布尔值，表示是否支持动画，默认值为 true
2	container	字符串，应用工具提示的目标元素，默认值为 false
3	delay	数字或对象，显示（show）或隐藏（hide）的延迟时间，单位为毫秒
4	html	布尔值，表示是否插入 <html> 内容，默认值为 false
5	placement	字符串或函数，显示位置，可取值 top、bottom、left、right、auto，默认值为 top
6	selector	字符串，提供动态内容添加，默认值为 false
7	template	字符串，HTML 内容模板，使用的样式：tooltip、tooltip-arrow、tooltip-inner
8	title	字符串或函数，title 的默认值
9	trigger	字符串，设置何时触发工具提示，默认值为"hover focus"
10	viewport	字符串或对象或函数，选择器，将工具提示显示在那个元素中，默认值为 {selector: 'body', padding: 0}

tooltip 提示插件的事件见表 8–13。

表 8–13 tooltip 的事件

序号	名称	说明
1	show.bs.tooltip	tooltip 显示前触发
2	shown.bs.tooltip	tooltip 已经显示时触发
3	hide.bs.tooltip	tooltip 隐藏前触发
4	hidden.bs.tooltip	tooltip 已经隐藏时触发
5	inserted.bs.tooltip	模板被添加到 DOM 后,show.bs.tooltip 后触发

tooltip 仅带有简单内容,有时候提示内容不仅有标题,还有更详细的内容需求,这时可使用 tooltip 的扩展插件 popover,popover 插件依赖 tooltip 插件,但提供更详细的内容,元素上除了提供 title、data-toggle 等属性外,还需提供 data-content 属性给出详细的提示内容。tooltip 插件默认在鼠标划上元素时即显示,popover 插件是在用户单击元素时才会出现。

popover 在 JavaScript 脚本中提供方法 popover(),其参数与 tooltip 相同,其事件与 tooltip 类似,在事件名中将 tooltip 更换为 popover 即可。

【例 8–20】实现表单及一般元素的提示帮助。

```
< input type = "text" title = "请输入用户名"
        data-toggle = "tooltip" data-placement = "bottom" >
< input type = "password" title = "请输入密码"
        data-toggle = "popover" data-placement = "bottom"
  data-content = "密码长度 6 - 20 个字符" >
< div title = "Popover 插件" data-toggle = "popover" data-placement = "bottom"
  data-content = "你单击了这个 < div > 标签" style = "width:200px;" > 单击我即可看到帮助
</div >
```

8.4.4 折叠插件

折叠插件可让元素具有显示或隐藏效果,除了在操作按钮上添加属性 data-target 或对超链接用 href 属性外,还必须添加 data-toggle = "collapse" 属性。折叠插件提供了如下三个样式类:

(1).collapse:容器的样式类,隐藏内容;

(2).collapse.in:显示内容的样式类;

(3).collapsing:动画过程中使用的样式类,动画完成后删除。

折叠插件可以创建组,只需要在折叠控制元素上添加属性 data-parent = "#selector" 即可,JavaScript 语言调用方法 collapse() 实现折叠效果,该方法接收包含 parent 和 toggle 在内的属性对象作为参数。折叠插件的事件见表 8–14。

表8-14 折叠插件的事件

序号	名称	说明
1	show.bs.collapse	显示前触发
2	shown.bs.collapse	已经显示时触发
3	hide.bs.collapse	隐藏前触发
4	hidden.bs.collapse	已经隐藏时触发

【例8-21】用折叠插件实现元素的显示/隐藏。

```
< a href = "#div1"data-toggle = "collapse"
       class = "btn btn-default" >A 显示和隐藏 DIV </a >
< button data-target = "#div1"class = "btn btn-warning"data-toggle =
"collapse" >
       Button 显示隐藏 DIV
</button >
<div id = "div1"class = "collapse" >
单击按钮看到的 DIV,隐藏或显示
</div >
```

8.4.5 轮播插件

轮播插件是将给定元素中的子元素按顺序轮番播放动画,与日常播放幻灯片有类似的效果。Bootstrap 支持多个轮播插件同时使用,这需要为每个轮播容器设置 id 属性,使用 data 属性设置轮播的相关参数:

(1) data-ride:容器属性,设置页面加载时轮播动画开始,即自动开始,取值 carousel;

(2) data-slide-to:指示器属性,设置指示器对应幻灯片的索引,索引从 0 开始;

(3) data-target:指示器属性,设置指示器关联的轮播容器,值为容器的 id 值;

(4) data-slide:控制器属性,控制幻灯片向前或向后移动,取值 prev 或 next。

轮播插件相关的样式类见表 8-15。

表8-15 轮播插件相关样式类

序号	名称	说明
1	active	设置当前指示器、当前幻灯片等
2	carousel	轮播容器样式类,可添加动画,如 slide
3	carousel-indicators	指示器容器样式类,通常使用 < ul >、< ol > 作为指示器容器
4	carousel-inner	幻灯片列表容器
5	item	幻灯片项
6	carousel-caption	幻灯片上显示的文字内容,可是 HTML 格式
7	carousel-control	幻灯片两边的控制器,同 left 和 right 样式类一起使用

而通过 JavaScirpt 语言控制时使用 carousel() 方法传递一个可选对象参数，参数与 data 属性对应，见表 8-16。

表 8-16 carousel() 方法参数对象的属性

序号	名称	说明
1	interval	数值，默认值为 5000，表示幻灯片之间的延迟
2	pause	字符串，默认值为 hover，表示幻灯片在什么事件下暂停播放
3	wrap	布尔值，默认值为 true，表示是否循环播放或强制停止
4	keyboard	布尔值，默认值为 true，表示是否能够响应键盘事件

轮播插件包括的事件见表 8-17，轮播插件的事件具有两个附加属性：direction 给出幻灯片播放的方向，取值 left 或 right，relatedTarget 给出当前显示的幻灯片 DOM 元素对象。

表 8-17 轮播插件的事件

序号	名称	说明
1	slide.bs.carousel	幻灯片实例的 slide() 方法被调用时立即触发
2	slid.bs.carousel	幻灯片完成变换时触发

【例 8-22】在网页上实现一个轮番播放的图片区域。

```
<div class = "carousel slide"id = "myslide"data-ride = "carousel">
<ul class = "carousel-indicators"> <!-- 导航指示器,实心表示当前 -->
<li data-target = "#myslide"data-slide-to = "0"class = "active">
</li>
<li data-target = "#myslide"data-slide-to = "1"> </li>
<li data-target = "#myslide"data-slide-to = "2"> </li>
</ul>
<div class = "carousel-inner"role = "listbox"> <!-- 幻灯片列表 -->
<div class = "item active"> <!-- 第一个幻灯片项作为当前项 -->
<img src = "images/a.jpg"alt = "">
<div class = "carousel-caption"> <!-- 幻灯片对应的文字 -->
第一个幻灯片图片对应的文本
</div>
</div>
<div class = "item">
<img src = "images/b.jpg"alt = "">
<div class = "carousel-caption">
文本可显示任何 HTML 格式的内容
</div>
</div>
<div class = "item">
```

```
<img src = "images/c.jpg"alt = "" >
<div class = "carousel-caption" >
<h1>有个大标题</h1>
<p>标题下带上一些概要文字</p>
</div>
</div>
</div>
<a class = "left carousel-control"href = "#myslide"role = "button"data-slide = "prev" >
<span class = "glyphicon glyphicon-chevron-left" ></span>
</a><!--幻灯片翻页控制-->
<a class = "right carousel-control"href = "#myslide"role = "button"data-slide = "next" >
<span class = "glyphicon glyphicon-chevron-right" ></span>
</a>
</div>
```

习　　题

1. Bootstrap 与 jQuery 有何区别和联系？
2. 通过 Bootstrap 实现一个模式对话框，显示一个登录表单。
3. 用 Bootstrap 实现一个网站主导航菜单，如图 8－2 所示。

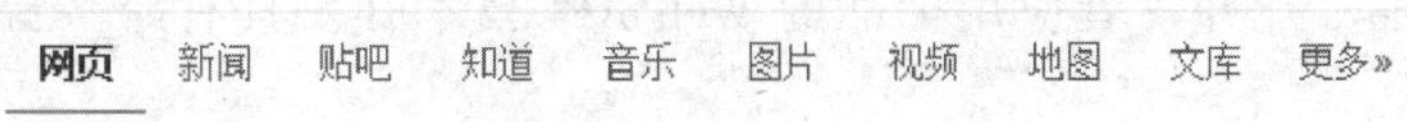

网页　新闻　贴吧　知道　音乐　图片　视频　地图　文库　更多»

图 8－2　网站的导航菜单

4. 通过 Bootstrap 实现"http：//getbootstrap.com/"网站的首页面。
5. 通过 Tabs 组件将登录表单、注册表单、找回密码组合在一起。

习题答案与讲解

第九章 Cordova 开发跨平台移动 APP

Cordova 技术基于 HTML5、CSS3 以及 JavaScript 语言,其主要提供一个跨平台开发移动 APP 的框架,让开发者无须学习专业的开发语言即可实现移动 APP 的开发。学习本章内容必须掌握以下知识:

(1) HTML:超文本标记语言;
(2) CSS:层叠样式表,用来美化 HTML 的展示效果;
(3) JavaScript:浏览器解析执行的脚本语言,可为界面提供丰富的交互能力。

9.1 Cordova 概述

9.1.1 Cordova 介绍

随着 HTML5 以及 CSS3 技术的不断发展和应用,HTML5 不仅可以应用于互联网的开发,还可应用于智能 APP 应用的开发,最为突出的就是 Apache 开源基金会提供的开源框架 Cordova,Cordova 让开发者应用标准的 Web API 技术开发具有跨平台性的 APP 应用程序。

Apache Cordova 被创建开发于 2012 年 10 月,是 Apache 软件基金会(Apache Software Foundation,ASF)的一个基础项目,Apache 软件基金会将永久免费提供 Cordova 框架的使用。Cordova 所遵守的协议为 Apache 协议 2.0 版本。如果关注 Cordova 的发展,可查看 Cordova 的官方网站(http://codova.apache.org),当前 Codova 的最新版本为 5.4 版本。

Cordova 的适合人群如下:
(1) 智能设备开发人员以及想开发跨平台应用的人员;
(2) 互联网应用开发人员以及想通过打包发布 Web 应用到各种应用商城的人员;
(3) 想通过 WebView 访问设备级 API 或者想开发浏览器与本地应用之间的插件的智能设备开发人员。

一个 Cordova 应用由多个组件组成,图 9-1 显示了 Cordoca 应用程序体系结构。

9.1.2 Cordova 的特点

Cordova 开发依赖 HTML5、CSS3 以及 JavaScript 技术,因此它对 Web 技术的支持毋庸置疑,Cordova 同样也继承了 Web 技术的全部优点。总体上,Cordova 包括以下几个特点。

第九章 Cordova开发跨平台移动APP

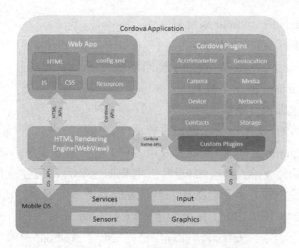

图 9-1 Cordoca 应用程序体系结构

1．简单性

由于 Cordova 采用的是 HTML5、CSS3 以及 JavaScript 技术，而 HTML5、CSS3 和 JavaScript 固有的简单性使 Cordova 使用起来也非常简单。

2．跨平台性

Cordova 运行环境依赖浏览器技术，因此 Cordova 天生就具有很好的跨平台性，真正达到了"一次编写，多处使用"的应用效果。

3．开源

Cordova 由开源组织 Apache 软件基金会负责开发维护，遵循开源协议 Apache License，Version 2.0，这在很大程度上降低了 APP 学习和开发成本。

4．易扩展性

Cordova 的设计完全基于插件式设计模式，从而让扩展 Cordova 功能变得简单、轻松，使其具有很好的扩展性能。

5．易维护性

在维护性上，Cordova 将系统功能以插件形式给出，所有的功能可根据需要获取，在后期维护上具有很强的方便性。

9.2 Cordova 开发环境

当前最新版本的 Cordova 为 6.x 版本，安装 Cordova 开发环境首先需要安装 Cordova 命令行接口（Command-line interface，CLI），Cordova 命令行接口是 Cordova 开发的主要工具，它提供了 Cordova 开发需要的全部内容，包括创建、编译 Cordova 项目，为 Cordova 项目指定运行的目标平台等，让应用系统可以运行在模拟器上或者真实的智能设备环境中。

虽然 Cordova 命令行提供了 Cordova 开发的全部内容，但针对不同的应用平台还需要安装各自平台的软件开发工具包（SDK）。当前 Cordova 支持的平台有以下几种：

（1）iOS（苹果的 Mac OS 系统）；

（2）Amazon Fire OS（亚马逊手机操作系统）；

(3) Android(Google 的 Android 系统);

(4) BlackBerry 10(黑莓操作系统);

(5) Windows Phone 8(Windows 智能手机操作系统);

(6) Windows(Windows 操作系统);

(7) Firefox OS(火狐操作系统)。

Cordova 提供了两种开发工作流以创建手机 APP,包括跨平台(Cross-platform)开发流和以平台为中心(Platform-centered)的开发流。CLI 适合兼容多平台的 APP 开发,也是推荐的开发工作流,使用以平台为中心的开发流主要创建平台针对性强的 APP。在实际开发中,如果从跨平台开发流转入以平台为中心的开发流,则不可返回。对于初级学习者推荐以 CLI 工作流开始学习。本书以 CLI 工作流为主,以 Android 平台为例,开发工作所使用的操作系统以 Windows 平台为主,安装环境前确保已经安装了 Android SDK。

9.2.1　JDK 安装

Cordova 在开发 Android 应用系统时首先需要 Java 开发环境 Java Development Kit(JDK),要求 JDK 为 1.7 版本或更高版本。具体的下载安装过程,请参见本书第一章。

9.2.2　Android SDK 安装

可选择直接安装 Android Stand-alone SDK 或者 Android Studio,如果并不打算采用 Android Studio 作为开发工具,只需要安装 Android Stand-alone SDK 即可。安装完成后还需要安装 API 所在的 SDK Packages,推荐使用 Cordova 版本支持的最高版本,Cordova 支持的 SDK Packages 情况见表 9-1。

表 9-1　Cordova 版本对应的 Android SDK 级别

Cordova 版本	支持的 Android API 级别
5.x.x	14　23
4.1.x	14　22
4.0.x	10　22
3.7.x	10　21

安装完成后,打开 Android SDK Manager 确定 API 版本、Android SDK build tools 的版本保持在 19.1.0 或更高并确认 Android 的额外支持库。最后需要确保设置了 JAVA_HOME 指向 Java SDK 安装目录,ANDROID_HOME 指向 Android SDK 安装目录,最好将 Android SDK 目录下的 tools 目录以及 platform-tools 目录设置在环境变量 PATH 中。

在 Android SDK 安装目录运行 AVD Manager.exe 文件,在弹出的窗口中单击"Create"按钮创建模拟器,模拟器参数设置如图 9-2 所示。

为了查看当前已经安装的所有模拟器,进入 Cordova 项目目录,执行如下命令:

图 9-2　模拟器参数设置示例

```
cordova run --list
```

9.2.3　配置 Gradle

Android 使用 Ant 作为项目编译工具,但自 Cordova 4.0 开始,针对 Android 开发的 Cordova 项目编译使用 Gradle,相关配置参数见表 9-2。

表 9-2　Gradle 的相关配置参数

Gradle 属性	描述
cdvBuildMultipleApks	是否创建多个 APK 包
cdvVersionCode	覆盖 AndroidManifest.xml 中的 versionCode 设置
cdvReleaseSigningPropertiesFile	默认值:release-signing.properties,发布签名文件路径
cdvDebugSigningPropertiesFile	默认值:debug-signing.properties,调试签名文件路径
cdvMinSdkVersion	覆盖 AndroidManifest.xml 中的 minSdkVersion,当创建多个 APK 包时有用
cdvBuildToolsVersion	覆盖 android.buildToolsVersion 的值
cdvCompileSdkVersion	覆盖 android.compileSdkVersion 的值

可采用环境变量、编译或运行参数、平台目录下创建 gradle.properties 文件、通过配置文件 build-extras.gradle 扩展编译 Gradle 配置文件 build.gradle 四种方式之一设置 Gradle 的属性。当前最新版本的 Cordova 首次编译或运行时自动安装配置 Gradle,除非必要,否则无须更改设置。以 gradle.properties 为例,将 gradle.properties 文件放在 Android 平台目录下并设置相关属性:

```
#位置在 <your-project>/platforms/android/gradle.properties
cdvMinSdkVersion = 20
cdvBuildMultipleApks = true
cdvDebugSigningPropertiesFile = '../../android-debug-keys.properties'
```

调试签名配置文件 signing.properties:

```
#位置在 <your-project>/android-debug-keys.properties
storeFile = relative/path/to/keystorefile
storePassword = SECRET1
storeType = pkcs12
keyAlias = DebugSigningKey
keyPassword = SECRET2
```

9.2.4 Node.js 的安装

Cordova 命令行工具是以 npm 包分发的，因此，为了安装 Cordova 命令行工具，首先需要安装包含 npm 工具的 Node.js。Node.js 是一个事件驱动的轻量级高效的 JavaScript 运行工具包。Node.js 官方网站（https：//nodejs.org）提供最新版本的下载。安装时按照安装向导默认操作即可，无须在安装时修改任何参数，如图 9-3 所示。

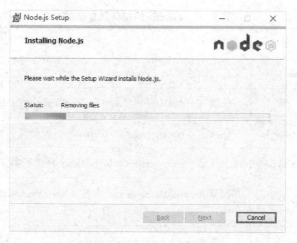

图 9-3 Node.js 安装图

9.2.5 Git 客户端的安装

Git 是免费开源的分布式软件项目版本管理系统，Git 客户端用来提交或摄取 Git 服务器中的文档资料，Cordova 使用 Git 客户端命令获取创建新项目或运行项目时需要的依赖包。在 Git 官方网站（http：//git-scm.com/）可直接下载获取安装包。

9.2.6 Cordova CLI 的安装

一旦安装了 Node.js 和 Git 客户端，即可通过操作系统的命令行工具安装 Cordova CLI。在 Windows 系统下，首先通过按快捷键"WIN + R"或在"开始"菜单中选择"运行"，打开运行窗口，如图 9-4 所示。

图 9-4 Windows 的运行窗口

在运行窗口中输入 CMD 命令,不区分大小写,单击"确定"按钮,打开 Windows 系统的命令行工具,如图 9-5 所示。

图 9-5 Windows 操作系统的命令行工具

为了全局安装 Cordova,在命令行工具中输入以下命令:

```
npm install-g cordova
```

若安装指定版本的 Cordova,执行如下命令:

```
npm install-g cordova@ 5.1.1
```

其中 -g 参数让 npm 将 Cordova 以全局模式安装,否则 Cordova 被安装在当前目录的子目录 node_modules 下。若出现无法找到 npm 的错误时,请将 npm 的安装路径配置在系统环境变量 PATH 中,通常 npm 被安装在系统用户目录下,可参考路径为:C:\Users\Administrator\AppData\Roaming\npm。

Cordova 当前的开发进度比较快,为了让已经存在的项目更新到最新版本的 Cordova 下,首先需要升级 Cordova 开发工具,运行如下命令升级 Cordova:

```
npm update-g cordova
```

运行如下命令查看当前安装的 Cordova 版本:

```
cordova-v
```

运行如下命令查看最新发布的 Cordova 版本:

```
npm info cordova version
```

9.3 开发第一个 Cordova 应用

9.3.1 创建项目

安装好 Cordova CLI 后,就可以创建 Cordova 应用程序了,创建 Cordova 应用程序首先打开操作系统的命令行工具,然后输入以下命令:

```
cordova create hello com.example.hello HelloWorld
```

这里 cordova 是 Cordova CLI 的命令，create 是 cordova 命令的子命令，或称为创建 Cordova 项目的参数，hello 为项目文件夹名称，com.example.hello 是项目用到的包名，HelloWorld 是项目标题或称为应用程序的名称。cordova create 命令执行后，会在当前目录下创建一个 hello 子目录，通过资源管理器打开 hello 目录即可看到图 9－6 所示的文件及文件夹结构。

图 9－6　Cordova 产生的项目结构

在 Cordova 生成的项目目录结构中，目录及文件如下：

（1）www 目录是主目录，包括开发者的应用文件，主要是 HTML5、CSS3、JavaScript 以及各类资源文件。这些内容都被存储在设备本地文件系统中，而不在远程服务器中。

（2）platforms 目录是平台目录，被添加到项目中的目标平台，包括 android、iOS 等应用程序项目文件。

（3）plugins 目录放置开发应用系统时使用的 Cordova 插件或者自定义插件。

（4）hooks 目录包括扩展 cordova 命令的脚本。

（5）config.xml 是 Cordova 项目的配置文件，包括重要的配置参数。

9.3.2　给项目添加目标平台

创建好项目后就可以运行项目了，为了运行 Cordova 创建的应用程序，首先确保目标平台的 SDK 被安装了，然后在命令行中输入如下命令：

```
cd hello
```

这个命令是进入 hello 目录，并将 hello 目录作为当前命令行工具的工作目录，即当前目录。当创建好项目后，对项目操作的所有 cordova 命令都将在这个目录下运行。执行如下命令以添加 Android 平台文件：

```
cordova platform add android
```

执行这个命令后 Cordova 将添加 Android 平台需要的相关文件，并把文件放在 platforms/android 目录下，这样可以通过 Eclipse 等开发工具导入项目进行编辑操作。如果添加指定版本平台文件，可执行（XXX 为平台版本号）：

```
cordova platform add android@ XXX
```

对于其他目标平台只要改变目标平台关键字即可，如下：

```
cordova platform add ios
cordova platform add amazon-fireos
cordova platform add android
cordova platform add blackberry10
cordova platform add firefoxos
```

如果目标平台已经添加，可通过如下命令查看当前项目中包括哪些目标平台：

```
cordova platform ls
```

想要移除某个目标平台可使用如下命令（以移除 Android 平台为例）：

```
cordova platform rm android
```

更新平台使用如下命令（以更新 Android 平台）：

```
cordova platform update android
```

9.3.3 编译运行项目

需要注意的是，当进行 Cordova 项目开发时，新建、编辑任何文件都不能直接编辑平台下的文件，Cordova 在添加或者运行目标平台时，将从源文件（www 目录）复制所有文件进入平台目录，如果直接编辑平台目录文件，Cordova 运行时会将其覆盖。运行如下命令以执行针对 Android 平台的编译和运行操作：

```
cordova run android
```

如果只是编译，可执行如下命令，这个命令会编译所有内容到已经添加到项目中的各个平台：

```
cordova build
```

如果只是针对某个平台编译，只需要给出平台关键字即可，如针对 Android 平台编译，应该执行如下命令：

```
cordova build android
```

Cordova 创建的 HelloWorld 项目已经完全包括了 Cordova 运行的所有必要组件，现在就可以执行项目。执行项目通常分两种方式：模拟器和真机。运行项目执行如下命令，这里以 Android 模拟器为例，运行结果如图 9-7 所示。

```
cordova run android
```

图 9-7　Android 模拟器的运行效果

9.3.4　给项目添加插件

插件是 Cordova 应用开发的重要组成部分，插件用来扩展 Cordova 的功能，同时也是 JavaScript 语言与本地语言通信的方法，对于 Android，本地语言即 Java 语言。如果希望通过 Web 技术操作设备本地资源，必须使用插件。Cordova 框架已经包括了一些常用的插件，表 9-3 所示列出了 Cordova 提供的插件。

表 9-3　Cordova 常用插件

序号	插件	绑定对象	备注
1	cordova-plugin-battery-status	window	向 window 对象添加三个事件
2	cordova-plugin-camera	navigator.camera	照相机、摄像机
3	cordova-plugin-console	console	JavaScript 控制台
4	cordova-plugin-contacts	navigator.contacts	联系人
5	cordova-plugin-device	device	设备
6	cordova-plugin-device-motion	navigator.accelerometer	加速器
7	cordova-plugin-device-orientation	navigator.compass	方向控制
8	cordova-plugin-dialogs	navigator.notification	对话框
9	cordova-plugin-file	cordova.file	本地文件访问
10	cordova-plugin-file-transfer	FileTransfer FileUploadOptions	文件上传下载
11	cordova-plugin-geolocation	navigator.geolocation	地理位置
12	cordova-plugin-globalization	navigator.globalization	国际化
13	cordova-plugin-inappbrowser	cordova.InAppBrowser	内部浏览器
14	cordova-plugin-media	media	多媒体

续表

序号	插件	绑定对象	备注
15	cordova-plugin-media-capture	navigator.device.capture	视频捕获
16	cordova-plugin-network-information	navigator.connection	网络状态
17	cordova-plugin-splashscreen	navigator.splashscreen	启动屏幕
18	cordova-plugin-vibration	navigator.vibrate	震动
19	cordova-plugin-statusbar	StatusBar	状态条
20	cordova-plugin-whitelist		网络访问白名单

为了使用这些插件，在项目文件夹下只需要执行如下命令即可，这里依然以 hello 项目为例，给 hello 项目添加相机插件：

```
cordova plugin add cordova-plugin-camera
```

添加插件后可查看项目中已经添加的插件或删除已经添加的插件，列出当前 hello 项目中已添加的插件的命令如下：

```
cordova plugin ls
```

这里的 ls 命令也可使用 list 代替，其效果相同，如 cordova plugin list。删除已经添加的插件的命令如下：

```
cordova plugin rm cordova-plugin-camera
```

该命令删除了添加的相机插件，其效果与 cordova plugin remove cordova-plugin-camera 相同。

除了表 9-3 列出的插件，许多公司和个人也提供了插件的开发实现，可通过插件搜索命令查找相关插件，如查找条码扫描插件时可通过提供 bar 和 code 两个关键字执行如下命令：

```
cordova plugin search bar code
```

这个命令将返回如下结果：

```
com.phonegap.plugins.barcodescanner-Scans Barcodes
```

对于访问网络的应用来说，必须添加白名单插件，这样在访问网络时可以有效地控制网络的安全访问，白名单插件通常只在 config.xml 配置即可，默认创建项目已经添加。

9.3.5 使用 merges 定义各平台

Cordova 可以很容易地将应用部署到各个不同的平台中，但在实际应用开发中往往需要向各个平台添加独有的特色，若直接修改 www 主目录的内容将带来很大的麻烦，让程序和资源显得凌乱。如果添加或修改各自平台下的 www 目录文件，其将会在编译、运行过程中被 www 主目录文件的内容覆盖掉。为了解决这个问题，Cordova 提供了 merges 顶级目录，用来放置各自平台特有的内容，merges 目录包括了每个特定平台子目录，其内部包含 www 目录及 www 主目录的结构镜像，允许覆盖或增加特定内容。假如，要修改 Android 平台上的字号，首先需要编辑 www 主目录下的 index.html 文件，添加一个 CSS 文件链接：

```
<link rel="stylesheet" type="text/css" href="css/overrides.css"/>
```

在 www 主目录下添加一个空的对应的 CSS 文件：

```
www/css/overrides.css
```

最后在 merges/android 目录下添加对应的 CSS 文件 www/css/overrides.css，并编写具体的 CSS 样式（完整文件路径：merges/android/www/css/overrides.css）：

```
body{font-size:14px;}
```

重新编译运行项目，Android 平台将使用新的字号，而其他平台的字号不会发生改变。被覆盖的文件也可在 www 主目录中不存在，如添加返回按钮图片，可向 iOS 平台添加图片文件 merges/ios/img/back_button.png，其他平台可通过硬件返回按钮捕获返回事件。

9.3.6 Cordova 应用结构分析

应用 Cordova 开发应用程序时，添加或编辑文件均在 www 目录下完成，自定义的所有 HTML5、CSS3、JavaScript 文件分别放在各自的子目录中以方便管理，其他所有资源文件按照分类放在不同的目录中，如图片文件放在 images 目录下，具体目录的建立根据自己的喜好或者项目要求进行即可。

默认 Cordova 创建的项目中，www 目录包括 css、js、img 目录和 index.html 文件，css 目录包括 index.css 文件，js 文件夹下包括 index.js 脚本文件，img 目录包括默认的应用系统图标文件。APP 启动时，默认运行的程序是 index.html，默认启动文件被配置在全局配置文件 config.xml 文件中。

index.html 文件包括 3 个部分：由 <head> 标签定义的文档头部、由 <body> 标签定义的文档主体内容以及由 <script> 标签引入 cordova.js 文件。在 <head> 标签中，通过 <meta> 定义了内容安全策略 Content-Security-Policy 以及针对智能设备设置的页面展示参数 viewport，viewport 告诉系统如何展示 HTML 内容，共设置了 5 个值：

（1）user-scalable=no，设置用户不可以缩放界面；
（2）initial-scale=1，设置系统界面加载不缩放；
（3）maximum-scale=1，设置最大缩放；
（4）minimum-scale=1，设置最小缩放；
（5）width=device-width，设置界面宽度为设备可视宽；

<meta> 标签设置了 format-detection，format-detection 设置是否将电话号码、电子邮件地址以及网络地址解析为超链接模式，可设定 3 个值：

(1) telephone = no，不把数字串解析为电话号码链接；
(2) email = no，设置 email 地址不作为超链接处理；
(3) address = no，设置 URL 地址不作为超链接处理。

这 3 个值可一次性设置用逗号间隔，如：telephone = no，email = no，address = no。

文件 index.html 通过 <script> 标签引入了 cordova.js 文件和 index.js 文件，cordova.js 文件即 Cordova 框架的 JavaScript 文件，是 Cordova 应用必须被引入的脚本文件。值得注意的是，index.js 文件引用必须放在 cordova.js 引用后面。

index.js 文件包括两个操作，一个是自定义了 JavaScript 对象 APP，另一个是调用这个自定义 APP 对象的初始化方法 initialize()，而初始化方法中调用了事件绑定方法 bindEvents()，在事件绑定方法中通过为 document 对象注册 deviceready 事件处理实现了对 onDeviceReady() 方法的调用，最后在 receivedEvent() 方法中实现了对 HTML 中 id = 'deivceready' 元素的操作。

文件 index.html 和 index.js 是 Cordova 项目运行的关键。通过为 document 文档对象注册 'deviceready' 事件，通知应用系统 Cordova 已经初始化完成，可以通过 Cordova 操作相关内容了。因此 Cordova 开发应用 APP 所有运行程序相关代码都放在初始化完成以后，即在由系统触发 document 文档对象的 deviceready 事件之后，尤其是使用 Cordova 插件时更是如此。

9.4　config.xml 文件

Cordova 生成项目时，为项目创建了一个全局配置文件，这就是 config.xml。这个文件包括了很多特征、插件以及与平台相关的配置。当通过 Cordova 编译或运行项目时，config.xml 文件将被复制到平台目录中，对于不同的目标平台其所在位置不同，在 iOS 平台中，config.xml 文件复制的位置为：

```
app/platforms/ios/AppName/config.xml
```

对于黑莓平台，config.xml 定位的位置为：

```
app/platforms/blackberry10/www/config.xml
```

对于 Android 平台，config.xml 被放在资源文件夹下：

```
app/platforms/android/res/xml/config.xml
```

9.4.1　默认设置

config.xml 文件为应用程序在各种 APP 市场提供了应用程序信息及安全配置等。

【例 9 – 1】默认情况下，Cordova 创建的 config.xml 文件内容。

```xml
<?xml version='1.0' encoding='utf-8'?>
<widget id="com.example.hello" version="0.0.1"
        xmlns="http://www.w3.org/ns/widgets"
        xmlns:cdv="http://cordova.apache.org/ns/1.0">
    <name>HelloWorld</name>
    <description>Cordova 配置实例</description>
    <author email="ab@mail.com" href="http://www.example.com">作者</author>
    <content src="index.html"/>
    <plugin name="cordova-plugin-whitelist" spec="1"/>
    <access origin="*"/>
    <allow-intent href="http://*/*"/>
    <allow-intent href="https://*/*"/>
    <allow-intent href="tel:*"/>
    <allow-intent href="sms:*"/>
    <allow-intent href="mailto:*"/>
    <allow-intent href="geo:*"/>
    <platform name="android"><allow-intent href="market:*"/></platform>
    <platform name="ios">
        <allow-intent href="itms:*"/>
        <allow-intent href="itms-apps:*"/>
    </platform>
</widget>
```

【例9-1】显示出 config.xml 文件中常见的标签，其中每个标签含义如下：

（1）<widget>是根标签，其 id 属性给出了项目的标识域，默认是项目包名；version 属性给出了当前应用的版本号，其由主版本、次版本、修正编号组成。

（2）<name>标签给出了当前应用系统的名称。

（3）<description>标签提供了应用描述。

（4）<author>标签给出了软件作者的联系信息。

（5）<content>标签指出当应用启动时应该加载的页面，这个文件通常被放在 www 目录下。

（6）<access>标签定义了能够与 APP 进行通信的外部域，默认 APP 可访问所有域。

（7）<plugin>标签声明系统已经添加的插件，可见白名单插件默认已经被添加。

（8）<platform>标签给定特定平台设置参数，通过 name 属性指出特定平台。

（9）<allow-intent>标签设置允许当前 APP 应用系统调用其他应用程序的行为，如拨打电话、发送 Email 等。

9.4.2 参数设置

除了 Cordova 创建项目时给出的默认设置标签外，Cordova 还提供了其他标签。

<preference>标签提供了名/值对形式参数设置，每个参数名是区分大小写的。有很多

参数名对于目标平台具有唯一性，即只支持给定的目标平台。preference 设置示例如下：

```
<preference name = "Fullscreen"value = "true"/>
```

参数 Fullscreen 设置全屏显示当前 APP 系统界面，这个设置将隐藏屏幕上的状态条。默认情况下 Fullscreen 值为 false。表 9 – 4 列出了 Android 支持的参数，对于多平台支持的参数备注中已经给出说明，其他 Android 不支持的参数未被列出。

表 9 – 4 Android 支持的参数

序号	参数	备注
1	AndroidLaunchMode	字符串，默认值为 singleTop，可选 standard、singleTop、singleTask、singleInstance，设置 Activity 运行模式
2	android–maxSdkVersion	整型，设置 AndroidManifest.xml 中的 maxSdkVersion
3	android–minSdkVersion	整型，设置 AndroidManifest.xml 中的 minSdkVersion
4	android–targetSdkVersion	整型，设置 AndroidManifest.xml 中的 targetSdkVersion
5	AppendUserAgent	向 UserAgent 后附加内容
6	BackgroundColor	Android/BlackBerry，设置应用系统背景颜色，覆盖 CSS 设置支持 16 进制颜色值，支持透明度
7	DefaultVolumeStream	音量设置，默认值为 default
8	DisallowOverscroll	Android/iOS，设置是否禁用内容的开始和结束处的滚动效果，默认值为 false
9	ErrorUrl	设置程序错误消息页面
10	FullScreen	隐藏顶部状态条，默认值为 false
11	InAppBrowserStorageEnabled	设置是否允许页面在 InAppBrowser 中打开
12	KeepRunning	设置应用是否在后台继续运行，默认值为 true
13	LoadUrlTimeoutValue	设置页面加载超时时间，以毫秒为单位，默认值为 20 毫秒
14	LoadingDialog	显示带标题和消息的加载对话框
15	LogLevel	设置日志级别，默认值为 ERROR，可选值有 ERROR、WARN、INFO、DEBUG、VERBOSE
16	Orientation	设置应用界面显示方向，默认值为 default，可选值有 default、landscape、portrait
17	OverrideUserAgent	替换旧的 UserAgent
18	ShowTitle	设置是否显示屏幕顶部的标题，默认值为 false

所有参数可在 <platform> 标签设置的特定目标平台中覆盖，还有其他平台针对性强的参数可参考相关文档。使用 CLI 创建应用需要使用插件，如果不在顶级的 Config.xml 中设置，插件将无法在应用中使用，在 Config.xml 中特定平台的 <feature> 标签提供了平台特有的设备 API 或其他外部插件引用，<feature> 标签只包括 name 和 value 属性。目前这个特性只应用在安卓和苹果设备，其 name 属性值包括 android-package、ios-package、osx-package、 onload 等，value 属性对应给出值。

9.4.3 图标和闪屏

1. 图标

在 APP 应用系统中，每个应用系统都有自己独特的图标以及应用启动时的闪屏。在应用 Cordova CLI 进行应用程序开发时，可通过在 config.xml 文件中添加 <icon> 标签来配置应用程序用到的图标，默认情况下 Cordova 的图标被使用。config.xml 中配置 <icon> 标签的命令如下：

```
<icon src = "res/ios/icon.png" platform = "ios" width = "57" height = "57" density = "mdpi" />
```

属性 src 指出了图标文件所在位置，文件位置相对项目目录。platform 属性指出图标应被用到哪个目标平台，density 属性设置对应的屏幕尺寸，包括 ldpi、mdpi、hdpi、xhdpi 等。也可在 <platform> 标签指定的特定平台中设置 <icon> 标签。

【例 9 – 2】Android 平台的 <icon> 设置

```
<platform name = "android" >
  <!--
        ldpi:36x36 px   mdpi:48x48 px    hdpi:72x72 px
        xhdpi:96x96 px  xxhdpi:144x144 px xxxhdpi:192x192 px
  -->
<icon src = "res/android/ldpi.png" density = "ldpi" />
  <icon src = "res/android/mdpi.png" density = "mdpi" />
  <icon src = "res/android/hdpi.png" density = "hdpi" />
  <icon src = "res/android/xhdpi.png" density = "xhdpi" />
  <icon src = "res/android/xxhdpi.png" density = "xxhdpi" />
  <icon src = "res/android/xxxhdpi.png" density = "xxxhdpi" />
</platform>
```

【例 9 – 2】同时以注释的形式给出了 Android 图标的不同 density 值所对应的不同尺寸。

2. 闪屏

闪屏是程序启动或者切换时显示的图片或者一个屏幕，使用闪屏首先必须安装对应的插件 cordova-plugin-splashscreen，然后在 config.xml 文件中配置各个平台的参数。

【例 9 – 3】给 Android 平台设置闪屏。

```
<platform name = "android" >
<!-- you can use any density that exists in the Android project -->
<splash src = "res/screen/android/splash-land-hdpi.png" density = "land-hdpi" />
<splash src = "res/screen/android/splash-land-ldpi.png" density = "land-ldpi" />
<splash src = "res/screen/android/splash-land-mdpi.png" density = "land-mdpi" />
```

```
<splash src = "res/screen/android/splash-land-xhdpi.png"density = "land-xhdpi"/>
<splash src = "res/screen/android/splash-port-hdpi.png"density = "port-hdpi"/>
<splash src = "res/screen/android/splash-port-ldpi.png"density = "port-ldpi"/>
<splash src = "res/screen/android/splash-port-mdpi.png"density = "port-mdpi"/>
<splash src = "res/screen/android/splash-port-xhdpi.png"density = "port-xhdpi"/>
</platform>
```

这样针对不同的 Android 屏幕，将会展示不同的闪屏，其中 src 相对于项目根目录而不是 www 目录。在 config.xml 文件中可设置闪屏参数：

```
<preference name = "AutoHideSplashScreen"value = "true"/>
<preference name = "SplashScreenDelay"value = "3000"/>
<preference name = "SplashMaintainAspectRatio"value = "true|false"/>
<preference name = "SplashShowOnlyFirstTime"value = "true|false"/>
```

AutoHideSplashScreen 设置是否在 SplashScreenDelay 之后自动隐藏闪屏，默认值为 true。SplashScreenDelay 设置闪屏显示的时间，单位为毫秒，默认值为 3000 毫秒。SplashMaintainAspectRatio 设置是否将闪屏拉伸以适应屏幕，设置为 true 不拉伸只是简单的覆盖，SplashShowOnlyFirstTime 设置闪屏是否仅在启动应用时出现，默认值为 true，如果希望运行 navigator.app.exitApp() 退出应用时出现闪屏，则将其设置为 false。

9.5 Cordova 安全策略

Cordova 处理安全的方式非常灵活，插件白名单（whitelisting）是 Cordova 控制跨域访问的一种安全策略，默认情况下 Cordova 配置 APP 可以访问任何外部内容。而在实际开发中，应该控制 APP 能够访问的网络或子网络。自 Android 4.0 版本开始，Cordova 的安全策略由插件 cordova-plugin-whitelist 提供，对于其他目标平台，访问控制被配置在 config.xml 文件的 <access> 标签中。

如果希望应用仅访问 example.com，那么在 config.xml 文件中增加如下代码：

```
<access origin = "http://example.com"/>
```

通过安全协议访问 example.com，则可以配置如下：

```
<access origin = "https://example.com"/>
```

访问 example.com 的子域：

```
<access origin = "http://fanyi.example.com"/>
```

访问任何 example.com 的子域：

```
<access origin = "http://*.example.com"/>
```

可访问任何域内容，这也是 Cordova 默认的访问控制：

```
<access origin = "*"/>
```

针对 Android4.0 及以上目标平台，Cordova 通过插件 cordova-plugin-whitelist 处理访问控制，其配置的标签名称发生了变化，对访问控制更加精确。

配置控制 WebView 能够导航到网络地址，在 Android 应用中也控制 <iframe> 标签的访问，默认情况下导航访问只针对 file://模式，要使用其他方式的 URL 访问，必须在 config.xml 文件中配置导航策略。如下命令允许导航到 example.com 域：

```
<allow-navigation href = "http://example.com/*"/>
```

URL 配置中可以使用通配符"*"，通配符"*"代表所有：

```
<allow-navigation href = "*://*.example.com/*"/>
```

所有的 http 和 https 访问都是不推荐的方式，如果希望使用可采用如下设置：

```
<allow-navigation href = "*"/>
```

这个配置与下面 3 个配置是等价的：

```
<allow-navigation href = "http://*/*"/>
<allow-navigation href = "https://*/*"/>
<allow-navigation href = "data:*"/>
```

以上是对外部网络访问的控制，Cordova 还提供了对本地设备 APP 访问的控制，这时使用的标签是 <allow-intent>，这个操作实际上是执行超级链接操作或者调用 window.open() 方法。这会打开设备上的浏览器。如果允许在本地打开浏览器以浏览网页，可进行如下配置：

```
<allow-intent href = "http://*/*"/>
<allow-intent href = "https://*/*"/>
```

指定打开浏览器访问 example.com：

```
<allow-intent href = "http://example.com/*"/>
```

允许打开浏览器访问所有的网络，可进行如下配置：

```
<allow-intent href = " * ://*.example.com/*"/>
```

允许打开短消息应用以发送短消息,可进行如下配置:

```
<allow-intent href = "sms: * "/>
```

如果希望当前 APP 能够直接拨打电话,可进行如下配置:

```
<allow-intent href = "tel: * "/>
```

打开定位或者地图,可进行如下配置:

```
<allow-intent href = "geo: * "/>
```

让当前 APP 可打开所有应用系统,可进行如下配置:

```
<allow-intent href = " * "/>
```

在实际应用开发中,通常希望直接读取网络图片,或者通过 XHRs 对象发送 Ajax 请求到其他网络服务。Cordova 提供了 <access> 标签控制方式,这种访问控制实际上使用的是本地 hook 方式,而且已经不被推荐使用,在新版本的 Cordova 中通过内容安全策略来控制对网络数据的直接访问,这种访问网络方式是 Webview 控件直接访问。内容安全策略(CSP)通过在 HTML5 页面中增加 <meta> 标签实现,如下:

```
<meta http-equiv = "Content-Security-Policy"content = "default-src 'self'data:
gap:https://ssl.gstatic.com;style-src'self''unsafe-inline';media-src* ">
```

这个 <meta> 标签给出了内容安全策略,内容安全策略指令见表 9-5。

表 9-5 内容安全策略(CSP)指令

指令	示例	描述
default-src	'self' cdn.example.com	加载内容的默认策略
script-src	'self' js.example.com	JavaScript 脚本来源定义
style-src	'self' css.example.com	CSS 样式类来源定义
img-src	'self' img.example.com	图片来源定义
connect-src	'self'	Ajax、WebSocket、EventSource 可请求来源定义
font-src	font.example.com	定义字体来源
object-src	'self'	定义 <object>、<embed>、<applet> 的来源
media-src	media.example.com	定义 HTML5 音频、视频来源
frame-src	'self'	定义框架内容来源
sandbox	allow-forms allow-scripts	沙箱策略,阻止弹出窗、插件以及脚本执行,若值为空则保持所有限制,可设置为:allow-forms、allow-same-origin、allow-scripts、allow-top-navigation

每个指令都有一些值可设置，具体能够设置的值见表9-6。

表9-6 内容安全策略（CSP）配置值

值	示例	说明
*	img-src *	通配符,允许所有来源
'none'	object-src 'none'	阻止任何来源
'self'	script-src 'self'	与内容相同的来源
data:	img-src 'self' data:	来源 data 协议,如 base64 编码的图片
domain.example.com	img-src img.example.com	允许从给定的域加载资源
*.example.com	img-src *.example.com	允许从所有 example.com 的子域加载资源
https://img.example.com	img-src https://img.example.com	允许从 https 指定的 img.example.com 域加载资源
https:	img-src https:	允许从任何 https 协议域加载资源
'unsafe-inline'	script-src 'unsafe-inline'	允许内部资源
'unsafe-eval'	script-src 'unsafe-eval'	允许 eval() 函数的调用

9.6 本地存储

对于 Cordova 应用,可使用多种类型的存储 API 存储数据,在 HTML5 开发 Web 应用中的存储 API,在 Cordova 中同样适合,其包括 LocalStorage、WebSQL、IndexedDB 以及插件方式。

9.6.1 LocalStorage 存储

LocalStorage 也称为 Web Storage、Simple Storage,它提供了简单的同步 key/value 对数据的永久存储,所有 Cordova 平台都支持它。与 LocalStorage 同时存在的临时会话存储对象 SessionStorage 可存储当前应用中的临时数据。二者的区别就在于 SessionStorage 存储数据是在浏览上下文中,浏览上下文可通俗地理解为文档打开时的浏览器窗口,不是浏览器,因为当前一个浏览器可以打开若干个标签窗口,即当前文档被浏览器打开时,其会随着会话的结束而消失；但 LocalStorage 属于永久数据存储,不会随着访问会话的消失而消失,浏览器关闭后再次打开 LocalStorage 对象,存储的数据依然存在,但 SessionStorage 对象存储的数据已经消失。两个对象的用法完全相同。

LocalStorage 被定义在 window 对象中,在存储数据上 LocalStorage 和 SessionStorage 提供了3种比较灵活的数据存储和访问方式,这包括以属性形式增加数据存储和访问、以数组形式存储和访问数据,还有以方法调用形式存储和访问数据,主要有：

（1）setItem(key, value), key 为键,存储 value, value 是 JavaScript 的任何数据类型；

（2）getItem(key), 返回 key 作为键存储的数据；

（3）removeItem(key), 删除 key 作为键存储的数据；

(4) clear(),清空存储对象存储的所有数据。

【例 9-4】 使用 LocalStorage 存储数据（localstorage.html）。

```
<script type = "text/javascript">
    window.localStorage.data = "My data";//对象属性存储方式
    window.localStorage["data"] = "My data";//对象作为数组存储方式
    window.localStorage.setItem("data","My data");//对象方法存储方式
</script>
```

【例 9-5】 在另一个文件（localstorage2.html）中读取数据。

```
<script type = "text/javascript">
    vard = window.localStorage.data;//属性方式获取存储的值
    var d = window.localStorage.["data"];//数组方式获取存储的值
    vard1 = window.localStorage.getItem("data");//方法获取存储的数据
</script>
```

需要注意的是 LocalStorage 和 SessionStorage 对象存储数据必须针对相同的来源，即在同一个域的文档，不同来源相互之间无法访问对方的存储对象。数据存储空间根据不同的浏览器会有所不同，但大多数浏览器限制在 5M。

9.6.2 WebSQL 存储

HTML5 技术发展得越来越成熟，这也为其开发 APP 应用提供了方便，HTML5 同样提供了数据库存储能力，WebSQL 是 HTML5 提供的标准 SQL 语言数据库，它与 SQLite 数据库标准规范相同。但由于浏览器安全的限制，WebSQL 的存储空间被浏览器限制在一定的大小，不同的浏览器提供的空间不同，W3C 标准将取消该库。WebSQL 支持 Android、iOS 和黑莓平台。

WebSQL 数据库的 API 支持同步和异步两种方式操作数据，异步方式运行时不会影响用户访问应用，本书仅使用异步方式，其包括 4 个核心方法。

1. function openDatabase(dbname, version, displayName, size, createCallback);

该方法包括了 5 个参数：

(1) dbname：数据库的名字，可以是空字符串；

(2) version：当前数据库版本号，可以是空字符串；

(3) displayName：数据库显示名称，可以是空字符串；

(4) size：数据库的预计存储控件的大小；

(5) createCallback：数据库创建时的回调函数，当打开数据库时，如果数据库不存在，则调用该回调函数创建数据库。

2. changeVersion(av, nv, tcb, ecb, scb)

其为数据库对象的方法，该方法执行版本检查并在需要更新时对数据库库进行更新操作。参数如下：

（1）av：当前数据库版本；

（2）nv：新数据库版本；

（3）tcb：事务处理回调函数，接收 SQLTransaction 对象参数；

（4）ecb：错误处理回调函数；

（5）scb：成功执行函数后回调函数。

3. transaction(cb, ecb, scb) 和 readTransaction(cb, ecb, scb)

其为数据库对象的方法，transaction() 方法执行数据库读写事务处理操作，readTransaction() 方法仅执行读取操作。参数如下：

（1）cb：事务处理执行的回调函数，执行事件处理接收 SQLTransaction 对象参数；

（2）ecb：出现错误时执行的回调函数，接收 SQLError 对象参数；

（3）scb：成功执行后执行的回调函数，无参数。

4. executeSql(ss, args, cb, ecb)

其为 SQLTransaction 对象的方法，执行数据库的 SQL 语言指令，参数如下：

（1）ss：数据库 SQL 语言指令字符串；

（2）args：数组，提供给命令串的参数，在 ss 参数中可以带有问号（?）参数，通过 args 数组将参数对应的值传递给 SQL 命令；

（3）cb：成功执行后调用的回调函数，以处理结果集，接收 SQLTransaction 对象参数和 SQLResultSet 对象参数；

（4）ecb：如果执行过程中出现错误，调用该回调函数进行处理，接收 SQLTransaction 对象参数和 SQLError 对象参数。

SQLResultSet 对象是数据库查询结果集对象，包括 3 个只读成员属性：

（1）insertId：执行 insert 语句插入记录后生成的行 ID，如果一次插入多行数据则返回最后一行的 ID，如果没有插入，则抛出一个 INVALID_ACCESS_ERR 异常。

（2）rowsAffected：通过 SQL 语句影响的行数，如果 SQL 语句没有影响任何行，则这个属性为 0，对于 SQL 的 select 语句返回 0，这是因为查询数据库不会对任何行产生影响。

（3）rows：一个 SQLResultSetRowList 对象，按照数据库中的顺序返回。如果没有任何行出现，那么它的属性 length 返回 0。这个对象也包括 item(index) 方法以获取索引 index 位置的行，如果索引 index 行不存在，则返回 null，一个行对应于 JavaScript 的 Object 对象，对象包括了每个从数据库查询出来的列（对应对象的属性）和值（对象属性的值）。

【例 9 – 6】WebSQL 存储数据。

```
<script type = "text/javascript">
    var db = openDatabase('mydb','1.0','Test DB',2*1024*1024);
    var msg;
    db.transaction(function(tx){
        tx.executeSql('CREATE TABLE IF NOT EXISTS LOGS (id unique,log)');
        tx.executeSql('INSERT INTO LOGS(id,log)VALUES(1,"第一条消息")');
```

```
            tx.executeSql('INSERT INTO LOGS (id,log)VALUES(2,"第二条消息")');
            msg = '<p>建表 LOGS 并插入两条数据</p>';
$('#status').html(msg);
    });
        db.transaction(function(tx){
tx.executeSql('SELECT * FROM LOGS',[],function(tx,results){
var len = results.rows.length,i;
 msg = $('#status ').html() + "<p>总行数:" + len + "</p>";
$('#status').html(msg);
for(i = 0;i<len;i++){
msg =   $('#status').html() + "<p><b>"
                                +results.rows.item(i).log+"</b></p>";
$('#status').html(msg);
}
},null);
    });
</script>
```

9.6.3 IndexedDB 存储

Android4.4 及以上版本、Windows、BlackBerry10 支持 Indexed DB 数据库。Indexed DB 是 HTML5 本地化存储的另外一种形式，称为可索引的对象存储数据库。WebSQL 数据库将被淘汰，Indexed DB 可以替代 WebSQL 数据库。Indexed DB 的特色包括键值对存储、非关系数据库、异步处理、非结构化查询语言、支持同域访问数据等。

Indexed DB 主要用来存储任意类型的 JavaScript 对象，通常采取异步或同步方式处理数据库的操作，推荐使用异步处理，这样不会影响用户操作界面。关于 Indexed DB 的操作参见【例 9-7】，由于浏览器兼容的问题，请使用 Chrome 或火狐浏览器测试。

【例 9-7】IndexedDB 数据库执行数据操作。

```
<script type = "text/javascript">
  const DB_NAME = "mydb";//定义数据库名
  const STUDENTS_OBJECT_STORE = "students";//存储对象名
  var db;//定义一个数据库对象
  //打开 mydb 数据库,版本号为 1,数据库打开但未开启事务
  var request = window.indexedDB.open(DB_NAME,1);
  request.onerror = function(event){//数据库打开错误执行的回调函数
    alert(event.target.errorCode);//显示错误代码
};
request.onsuccess = function(event){//成功打开数据库执行的回调函数
  db = event.target.result;//将打开的数据库对象赋给变量
```

```javascript
        listData();//在界面列出数据
  };
  function addData(){//添加和更新记录
    var sno = $("input[name = 'sno']").val();
    varname = $("input[name = 'name']").val();
    varemail = $("input[name = 'email']").val();
    var request = db.transaction([STUDENTS_OBJECT_STORE],"readwrite")
                    .objectStore(STUDENTS_OBJECT_STORE);
    var exitData = request.get(sno);//获取学号对应的数据
    exitData.onerror = function(){alert("not found");};
    exitData.onsuccess = function(event){
      if(event.target.result = = undefined){//如果学号对应的数据不存在,新增记录
          var data = {"sno":sno,"name":name,"email":email};
          var addRequest = request.add(data);
          addRequest.onsuccess = function(){alert("保存成功!");listData();};
          addRequest.onerror = function(){alert("错误!");};
      }else{//学号存在,更新记录
          var data = event.target.result;
          data.name = name;
          data.email = email;
          var updaterequest = request.put(data);
          updaterequest.onsuccess = function(){alert("保存成功!");listData();}
      }
    };
  }
  function deleteData(sno){//删除数据
    var request = db.transaction([STUDENTS_OBJECT_STORE],"readwrite")
                    .objectStore(STUDENTS_OBJECT_STORE)
                    .delete(sno);//删除给定学号的信息
    request.onsuccess = function(event){
        alert("删除成功!");
        listData();//从新列出数据
    };
    request.onerror = function(event){alert("删除记录时错误发生");}
  }
  $(function(){//文档加载完成后执行
    $("input[type = 'button']:first").click(addData);//添加按钮事件
  });
</script>
```

【例9-7】使用了关键字学号（sno）作为检索数据的条件，但有时需要通过姓名（name）或者电子邮件地址（email）检索信息，这就需要用到 Indexed DB 的索引功能，参考【例9-8】所示。

【例9-8】使用索引检索数据，扩展【例9-7】。

```
<script type="text/javascript">
  $("<button>").text("测试索引").click(function(){
   var objectStore = db.transaction([STUDENTS_OBJECT_STORE],
"readwrite").objectStore(STUDENTS_OBJECT_STORE);
    var index = objectStore.index("name");
    index.get("王亮").onsuccess = function(event){
        if(event.target.result == undefined)
            alert("没有检索到数据！");
        else
          alert("王亮的学号是:" + event.target.result.sno);
    };
  }).appendTo("body");
</script>
```

【例9-7】及【例9-8】的运行结果如图9-8所示。

图9-8 Index DB 操作示例

9.6.4 应用插件存储数据

Cordova 提供了插件功能用来将 JavaScript 应用程序与本地程序衔接起来，如 Cordova 提供了 File 插件，可使用 File 插件实现本地存储，且没有空间限制，能够最大限度地保证系统应用的空间。由于智能设备上使用的 SQLite 数据库是一个简单的关系型数据库，其数据操作完全使用 SQL 语言即可实现，对于希望使用 SQLite 数据库的开发人员，可选择自己编写插件或使用第三方提供的 SQLite 插件。

9.7 Cordova 常用插件

前面已经介绍了如何向 Cordova 应用增加插件,本节介绍常用的几个插件应用,所有插件使用前必须先添加。

9.7.1 网络访问

读取设备网络连接信息需要安装插件 cordova-plugin-network-information,通过 navigator.connection 提供对象支持,包括手机网络和 Wifi 网络连接,仅包含属性 type 以及常量:

(1) Connection.UNKNOWN:未知网络;
(2) Connection.ETHERNET:局域网;
(3) Connection.WIFI:Wifi 网络;
(4) Connection.CELL_2G:2G 网络;
(5) Connection.CELL_3G:3G 网络;
(6) Connection.CELL_4G:4G 网络;
(7) Connection.CELL:移动网络;
(8) Connection.NONE:没有连接。

【例 9-9】联网状态检测。

```
<script type = "text/javascript">
function checkConnection(){
    var networkState = navigator.connection.type;
    var states = {};
    states[Connection.UNKNOWN] = 'Unknown connection';
    states[Connection.ETHERNET] = 'Ethernet connection';
    states[Connection.WIFI] = 'WiFi connection';
    states[Connection.CELL_2G] = 'Cell 2G connection';
    states[Connection.CELL_3G] = 'Cell 3G connection';
    states[Connection.CELL_4G] = 'Cell 4G connection';
    states[Connection.CELL] = 'Cell generic connection';
    states[Connection.NONE] = 'No network connection';
    alert('Connectiontype:' + states[networkState]);
}
checkConnection();
</script>
```

网络相关事件包括离线时触发的 offline 和在线时触发的 online。

9.7.2 文件操作

Cordova 系统提供了两个插件操作本地文件系统,包括 FileSystem 插件和 File Transfer 插件。FileSystem 插件允许读写本地文件，File Transfer 插件用来上传、下载文件，文件插件的操作均采用异步回调方式处理。

自 Cordova 1.2.0 版本开始，文件目录以 URL 形式表示，如下：

```
file:///path/to/file
```

可使用 window.resolveLocalFileSystemURL() 将 URL 转换成 DirectoryEntry 对象，Cordova 文件插件提供的目录见表 9-7。

表 9-7 文件系统中可直接访问的目录

序号	目录	描述
1	cordova.file.applicationDirectory	只读的应用程序安装目录
2	cordova.file.applicationStorageDirectory	私有只读存储目录，子目录可读写
3	cordova.file.dataDirectory	数据存储目录
4	cordova.file.cacheDirectory	缓存目录
5	cordova.file.externalApplicationStorageDirectory	外部存储目录，仅 Android 平台
6	cordova.file.externalDataDirectory	外部存储数据目录，仅 Android 平台
7	cordova.file.externalCacheDirectory	外部缓存目录，仅 Android 平台
8	cordova.file.externalRootDirectory	外存根目录，支持 Android 平台、黑莓 10 平台
9	cordova.file.tempDirectory	临时目录，支持 iOS、OSX、Windows
10	cordova.file.syncedDataDirectory	同步文件目录，支持 iOS、Windows
11	cordova.file.documentsDirectory	应用私有文件目录，支持 iOS、OSX
12	cordova.file.sharedDirectory	共享目录，仅黑莓 10 平台

Cordova 应用提供了与平台无关的文件路径 cdvfile 协议，使用 cdvfile 协议可支持所有平台访问目录及文件，其格式如下：

```
cdvfile://localhost/persistent |temporary |another-fs-root*/path/to/file
```

使用 cdvfile 协议需提供 Content-Security-Policy 安全策略，在 HTML 中添加 < meta > 标签：

```
<meta http-equiv="Content'-Security-Policy"
    content="default-src 'self' data:gap:cdvfile:https://ssl.gstatic.com 'unsafe-eval';style-src 'self' 'unsafe-inline';media-src *">
```

在 config.xml 配置文件中增加如下行：

```
<access origin="cdvfile://*"/>
```

文件系统可访问临时存储和持久存储位，Cordova 的文件插件包括一些文件和目录操作的对象，见表 9-8。

表 9-8　文件插件所包含的对象

序号	对象	描述
1	DirectoryEntry	表示文件系统的一个目录
2	DirectoryReader	读取一个目录下的文件和子目录
3	File	一个文件的属性信息
4	FileEntry	表示文件系统的一个文件
5	FileError	文件插件操作中的错误对象
6	FileReader	文件的基本读取访问对象
7	FileSystem	表示一个文件系统
8	FileTransfer	从一个服务器上传或下载文件
9	FileTransferError	上传下载文件时的错误对象
10	FileUploadOptions	上传文件时的附加参数
11	FileUploadResult	上传文件的结果对象
12	FileWriter	创建文件，或向文件写数据
13	Flags	DirectoryEntry 的参数
14	LocalFileSystem	获取 root 文件系统
15	Metadata	文件或目录的状态信息，目前只有 modificationTime 属性

文件读写必须在 deviceready 事件触发后执行文件操作，要执行文件操作，通常需要用到两个 window 对象的方法：requestFileSystem() 或者 resolveLocalFileSystemURL()。作为文件操作的开始，这两个方法区别在于：

requestFileSystem() 方法是请求文件系统，获得文件系统后成功回调方法传递的是 FileSystem 对象，访问的是文件系统的根目录，再由根目录 DirectoryEntry 对象的 getDirectory() 方法或者 getFile() 方法分别获取 DirectoryEntry 对象或者 FileEntry 对象，达到访问对应的子目录或文件的目的。

resolveLocalFileSystemURL() 方法是直接访问文件或目录，根据提供的参数自动传递给成功回调函数 DirectoryEntry 对象或者 FileEntry 对象。

这两个方法根据不同的浏览器会有所不同，因此通过如下方式获取两个方法的原型调用：

```
//在 deviceready 事件触发后
window.requestFileSystem =
    window.requestFileSystem ||window.webkitRequestFileSystem;
window.resolveLocalFileSystemURL =
    window.resolveLocalFileSystemURL ||window.webkitResolveLocalFileSystemURL;
```

第九章 Cordova开发跨平台移动APP

【例9-10】创建新文件。

```
function createFile(){//新建文件,该函数必须运行在deviceready事件之后
  //创建永久文件,临时文件用 window.TEMPORARY
  window.requestFileSystem(LocalFileSystem.PERSISTENT,0,function
    (fs){
  fs.root.getFile("my.txt",{create:true,exclusive:false},function(fileEntry)
{
      for(var k in fileEntry){//输出FileEntry对象相关信息
      console.log("文件名:"+fileEntry.name);
      console.log("当前对象是文件:"+fileEntry.isFile);
      console.log("当前对象是目录:"+fileEntry.isDirectory);
      console.log("文件路径:"+fileEntry.fullPath);
      console.log("文件URL路径:"+fileEntry.toURL());
      //文件其他操作代码,如写文件
    }},function(){ /* 错误处理函数 */ });
  },function(){ /* 错误处理函数 */ });
}
```

【例9-11】写文件操作。

```
//FileEntry对象向文件写入内容,dataObj包含要写的内容
function writeFile(fileEntry,dataObj){
    fileEntry.createWriter(function(fileWriter){//创建FileWriter
                                                 对象
        fileWriter.onwriteend=function(){
            console.log("文件已经写完");
        };
        fileWriter.onerror=function(e){console.log("写文件失败:"+e.toString());};
        if(!dataObj){
            dataObj=new Blob(['写入文件的数据'],{type:'text/plain'});
        }
        //追加文件数据,若不执行此语句,源文件内容被覆盖
        fileWriter.seek(fileWriter.length);
        fileWriter.write(dataObj);//把数据写入文件
    });
}
```

【例9-12】读取文件内容。

```
function readFile(fileEntry){//读取FileEntry对象
    fileEntry.file(function(file){//File对象获取
        var reader=new FileReader();//FileReader对象读取文件
```

213

```
        reader.onloadend = function(){ // 文档加载完成后执行回调函数
            console.log("文件内容:" + this.result); // 显示读取的结果
        };
        reader.readAsText(file); // 开始读取文件数据
    }, function(){ /* 错误处理函数 */ });
}
```

FileWriter 对象创建文件或将数据写入文件，提供了在文件系统中写入 UTF-8 编码文件的方法。为了能够多次写入文件，一个 FileWriter 对象对应一个单独文件，FileWriter 对象保留了文件的 position 和 length 属性，这使得应用系统可以在文件的任何位置写入数据，默认情况下 FileWriter 对象从文件的开始位置写入数据，在 FileWriter 对象的构造方法设置 append 参数为 true，使得 FileWriter 对象从文件的末尾开始写入数据。所有平台支持写入文本内容到文件，写入文件时文本被编码为 UTF-8 格式。iOS、Android 和 Amazon Fire OS 支持写入二进制数据，在写入二进制数据时可通过传递 Blob 或 ArrayBuffer 对象写入。FileWriter 对象的属性、方法及事件见表 9-9。

表 9-9 FileWriter 对象的成员

序号	成员	描述
1	readyState	对象的状态，初始化（INIT），写入中（WRITING）和完成（DONE）
2	fileName	对象写入数据的文件名称
3	length	被写入文件的长度
4	position	当前文件指针所在位置
5	error	FileError 对象
6	onwritestart	开始写入文件时触发
7	onwrite	文件成功写入完成时触发
8	onabort	放弃写入文件操作时触发，FileWriter 对象实例调用了 abort() 方法
9	onerror	写文件失败时触发
10	onwriteend	写入完成时触发，无论成功与否都会触发这个事件
11	abort()	放弃写文件操作
12	seek(icount)	移动文件指针 icount 个字节
13	truncate(ilength)	删除文件内容到 ilength 长度
14	write(Object)	把数据写入文件，包括 String、ArrayBuffer、Blob 等对象

【例 9-13】从远程服务器加载图片，显示在界面，这是跨域访问，需要将访问域配置在 index.html 文件的 CSP 设置中，服务器还需要添加头部 Access-Control-Allow-Origin 设置。

```javascript
function obtainImage(){ //缓存文件到临时区域
    window.requestFileSystem(window.TEMPORARY,
      5*1024*1024,function(fs){
      varxhr = new XMLHttpRequest(); //使用异步请求网络图片
       xhr.open('GET','http://www.example.com/cordova_bot.png',true); //跨域请求
       xhr.responseType = 'blob';
       xhr.onload = function(){
           if(this.status = =200){
               var blob = new Blob([this.response],{type:'image/png'});
               saveFile(dirEntry,blob,"downloadedImage.png");
           }
       };
       xhr.send();
    },function(){/*错误处理函数*/});
}
function saveFile(dirEntry,fileData,fileName){ //存储文件
      dirEntry.getFile(fileName,{create:true,exclusive:false},function(fileEn-
        try){
           writeBinaryFile(fileEntry,fileData);
      },onErrorCreateFile);
}
function writeBinaryFile(fileEntry,dataObj,isAppend){ //写文件
    fileEntry.createWriter(function(fileWriter){
        fileWriter.onwriteend = function(){ //写完文件后执行回调
            if(dataObj.type == "image/png"){ //写完后读取文件
                readBinaryFile(fileEntry);
            }else{ //非图片文件读取
                readFile(fileEntry);
            }
        };
        fileWriter.onerror = function(e){ //错误处理函数
            console.log("写文件时发生错误:" + e.toString());
        };
        fileWriter.write(dataObj); //写文件
    });
}
function readBinaryFile(fileEntry){ //读取二进制文件
    fileEntry.file(function(file){
        var reader = new FileReader();
        reader.onloadend = function(){ //文件加载结束后执行回调
            displayFileData(fileEntry.fullPath + ":" + this.result);
```

```
                var blob = new Blob([new Uint8Array(this.result)],{type:
                    "image/png"});
            displayImage(blob);
        };
        reader.readAsArrayBuffer(file);
    },onErrorReadFile);
}
function displayImage(blob){//显示图像文件
    var elem = document.getElementById('imageFile');//如果是有效的图片就显示图片
    var url = window.URL.createObjectURL(blob);//创建 URL
    elem.onload = function(){window.URL.revokeObjectURL(url);/*释放 URL*/};
    elem.src = url;
}
```

【例 9 – 14】文件上传。

```
function uploadFile(fileURL){//文件上传,fileURL 是本地文件 URL 地址
    var options = new FileUploadOptions();//文件上传选项对象
    options.fileKey = "file";//表单文件域的名称
    options.fileName = fileURL.substr(fileURL.lastIndexOf('/') +1);
        //取文件名
    options.mimeType = "text/plain";//上传的文件类型设置
    options.params = {//表单其他数据
            value1:"表单数据 1",
            value2:"表单数据 2"
    };
    options.headers = {'请求头参数':'值'};//请求头
    var ft = new FileTransfer();//文件传送对象
    ft.onprogress = function(progressEvent){//上传进度处理器函数
        if(progressEvent.lengthComputable){
    console.log("当前上传:" + progressEvent.loaded);
            console.log("共计:" + progressEvent.total);
        }else{
            loadingStatus.increment();
        }
    };
    ft.upload(fileURL,encodeURI("http://www.example.com/upload.php"),
            function(result){/*上传成功回调函数,获得 FileUploadResult 对象*/
                console.log("上传" + result.bytesSent
                    + "字节,响应码:" + result.responseCode);
        },
        function(error){/*上传失败回调函数,获得 FileTransferError 对象*/
            console.log("错误代码:" + error.code);
        },options);
}
```

【例9-15】下载文件。

```
function download(){
    var filePath=cordova.file.externalApplicationStorageDirectory
    +"download.data";
    var fileTransfer=new FileTransfer();//文件传送对象
    var uri=encodeURI("http://localhost/download.jsp");//下载地址
    fileTransfer.download(uri,filePath,function(fileEntry){//执行下载后回调函数
            alert("下载完成:"+fileEntry.fullPath);//显示存储位置
        },function(error){//下载出现错误回调函数,获得一个FileTransferError对象
            alert("错误:"+error.code);
        }, false, {headers:{}}
    );
}
```

文件上传或下载过程可通过 FileTransfer 对象的 abort() 方法放弃传送数据,这个方法调用将引发一个 FileTransferError 对象错误,其错误代码是 FileTransferError.ABORT_ERR。当通过 FileTransfer 对象上传或下载文件时发生错误,错误回调函数 errorCallback() 将接收到 FileTransferError 错误对象,这个对象包括的属性 code 是错误代码,取值为 FileTransferError 对象中的常量,属性 source 是来源 URI,属性 target 是目标 URI,属性 http_status 是HTTP状态码,仅当接收 HTTP 响应时才有效。FileTransferError 对象的错误代码常量如下:

(1) FileTransferError.FILE_NOT_FOUND_ERR:文件没有找到;
(2) FileTransferError.INVALID_URL_ERR:无效 URL 地址;
(3) FileTransferError.CONNECTION_ERR:连接错误;
(4) FileTransferError.ABORT_ERR:放弃错误,执行了 abort() 方法。

【例9-16】目录拷贝。

```
function copyDir(entry){
    var parent=document.getElementById('parent').value,
    parentName=parent.substring(parent.lastIndexOf('/')+1),
    newName=document.getElementById('newName').value,
    parentEntry=new DirectoryEntry(parentName,parent);
    //拷贝目录到一个新的目录
    entry.copyTo(parentEntry,newName,function(){
        console.log("新目录:"+entry.fullPath);
    },function(error){
console.log("错误码:"+error.code);
    });
}
```

9.7.3　Camera 插件

　　Camera 插件提供了照相机拍照和从系统图片库选择照片的 API 定义,其被添加到 JavaScript 的全局对象 navigator.camera 中,要使用 Camera 插件必须在 deviceready 事件触发后。在 camera 对象中通过 camera.getPicture(successCallback, errorCallback, options)获取照片,通过照相机拍摄照片,或者从系统图片库中选择一张照片,被拍摄的照片或者从图片库选择的照片以 base64 字符串的形式或者图片文件 uri 形式发送到 successCallback() 函数。

　　当 Camera.sourceType 被设置为 Camera.PictureSourceType.CAMERA 时,Cordova 应用打开系统照相机拍照,一旦用户拍照,系统相机应用被关闭,当前应用被启动,将照片以 base64 字符串的形式返回到 successCallback() 函数。

　　当 Camera.sourceType 被设置为 Camera.PictureSourceType.PHOTOLIBRARY 或者 Camera.PictureSourceType.SAVEDPHOTOALBUM 时,getPicture() 函数返回 CameraPopoverHandle 对象(仅对 iOS 平台),照片的 URI 地址被返回给 successCallback() 函数。

　　需要注意的是,若照片的质量非常高,拍照照片会被压缩,但选择的图片文件不会被压缩,因此如果把数据放在内存会造成内存溢出问题,为了避免内存溢出,将 Camera.destinationType 参数设置为 FILE_URI,而不是 DATA_URL。

　　Camera.CameraOptions 是自定义选项对象,其包括的可设置参数如下:

　　(1) quality:照片拍摄质量,取值为 0～100,100 即保持照片原有质量,不压缩。

　　(2) destinationType:照片的目标类型,取值为 DestinationType 类型数据,默认值为 FILE_URI,可包括值为 DATA_URI(base64 编码串)、FILE_URI(文件 URI 地址)、NATIVE_URI(本地 URI 地址)。

　　(3) sourceType:照片源类型,取值为 PictureSourceType 类型数据,默认值为 CAMERA,可取值包括 PHOTOLIBRARY(从图片库选择)、CAMERA(照相机拍照)、SAVEDPHOTOALBUM(从相册选择)。对于 Android 系统 PHOTOLIBRARY 和 SAVEDPHOTOALBUM 相同。

　　(4) allowEdit:设置是否允许编辑照片,默认值为 true。

　　(5) encodingType:照片文件的编码,取值为 EncodingType 类型数据,默认值为 JPEG,可取值包括 JPEG 和 PNG。

　　(6) mediaType:媒介类型,取值为 MediaType 类型数据,默认值为 PICTURE,可设置值包括 PICTURE、VIDEO、ALLMEDIA。对于 Camera 插件,仅在 PictureSourceType 被设置为 PHOTOLIBRARY 或者 SAVEDPHOTOALBUM 时起作用。

　　(7) correctOrientation:设置是否旋转照片到正确的方向。

　　(8) saveToPhotoAlbum:设置是否存储照片到相册。

　　(9) popoverOptions:仅针对 iOS 平台,设置照片库弹出框的位置和大小。

　　(10) cameraDirection:选择相机,前置或后置相机,取值为 Direction 类型数据,默认值为 BACK,可取值包括 BACK(后置) 和 FRONT(前置)。

　　【例 9-17】拍照并将照片显示在界面上。

```
function takePhoto(){
    navigator.camera.getPicture(function(imageData){
        var image = document.getElementById('myImage');
        image.src = "data:image/jpeg;base64," + imageData;
    }, function(message){
        alert('错误发生:'+message);
    },{
        quality:50,destinationType:Camera.DestinationType.DATA_URL
    });
}
```

【例 9 – 18】从相册中选取图片并显示在界面上。

```
function selectPhoto(){
    function onSuccess(imageURI){ //选择成功后获得图片的 URL 地址
        var image = document.getElementById('myImage');
        image.src = imageURI;
    }
    function onFail(message){ //发生错误时回调函数
        alert('选择照片时发生错误:'+message);
    }
    navigator.camera.getPicture(onSuccess,onFail,{
        quality:50,
        destinationType:Camera.DestinationType.FILE_URI
    });
}
```

9.7.4 Dialogs 插件

Dialogs 插件提供了访问本地对话框的方法，定义在 navigator.notification 对象中，该对象只在 deviceready 事件被触发后才有效。Dialogs 插件提供了一些常用的对话框，使用 Dialogs 插件前需要安装插件，Dialogs 插件对话框包括：

```
navigator.notification.alert(message,alertCallback,[title],[buttonName])
navigator.notification.confirm(message,confirmCallback,[title],[buttonLabels])
navigator.notification.prompt(message,promptCallback,[title],[buttonLabels],
    [defaultText])
navigator.notification.beep(times);
navigator.notification.activityStart(title,messag)
```

```
navigator.notification.activityStop();
navigator.notification.progressStart(title,message)
navigator.notification.progressValue(ivalue)
navigator.notification.progressStop()
```

其中参数包括:

(1) message:字符串,对话框显示的字符串消息;

(2) alertCallback:函数,关闭 alert 对话框的回调函数;

(3) confirmCallback:函数,关闭 confirm 对话框的回调函数;

(4) title:字符串,可选项,对话框标题;

(5) buttonName、buttonLabels、defaultText:按钮上显示的文本,多个按钮可使用数组;

(6) times:数字,beep 次数;

(7) ivalue:数字,进度条当前值。

【例 9 – 19】对话框的组合使用。

```
<scripttype = "text/javascript">
    function onConfirm(buttonIndex){//confirm 对话框的回调函数
        if(buttonIndex = =1)return;//按钮索引从 1 开始
        navigator.notification.beep(2);
        navigator.notification.prompt(   //调用提示输入对话框
          '请输入你的名字',                 //消息
          function(results){//prompt 回调函数开始
            navigator.notification.alert(
              results.input1 + ',你已经进入 Cordova 应用系统了',   //消息
              function(){alert("本地对话框已经关闭!");},     //alert 回调函数
              '警告',                                        //标题
              '确定'                                         //按钮文本
            );//alert 对话框结束
          },//prompt 回调函数结束
          '接收输入',               //prompt 标题
          ['确定','取消'],          //prompt 按钮文本数组
          'John '              //prompt 默认输入
        );//prompt 对话框结束
    }
    navigator.notification.activityStart("加载中","请耐心等待……");//运行在 de-
viceready 之后
    setTimeout(function(){//10 秒后关闭加载对话框
        navigator.notification.activityStop();
        navigator.notification.confirm(
            '你确定进入系统吗?',//确认消息
            onConfirm,              //回调函数
```

```
            '提示',                    //对话框标题
            ['确定','退出']          //按钮文本数组
        );},10000);
</script>
```

【例9-20】模拟文件下载,实现进度对话框提示。

```
<script type = "text/javascript">
    //运行在deviceready事件之后
    navigator.notification.progressStart("下载中","请耐心等待......");
    var icurrent = 0;
    var downloadTimer = setInterval(function(){
        icurrent ++ ;
        navigator.notification.progressValue(icurrent);
        if(icurrent ==100){
            clearInterval(downloadTimer);
            navigator.notification.progressStop();
        }
    },1000);
</script>
```

9.7.5 地理位置访问

Geolocation 插件提供了设备位置信息,包括经度(longitude)和纬度(latitude)。位置信息包括 GPS、网络信息推断方式(如 IP 地址、GSM/CDMA 基站等)。没有哪种技术可以保证返回设备的实际位置。Geolocation 对象的定义是 navigator.geolocation 对象,必须在 deviceready 事件触发后才有效。Geolocation 对象包含的方法如下:

(1) navigator.geolocation.getCurrentPosition(successCallback, errorCallback, options):获取当前位置,对于 Android 平台,位置服务如果关闭并设置了 timeout,将回调 errorCallback,如果没有设置参数 timeout 则不会回调。其中参数包括:

①successCallback:当成功获得位置信息时调用的回调函数,传递一个 Position 对象;
②errorCallback:当发生错误时回调,并传递一个 PositionError 对象;
③options:获取位置信息时的选项。

(2) navigator.geolocation.watchPosition(successCallback, errorCallback, options):设备位置发生改变时获取当前位置信息,成功获取传递 Position 对象并调用 successCallback() 函数,错误发生传递 PositionError 对象并调用 errorCallback() 函数。该方法返回一个字符串类型的 ID,该 ID 可被方法 clearWatch() 调用以停止 watchPosition() 方法的执行。

(3) navigator.geolocation.clearWatch(watchID):停止由 watchPosition() 方法启动的设备位置监听。

位置插件各方法涉及的对象如下：

①Position：包括位置坐标和获取时间。

②PositionError：当获取位置过程中发生错误时该对象被传递给 geolocationError( ) 回调函数，包括 code 和 message 两个属性，code 是错误代码，包括：

❶PositionError. PERMISSION_DENIED：用户不允许 APP 定位；

❷PositionError. POSITION_UNAVAILABLE：设备不能定位，通常表示设备没有连接到网络；

❸PositionError. TIMEOUT：超时，如果设备在 geolocaitonOptions. timeout 设置的时间内没有返回位置信息，当使用 watchPosition 时，该错误会重复传递给 geolocationError( ) 回调函数。

③Coordinates：这个被附加到回调函数的对象，包括一组属性，这些属性包括：

❶latitude：用十进制表示的纬度（Number）；

❷longitude：用十进制表示的经度（Number）；

❸altitude：用米表示的球面以上的位置高度（Number）；

❹accuracy：坐标的精度等级（Number）；

❺altitudeAccuracy：用米表示的海拔高度等级（Number）；

❻heading：相对正北顺时针方向给定度数的走向（Number）；

❼speed：以秒为单位的设备行走速度（Number）。

【例 9 – 21】 在界面上显示设备位置。

```
<script type = "text/javascript"> //运行在 deviceready 之后
    navigator.geolocation.getCurrentPosition(function(position){
        alert('纬度:' + position.coords.latitude + '\n经度:'
        + position.coords.longitude + '\n海拔高度:'
        + position.coords.altitude + '\n精度:'
        + position.coords.accuracy + '\n海拔高度精度:' + position.coords.alti-
            tudeAccuracy
        + '\n方向:' + position.coords.heading + '\n速度:' + position.coords.speed
            + '\n'
        + 'Timestamp:' + position.timestamp + '\n');
    },function(error){
        alert('错误代码:' + error.code + '\n错误消息:' + error.message + '\n');
    });
</script>
```

9.8 插件开发

Cordova 插件是 Cordova 框架与本地应用交互的方式，插件提供了针对设备和平台的访问能力，插件不能应用在 Web App 中，这也包括二维码、条码扫描、NFC 通信以及日历等。

插件提供了支持每个平台本地代码库相关的 JavaScript 接口。插件通过 CLI 命令 plugin add 为应用添加需要的插件。在插件开发中，遵循 3 个基本步骤即可：

(1) 创建插件目录，并在目录下新建插件配置文件 plugin.xml；
(2) 新建".js"文件，定义对象方法，调用 cordova.exec() 方法以实现本地调用；
(3) 实现插件的本地接口，对于 Android 即定义继承 CordovaPlugin 类的 Java 类。

9.8.1 分析插件编写配置文件

实现插件前，首先明确插件需要的功能，确定插件标识、名称、遵循的协议以及关键词等基本信息，同时还要确定插件对应的 JavaScript 文件名称、位置以及对应的本地程序文件，如 Java 文件或者 C、C++ 程序文件等。明确后即可定义一个 plugin.xml 文件，首先新建一个插件目录（如 plugin），将 plugin.xml 文件放在插件目录中。

【例 9 - 22】实现 LogCat 日志插件 MyLog，编写 plugin.xml 文件。

```xml
<?xml version = "1.0" encoding = "UTF-8"?>
<plugin xmlns = "http://apache.org/cordova/ns/plugins/1.0"
        id = "my-plugin-mylog" version = "0.2.3">
    <name>MyLog</name>
    <description>My Logger</description>
    <license>Apache2.0</license>
    <keywords>cordova,log</keywords>
    <js-module src = "www/mylog.js" name = "mylog">
        <clobbers target = "mylog"/>
    </js-module>
    <platform name = "android">
        <config-file target = "config.xml" parent = "/*">
            <feature name = "MyLog">
                <param name = "android-package" value = "com.test.log.MyLog"/>
            </feature>
        </config-file>
        <source-file src = "src/android/MyLog.java" target-dir = "src/com/test/log"/>
    </platform>
</plugin>
```

在 plugin.xml 文件中，根元素 plugin 的 id 属性给出了应用添加插件时使用的标识，这个标识通常是唯一的，它确定了这个插件。js-module 指出该插件对应的 JavaScript 文件以及插件的对象名称。clobbers 元素指明这个插件在 JavaScript 系统中所处的位置，默认插件对象被附加到 window 对象。platform 元素声明了该插件在特定平台上的一些配置信息，在将插件加入项目时，Cordova 系统会自动把 config-file 下的内容添加到由 target 属性给定的配置文件中。source-file 给出了实现插件的本地代码文件。header-file 给出了源文件对应的头文件。对于使用 Java 的 Android 系统只需要 source-file，而使用 C 或 C++ 的平台需要给出 header-file。

9.8.2　JavaScript 接口编写

有了插件配置文件,就可以编写 JavaScript 接口程序了。JavaScript 接口程序是应用的前台部分,可根据需要实现相关代码,但为了与本地代码通信,在 JavaScript 接口文件中必须执行 cordova.exec 调用。调用格式如下:

```
cordova.exec(function(winParam){},function(error){},"service","action",
             ["firstArgument","secondArgument",42,false]);
```

(1) function(winParam):这是 exec() 方法成功执行后的回调函数,可根据插件功能传递任何参数;
(2) function(error):这是当 exec() 方法执行发生错误时回调的函数,参数为错误对象;
(3) service:这是本地代码调用的服务名;
(4) action:这是本地代码调用的动作名;
(5) [argument]:这是由 JavaScript 接口传递给本地代码的参数,为数组形式。

【例 9-23】在 plugin/www 目录下新建 mylog.js 文件,在文件中只是向 mylog 对象添加了一个 log 方法,module.exports 在 JavaScript 接口中代表了定义的 mylog 对象,此处将该对象实现为一个全局函数。

```
var log = function(tag,str){
    cordova.exec(function(){},function(){},"MyLog","mylog",[tag,
    str]);
}
module.exports = log;
```

9.8.3　本地实现

接口定义必须至少实现一个本地调用,针对不同的平台对应有不同的实现。本节以实现 Android 本地插件为例,说明本地插件的实现。在 Android 平台中,插件配置文件 config.xml 对应了 JavaScript 接口与 Java 类的关系,Android 通过 WebView 实现 JavaScript 接口与 Java 的通信。实现 Android 插件需要继承 CordovaPlugin 类,并覆盖 CordovaPlugin 类中的 execute() 方法。

当 JavaScript 接口调用 exec() 方法时,实际上是通过 WebView 发送调用本地 Java 程序的请求。在 plugins.xml 文件中通过 <feature> 元素定义。

```
<feature name = " <service_name >">
    <param name = "android - package"value = " <full_name_including_namespace >"/>
</feature>
```

其中 service_name 对应于 JavaScript 接口中 exec() 方法的 service 类，value 是带有包的类全名。在每个 WebView 生命周期中插件实例被创建，但直到第一次被 JavaScript 接口引用才能被初始化，可通过在 config.xml 中传递一个名字为 onload、值为 true 的 <param> 元素让插件在被创建时就初始化。插件执行初始化逻辑应被放在 initialize() 方法中，其定义格式如下：

```
@Override
public void initialize(CordovaInterface cordova,CordovaWebView webView){
    super.initialize(cordova,webView);
    //编写自己的代码
}
```

在 JavaScript 接口中执行 exec() 函数，对应本地插件调用 execute() 方法，execute() 方法的实现格式如下：

```
@Override
public boolean execute(String action,JSONArray args,CallbackContext callbackContext)
                    throws JSONException{
    if("依据 action 执行不同代码".equals(action)){
        //执行一些代码处理 args 参数
        callbackContext.success();
        return true;
    }
    return false;
}
```

【例 9-24】在 plugin/src/android 目录下新建 MyLog.java 文件。

```
package com.test.log;
import org.apache.cordova.*;
import org.json.*;
public class MyLog extends CordovaPlugin{
    public boolean execute(String action, JSONArray args, CallbackContext callbackContext)
                    throws JSONException{
        if("mylog".equals(action)){
            String tag = args.getString(0);//从 JSON 中获得来自 JavaScript 参数
            String str = args.getString(1);
            android.util.Log.d(tag,str);//输出 LogCat 日志
            callbackContext.success();//回调成功函数
```

```
            return true;
    }
    return false;
  }
}
```

9.8.4 使用插件

插件编写完成后即可调式应用到 Cordova 项目中，Cordova 提供了插件管理工具 plugman，它可以用来打包、发布插件。首先安装 plugman 工具：

```
npm install-g plugman
```

进入插件目录并执行如下命令：

```
plugman createpackagejson.
```

注意后面的英文句点（.）代表了当前目录是插件所在目录。进入 Cordova 项目目录，并执行如下命令将插件加入项目（假设插件目录的路径为"d：\plugin"）：

```
cordova plugin add file://d:/plugin
```

打开项目中的 index.js 文件，在 receivedEvent() 方法中添加如下代码：

```
mylog("JavaScript","Send Message To LogCat^_^!")
```

9.9 Cordova 事件

事件是 JavaScript 接口提供的实现应用开发的方法，通过对事件回调函数的实现达到应用系统执行的需求。Cordova 包括一些预定义的事件，其能够满足应用程序的需求，这些事件包括：

（1）deviceready：设备初始化完成，Cordova 被加载完成时触发，所有 Cordova 操作均在该事件触发后开始；

（2）pause：暂停事件，Cordova 应用被设置为在后台运行时触发；

（3）resume：继续执行事件，在系统从后台恢复 Cordova 应用时触发；

（4）backbutton：在用户单击后退按钮时触发；

（5）menubutton：在菜单按钮被单击时触发；

（6）searchbutton：在搜索按钮被单击时触发，仅支持 Android 平台；

（7）startcallbutton：在开始呼叫按钮被单击时触发，仅支持黑莓平台；

（8）endcallbutton：在结束呼叫按钮被单击时触发，仅支持黑莓平台；

（9）volumedownbutton：在音量增大按钮被单击时触发，仅支持黑莓和 Android 平台；

（10）volumeupbutton：在音量减小按钮被单击时触发，仅支持黑莓和 Android 平台；

（11）batterycritical：在电池充电达到临界点时触发；

（12）batterylow：在电量小于等于1%时触发；

（13）batterystatus：在电池状态发生变化时触发；

（14）online：在处于断网的应用能够连接网络时触发；

（15）offline：在处于连接状态的应用断网时触发。

Cordova 应用在 deviceready 事件触发时开始，所有其他事件注册必须在 deviceready 事件触发后进行。offline 事件的注册格式如下：

```
document.addEventListener("offline",yourCallbackFunction,false);
```

在实际应用开发中，通常将 deviceready 事件的注册放在文档加载完成事件中，使用文档的 onload 事件注册 deviceready，其他事件在 deviceready 处理函数中注册。

【例 9-25】deviceready 事件注册。

```
<!DOCTYPE html >
<html >
  <head >
    <title >Device Ready 事件示例</title >
    <script type = "text/javascript" charset = "utf-8" src = "cordova.js" >
      </script >
    <script type = "text/javascript" charset = "utf-8" >
        function onLoad(){//注册事件
            document.addEventListener("deviceready",onDeviceReady,false);
        }
        function onDeviceReady(){//事件回调函数,注册其他事件
            document.addEventListener("resume",onResume,false);
        }
        function onResume(){/*其他事件回调函数*/}
    </script >
  </head >
  <body onload = "onLoad()" > </body > <!-- 文档加载完成后注册事件 -->
</html >
```

需要注意电池相关事件注册采用 window.addEventListener() 方法。

习 题

1. CLI 创建、编译、运行项目的相关命令有哪些？
2. 编写一个 SQLite 数据库数据操作插件。

3. 通过 Cordova 如何获取来自服务器的数据？编写程序实现从远程服务器获取数据的功能。

4. 使用 Java Web 技术开发一个服务器端网站程序，使其能够添加新闻类型及新闻内容，通过 Cordova 实现移动端 APP 新闻客户端。

5. 应用 Cordova 实现简单的商品列表和商品详细页面，具体数据通过 JSON 格式给出。

习题答案与讲解

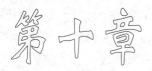

AngularJS 框架

AngularJS 是当前较为流行的 Web 前端开发框架,其采用了 MVC 作为基础,实现了 MVVM 模式。本章通过对 AngularJS 进行分析,通过概念阐述、实例分析让读者快速掌握 AngularJS 的应用,以及通过 AngularJS 开发 Web 前段应用程序的基本过程。学习本章内容需要具有如下预备知识:

(1) HTML:超文本标记语言;
(2) CSS:层叠样式表,用来美化 HTML 的展示效果;
(3) JavaScript:浏览器解析执行的脚本语言,可为界面提供丰富的交互能力。

10.1 AngularJS 简介

作为优秀框架的 AngularJS 是包括视图、控制器、视图模型的综合应用框架。其在 2009 年由 Misko Hevery 等人创建,并在后期由 Google 收购发展。AngularJS 弥补了 HTML 的缺陷和不足,使得 Web 应用在前端开发中实现了模块化、数据双向绑定、自定义标签和依赖注入。AngularJS 的主要目的是更好地构建 CRUD(增加 Create、查询 Retrieve、更新 Update、删除 Delete)应用的前端。AngularJS 使浏览器能够识别更多的语法结构,在 AngularJS 中这些新的语法结构被称为指令。AngularJS 提供了创建 CRUD 应用程序的所有相关内容,包括:数据绑定、模板指令、表单验证、路由、深度链接、重用部件以及依赖注入等。它也使程序容易测试,包括单元测试、端到端测试、模拟测试工具等。

对于基于 Web 的网页游戏之类的应用并不适合使用 AngularJS 框架,游戏或者 GUI 编辑器这样的程序具有复杂的 DOM 操作控制,不同于 CRUD 应用系统,这些都不适合使用 AngularJS,这样的应用更加适合比较低级的库,比如 jQuery 库等。

AngularJS 在创建 UI 和关联部件时使用指令比使用代码要好,在表达应用的业务逻辑时使用代码更有优势,这样能更大限度地减少业务逻辑对 DOM 的操作,也提升了软件的可测试性。测试代码的重要性等同于应用代码的编写。AngularJS 也使客户端与服务器端分离,从而有效地提升了应用开发工作的并行性,也从界面设计、编写逻辑代码到测试给开发人员开发应用程序提供了一个完整的步骤。AngularJS能够让开发人员从以下几个工作中解脱出来:

(1) 注册回调函数。回调函数的注册通常会造成代码凌乱,让人阅读起来很困难,AngularJS 移除了公共的代码样板,极大地降低了 JavaScript 代码量,让程序更容易阅读和理解。

(2) 操作 DOM 元素。在 Web 前端开发中通过代码操作 HTML DOM 是 AJAX 应用的基本内容，但是以往的操作很复杂，且容易出现错误，AngularJS 通过声明式描述 UI 应如何改变状态，从而使得开发人员从低级的 DOM 操作中解放出来。通过 AngularJS 编写的应用程序从不依赖程序操作 DOM，当然如果开发者想通过程序操作 DOM 也是可行的。

（3）UI 之间的数据交互。对于通过 AJAX 为主实现的 CRUD 操作，从服务端得到数据传给 HTML 的表单，允许用户修改表单内容、验证表单、显示验证错误以及返回到服务端，但这需要创建许多样板代码，AngularJS 则消除了这些样板代码，只留下了描述性代码，而非细节。

（4）写大量代码以开始应用实现。在实现一个"HelloWorld"的 AJAX 应用时通常需要编写许多代码才能实现，而使用 AJAX 的服务则可以轻松实现。通过依赖注入可实现自动注入到应用系统，并且可完全控制自动测试的初始化处理。

AngularJS 的核心包括双向数据绑定、表达式、指令、视图和路由、过滤器、表单、组件以及 AngularJS 表单，要掌握 AngularJS，需要掌握如下基本概念：

（1）模板（Template）：它是全部或部分 HTML 代码的集合，通过 AngularJS 框架控制以显示 HTML 页面内容；

（2）指令（Directives）：它是应用在 HTML 标签上的一些 AngularJS 定义的属性或元素；

（3）模型（Model）：它是与用户交互或显示给用户的数据；

（4）范围（Scope）：它是模型（Model）被存储的上下文，控制器、指令、表达式可直接访问；

（5）表达式（Expressions）：它是访问范围（Scope）中的变量或函数，输出计算式结果；

（6）编译器（Compiler）：它解析模板、指令以及表达式，让浏览器识别新 HTML 语法；

（7）过滤器（Filter）：它对显示给用户的表达式结果进行格式化处理；

（8）视图（View）：它是 AngularJS 编译器的结果，是用户能够看到的界面（HTML DOM）；

（9）数据绑定（Data Binding）：它是视图与模型之间交互的结果，AngularJS 支持双向数据绑定；

（10）控制器（Controller）：它向表达式和指令提供模型初始化和函数管理；

（11）依赖注入（Dependency Injection）：向其他组件提供创建、传送对象和函数；

（12）模块（Module）：它应用的不同部分，是控制器、服务、过滤器、指令等的容器；

（13）服务（Service）：它是可重使用的业务逻辑；

（14）应用（Application）：它是 AngularJS 框架的作用范围；

（15）组件（Component）：它适合组件化应用结构的配置化特殊指令。

值得注意的是，AngularJS 是一个框架。所谓框架，是为应用系统开发提供方式方法的程序体系，而库是已经预定义的函数及对象等的集合，在 JavaScript 语言体系中出现了不少流行的、功能丰富的库，如 jQuery 库。

10.2 AngularJS 基础

AngularJS 包括一些基本的概念，只有掌握这些概念才能真正掌握 AngularJS。AngularJS 是一个完整的 Web APP 前端解决方案，包括所有对 DOM 和 AJAX 的处理，而且提供了较好的程序结构，同时提供了很好的测试方式。

10.2.1 模块

模块（module）是 AngularJS 执行处理的范围，是应用配置集合以及应用启动时的运行块，是控制器、服务、过滤器、指令等的容器，也是 AngularJS 的开始。使用模块有以下几个方面益处：

（1）声明处理简单，也更容易理解；
（2）模块容易重复使用；
（3）模块是延迟计算的，因此加载模块无须考虑顺序；
（4）单元测试仅加载相关模块，可提升测试效率；
（5）端到端测试可使用模块覆盖配置。

AngularJS 的其他部件都依赖模块实现，每个部件在模块中都可以找到对应的定义方法，其包括的相关方法见表 10-1。

表 10-1 模块的方法

序号	方法	说明
1	provider(name, providerType);	定义部件的配置服务
2	factory(name, providerFunction);	定义部件的工厂方法
3	service(name, constructor);	定义可依赖注入类
4	value(name, object);	定义可依赖注入的值，包括字符串、数组、数值、对象、函数等，不接收注入
5	constant(name, object);	定义可依赖注入的常量服务，不接收注入
6	decorator(name, decorFn);	定义可依赖注入的服务创建拦截器，可修改服务
7	animation(name, animationFactory);	定义一个 $animate 服务使用的动画
8	filter(name, filterFactory);	定义一个过滤器
9	controller(name, constructor);	定义一个控制器
10	directive(name, directiveFactory);	定义一个指令
11	component(name, options);	定义一个组件
12	config(configFn);	配置服务，定义模块加载时执行的函数
13	run(initializationFn);	定义完成模块加载后执行的函数

AngularJS 中模块使用非常简单，其定义格式如下：

```
var myAppModule = angular.module("模块名",[]);
```

在模块的定义语句中使用了 Module API，其第二个参数使用了一个空数组，这个数组是模块依赖的其他模块列表，多次定义模块时，后面定义的模块会覆盖前面定义的模块。模块定义后可通过同样的方式查找模块：

```
angular.module("模块名");
```

当模块不存在时抛出异常,模块引用时可依赖注入给其他模块使用,也可直接从 HTML 模板中启动模块,在 HTML 模板中使用 AngularJS 的模块的格式如下:

```
<div ng-app = "模块名" > </div>
```

可将模块定义在 HTML 的任何一个标签上,在实际的应用开发中,推荐采用多个模块实现整个应用,为每个功能提供对应的模块,对可重用内容提供模块。模块在整个应用中仅被加载一次。模块是管理 $ injector 配置的方法,模块在加载到虚拟机的过程中什么都不做,在现有项目中,通过 AngularJS 处理脚本加载,可利用这一特性并行处理加载。

10.2.2 数据绑定

数据绑定在 AngularJS 中是模型与视图之间的数据交换,这种数据交换是自动完成的,是双向数据绑定,即当模型数据变化时,视图数据发生变化,相反,视图数据变化时,模型数据也会发生变化,不管什么时候视图都是模型的映射。图 10-1 所示为来自 AngularJS 官方的数据绑定示意。

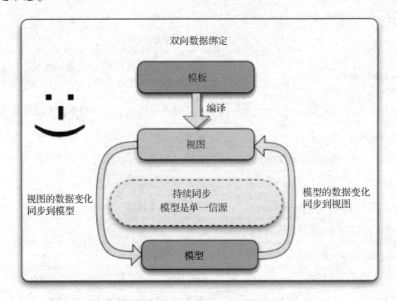

图 10-1 AngularJS 双向数据绑定

在传统的开发模式中,模型与视图之间的数据是单向的,当视图数据发生变化时不能及时反映到模型,同样模型数据发生变化时也不能及时反映到视图,必须通过编写代码程序实现这种同步。AngularJS 则解决了这类问题,让程序开发人员从这种繁重的工作中解放出来。

在 AngularJS 中可通过数据绑定实现模型和视图的双向数据映射,AngularJS 的模板与传统模板不同,模板中包括 HTML 以及 AngularJS 定义的指令和附加标签,编译器使模板与模型组合成灵活的视图,这使得对视图的变化能够及时反映到模型,同样对模型的变化也可及时反映到视图。可以把视图看作模型的实时映射。这种映射使控制器能够被完全分类出来独立存在,并且可脱离浏览器或 DOM 进行测试。

10.2.3 表达式

在 AngularJS 中可以使用类似 JavaScript 语言的表达式,通常 AngularJS 的表达式被放在标签 {{表达式}} 中,以下是合法的 AngularJS 表达式:

```
6-3+2    aa+bb    object.attribute    array[index]
```

AngularJS 与 JavaScript 语言表达式类似,但也有一些不同:

(1) 上下文不同。JavaScript 语言表达式依赖全局 window 对象,但 AngularJS 表达式依赖范围 $scope 对象,在 AngularJS 中没有使用 eval() 计算表达式,而是使用 $parse 服务处理。AngularJS 的表达式不访问全局对象,如 window、document 以及 location 等。但是 AngularJS 提供了类似的对象($window、$location)等在表达式中使用。

(2) 计算更宽松。当计算没有定义的属性时 JavaScript 语言抛出错误 ReferenceError 或者 TypeError,AngularJS 将结果计算为 undefined 或 null。如表达式 a.b.c,在 JavaScript 语言中,如果 a 对象不存在就会抛出异常,而 AngularJS 的表达式计算主要用来绑定数据,因此,其会返回 undefined 或者 null,这样在界面上什么都不显示。

(3) 无控制语句。在 AngularJS 中不可以使用条件、循环、异常等,除了三元运算符(表达式1?表达式2:表达式3),在 AngularJS 的表达式中不能使用控制流语句。

(4) 无函数声明。在 AngularJS 表达式中不可以声明函数,即使在 ng-init 指令中也不可以,这是为了避免在模板中进行复杂的逻辑处理,通常将这些复杂的逻辑处理放在控制器中。

(5) 没有正则表达式。在 AngularJS 表达式中不能使用 RegExp 对象和正则表达式。

(6) 没有逗号和 void 操作符,在 AngularJS 表达式中不能使用逗号和 void 操作符。

(7) 可使用过滤器。在 AngularJS 表达式中可以使用过滤器格式化显示的数据。

在使用 AngularJS 表达式时,如果想要使用复杂的 JavaScript 语言代码,可以构建一个控制器并定义方法,然后在 View 中调用控制器中的方法。若想使用 eval() 方法动态运行 JavaScript 语言代码,AngularJS 提供了 $eval() 方法。

在事件处理上,AngularJS 提供了 $event 对象代替 JavaScript 语言中的 Event 对象,当使用 jQuery 库时,$event 对象就是 jQuery 库的 Event 对象。需要注意的是,$event 不在 scope 中,通常以参数形式传递给事件处理函数。

AngularJS 为了减少表达式监控负担,提供了一次表达式,即一个表达式以两个冒号(::)开始,这样的表达式一旦被计算,即不再重复计算,但表达式的结果必须是非 undefined 值。这种一次表达式的主要目的是提供创建一旦绑定完成资源就会被释放的数据绑定,从而减小表达式监控负担,使表达式扫描循环更快,并允许更多信息同时显示。

10.2.4 控制器和范围

控制器(controller)是一个函数,用来初始化范围(scope)。AngularJS 的模型数据被保存在范围中,范围是 AngularJS 表达式的上下文,也是 AngularJS 中的模型,在 AngularJS 中范围具有继承性。在 AngularJS 中通过指令 ngController 将控制器与视图中的 DOM 元素关联起来。在定义控制器中，AngularJS 通过依赖注入将 $scope 对象注入控制器，在控制器中即可向 $scope 对象中存入模型数据或定义其在视图中的使用方法。在以下几种情况下不要使用控制器：

（1）不操作 DOM 元素。控制器应该只包括计算，只作为指令操作 DOM 的助手。

（2）不格式化输入。不应使用控制器来格式化输入，应使用 AngularJS 的表单控件替代。

（3）不过滤输出。对于过滤数据使用 AngularJS 的过滤器。

（4）不在控制器之间共享代码或状态。这时应该使用 Angular 的 Services 实现。

（5）不应管理其他部件的生命周期，如创建 Service 实例。

AngularJS 的控制器就是一个类或一个构造函数，它向模板中的指令提供了模型和行为支持。

【例 10-1】创建控制器，向 $scope 对象附加属性和行为。

```
<script type="text/javascript">
    var myApp = angular.module("myApp",[]);//定义模块即AngularJS应用
    //定义应用控制器,注入$scope对象,数组第一个参数$socpe为注解
    myApp.controller("GreetingController",["$scope",
      function($scope){
        $scope.greeting = "你好!";//向$scope添加模型并初始化
        $scope.double = function(value){return value*2;};//添加行为
    }]);
</script>
```

【例 10-1】创建了一个 myApp 的 AngularJS 应用模块，并通过 .controller() 方法定义控制器。控制器关联到 DOM 才有效，这需要 ngController 指令。

【例 10-2】将 GreetingController 控制器关联到 DOM 元素。

```
<div ng-controller="GreetingController">
    {{greeting}}
    <input ng-model="num">的两倍结果是{{double(num)}}
</div>
```

附加到 $scope 对象的属性和行为即模型的属性和行为，$scope 中的属性和行为在模板和视图中都是有效的，且可在表达式以及 ng 事件处理指令（如 ngClick）中使用。通常控制器仅包括对应的单个视图需要的业务逻辑，不应该做太多的事情。保持控制器与其他组件分离，如不要把控制器包括在服务中，并且不要在控制器中直接实例化和使用服务，而应通过依赖注入方式使用服务。多个控制器可使用 ngController 指令或 $route 服务隐式地通过 $scope 对象关联在一起。控制器应用的简单步骤如下：

（1）编写模板，向模板中绑定数据；

（2）定义应用模块及控制器，依赖注入 $scope 对象，在控制器中初始化模型，控制器命名约定采用大写字母开始并以 Controller 作为后缀。

控制器支持继承，即根据 DOM 的层次关系，在不同层次上定义的控制器所包含的模型都将继承其父节点模型，且可以继承或覆盖父模型的成员。

10.2.5 指令

指令是 DOM 元素上的标记，包括属性、元素名、注释、CSS 类等，其目的是告诉 AngularJS 的 HTML 编译器（$compile）向 DOM 元素或 DOM 元素的事件和子元素附加特定的行为。AngularJS 内置了许多指令，如 ngBind、ngModel 以及 ngClass 等，而且可自定义指令。当 AngularJS 启动应用时，HTML 编译器将指令关联到 DOM 元素上，HTML 编译就意味着附加事件监听器到 HTML 元素，其目的就是处理附加的指令。

AngularJS 指令是区分大小写的，但 HTML 不区分大小写，因此在 DOM 中使用指令采用小写形式，且采用短线属性，如 ng-model，常规处理如下：

（1）查找 x-或 data-开头的元素或属性（x-ng-等价于 ng-）；
（2）转换冒号（:）、减号（-）、下划线（_）等分隔的名字为驼峰格式。

建议采用减号格式，如 ng-bind 对应 ngBind 指令，如果希望使用 HTML 验证，则可在前面增加 data-，如 data-ng-bind 对应 ngBind 指令，其他形式的指令应该避免使用。

$compile 能匹配指令给予元素名字、属性、CSS 类名以及注释等，所有 AngularJS 提供的指令匹配属性、标签名、注释或 CSS 类名。

【例 10 – 3】指令使用的 4 种形式。

```
<my-dir></my-dir><!--标签方式,推荐-->
<span my-dir="exp"></span><!--属性方式,推荐-->
<!--directive:my-dir exp--><!--注释方式-->
<span class="my-dir: exp;"></span><!--CSS 样式方式-->
```

AngularJS 内置了很多指令，见表 10 – 2，这些指令基本满足一般应用程序开发的需求，在实际开发中如果内置指令不能满足需要，AngularJS 也提供了自定义指令方式。

表 10 – 2 AngularJS 指令

序号	指令	优先级	描述
1	a	0	替代 HTML 的 <a> 标签
2	form	0	可嵌套的表单，别名为 ngForm
3	input	0	替代 HTML 的 <input> 元素
4	ngApp	0	自动启动一个 AngularJS 应用
5	ngBind	0	数据绑定，同 {{exp}}，不希望 {{}} 出现时采用 ngBind
6	ngBindHtml	0	绑定的数据中包含 HTML 元素

续表

序号	指令	优先级	描述
7	ngBindTemplate	0	可包含多个 {{}}
8	ngBlur	0	给元素添加失去焦点事件，$event 对象有效
9	ngChange	0	改变 < input > 内容时立即触发，与 HTML 的 onchange 不同
10	ngChecked	100	设置元素的 checked 属性
11	ngClass	0	给 HTML 元素动态设置 CSS 类
12	ngClassEven	0	与 ngClass 同，但在循环处理时只针对偶数行元素
13	ngClassOdd	0	与 ngClass 同，但在循环处理时只针对奇数行元素
14	ngClick	0	给元素添加单击事件，$event 对象有效
15	ngCloak	0	Angular 编译完成前避免界面闪烁效果发生
16	ngController	500	向视图附加控制器，创建新 scope
17	ngCopy	0	给元素添加复制事件，$event 对象有效
18	ngCsp	0	让 AngularJS 突破安全策略规则
19	ngCut	0	给元素添加剪贴事件，$event 对象有效
20	ngDblClick	0	给元素添加双击事件，$event 对象有效
21	ngDisabled	100	设置元素的 disabled 属性
22	ngFocus	0	给元素添加获取焦点时触发的事件，$event 对象有效
23	ngForm	0	嵌套 form 指令，将表单控制器发布到 scope，form 的别名
24	ngHide	0	隐藏元素
25	ngHref	99	HTML < a > 标签的 href 属性指令
26	ngIf	600	依据表达式删除或重新创建 DOM 元素
27	ngInclude	400	创建新 scope，包含外部 HTML
28	ngInit	450	当前模型初始化，推荐使用控制器代替这个指令
29	ngJq	0	改变 AngularJS 使用的 JavaScript 库，默认为 jqLite
30	ngKeydown	0	给元素添加键盘键按下事件，$event 对象有效
31	ngKeypress	0	给元素添加键盘键单击事件，$event 对象有效
32	ngKeyup	0	给元素添加键盘键弹起事件，$event 对象有效
33	ngList	0	指定字符串或数组的分隔字符，默认是逗号加空白符","
34	ngMaxlength	0	给 HTML 表单控件或自定义控件添加最大值验证
35	ngMinlength	0	给 HTML 表单控件或自定义控件添加最小值验证
36	ngModel	1	绑定表单域和 scope 属性，使用 NgModelController
37	ngModelOptions	0	设置模型更新模式

续表

序号	指令	优先级	描述
38	ngMousedown	0	给元素添加鼠标键按下事件，$event 对象有效
39	ngMouseenter	0	给元素添加鼠标进入事件，$event 对象有效
40	ngMouseleave	0	给元素添加鼠标离开事件，$event 对象有效
41	ngMosuemove	0	给元素添加鼠标移动事件，$event 对象有效
42	ngMouseover	0	给元素添加鼠标滑过事件，$event 对象有效
43	ngMouseup	0	给元素添加鼠标键弹起事件，$event 对象有效
44	ngNonBindable	1000	不要绑定当前元素，Anguar 编译时跳过带有该指令的元素
45	ngOpen	100	设置元素展开/打开内容
46	ngOptions	0	动态创建 <option> 标签元素
47	ngPaste	0	给元素添加粘贴事件，$event 对象有效
48	ngPattern	0	给 HTML 表单控件或自定义控件添加正则表达式验证
49	ngPluralize	0	按规则显示消息文本
50	ngReadonly	100	设置元素的 readOnly 属性
51	ngRepeat	1000	遍历集合并每次初始化模板和新建 scope
52	ngRequired	0	设置 HTML 表单域控件或自定义控件必须输入内容
53	ngSelected	100	设置元素的 selected 属性
54	ngShow	0	显示元素
55	ngSrc	99	<Img> 标签的 src 指令
56	ngSrcset	99	包含 srcset 属性的 <html> 标签处理 {{hash}}，参见 ngHref
57	ngStyle	0	用对象形式设置元素的 CSS 样式，如果属性不能直接作为对象的属性，则需要用引号括起来，如：'background-color'
58	ngSubmit	0	提交表单，避免 form 的默认行为，但 form 中不包括 action data-action x-aciton 属性，$event 对象有效
59	ngSwitch	1200	依据条件执行模板处理
60	ngTransclude	0	定义内容插入点，以元素使用时用 ngTranscludeSlot 属性
61	ngValue	0	绑定表达式到 option、radio 的值
62	script	0	把 HTML 的 <script> 元素中的内容放入 $templateCache，元素 <type> 的属性值必须是 text/ng-template，必须提供可作为指令的 templateUrl 使用的 id 属性作为模板的名字
63	select	0	AngularJS 对应的 HTML <select> 标签元素
64	textarea	0	替代 HTML 的 <textarea> 元素，让其处理等同 <input> 元素

【例10-4】在登录表单中使用 AngularJS 指令。

```html
<body ng-controller = "LoginController">
 <form>
  <label>用户:</label><input type = "text" ng-model = "name"/>
  <label>密码:</label><input type = "password" ng-model = "pass"/>
  <input type = "submit" ng-click = "login()" value = "登录"/>
 </form>
</body>
```

在【例10-4】中使用 ngApp 指令自动启动 AngularJS 应用,如果没有这个指令或一个 HTML 文档中包含多个 ngApp 指令,必须采取手工启动方式,即调用 angular. bootstrap()方法实现应用启动。ngController 指令将当前 HTML 整个页面与 LoginController 控制器关联起来,ngModel 指令将表单域与 scope 提供的模型绑定在一起。

10.2.6 模板

AngularJS 中模板是通过 HTML5 语言编写的文件或碎片,它与其他 HTML5 语言编写的内容的区别就在于它包括了 AngularJS 元素和属性,AngularJS 负责将模型、控制器以及模板融合产生用户在浏览器上看到的视图。AngularJS 的元素和属性包括:

(1) 指令:一个 DOM 元素或元素的属性;
(2) 标签:双大括号,即"{{"和"}}",AngularJS 的唯一一个内置标签,绑定表达式和元素;
(3) 过滤器:格式化显示的数据。
(4) 表单控制:效验用户输入。

在简单的 APP 中,模板由 HTML、CSS 和 AngularJS 指令构成,被放在一个 HTML 文件中。对于复杂的 APP 系统,模板可采用碎片,实现一个页面显示多个视图,可采用 ngView 指令加载模板碎片并传递给路由 $route 服务。

【例10-5】编写一个 AngularJS 模板。

```html
<div>
 <form>
   <h1>AngularJS 模板</h1>
   <input ng-model = "username" type = "text">
   <input ng-model = "mobile" type = "text">
   <!--按钮文本动态显示-->
   <button ng-click = "changeModel()">{{buttonText}}</button>
 </form>
</div>
```

10.2.7 服务

AngularJS 服务是使用依赖注入链接在一起的可替代对象,在应用之间组织和共享代码。可将 AngularJS 的服务看作向其他部件提供帮助的对象或函数,AngularJS 提供了一些内置的服务,如 $http,在实际应用开发中还可自定义服务,AngularJS 服务的特点是延迟初始化和单个实例,即在需要的时候才会初始化,每个部件只是使用服务单个实例的一个引用。与其他 AngularJS 核心标识符类似,服务总是以美元符号($)开头。

向部件中增加服务依赖即可使用给定的服务,AngularJS 的依赖注入子系统负责注入需要的服务,AngularJS 内置服务见表 10-3。

表 10-3 AngularJS 内置服务

序号	服务	说明
1	$anchorScroll	滚动元素到 hash 位置
2	$animate	提供动画支持
3	$animateCss	动画实际执行的服务
4	$cacheFactory	缓存工厂构造 Cache 对象并提供访问
5	$compile	编译模板并提供模板函数,将 scope 与模板链接在一起
6	$controller	初始化控制器
7	$document	对应浏览器的 window.document 对象
8	$exceptionHandler	异常处理服务
9	$filter	格式化数据的过滤器服务
10	$http	远程 HTTP 请求服务
11	$httpBackend	$http 后端处理对象,从不直接使用
12	$httpParamSerializer	$http 服务的数据序列化服务
13	$httpParamSerializerJQLike	按 jQuery 库的 param 方法序列化参数,参数按字母顺序排列
14	$interpolate	被 $compile 服务使用以绑定数据
15	$interval	对应 window.setInterval(),每隔若干毫秒执行一次函数
16	$locale	国际化字符串处理
17	$location	解析浏览器地址中的 URL
18	$log	日志服务,向控制台输出消息
19	$parse	转换 angular 表达式为函数
20	$q	异步处理服务

续表

序号	服务	说明
21	$rootElement	angular 应用的根元素，带 ngApp 的元素，或传递给 angular.bootstrap 方法的元素
22	$rootScope	应用的根范围，其他范围是根的后代范围
23	$sce	安全内容转义服务
24	$sceDelegate	$sce 服务的委托代理服务
25	$templateCache	模板加载后的缓存服务
26	$templateRequest	执行安全检查并通过 $ http 下载模板
27	$timeout	window.setTimeout（）封装，格式为 $ timeout（[fn]，[delay]，[invokeApply]，[Pass]）;，通过 $ timeout.cancel（promise）取消
28	$window	浏览器 window 对象的引用
29	$xhrFactory	创建 XMLHttpRequest 对象

【例 10-6】用 AngularJS 实现电子表。

```
<script type="text/javascript">
var myApp = angular.module("exampleApp",[]);
myApp.controller("ClockController",["$ scope","$ interval","dateFilter",
                 function($ scope,$ interval,dateFilter){
    $ scope.format = "yyyy年MM月dd日 hh:mm:ss";
    var mydate = $ interval(function(){
    $ scope.currentDate = dateFilter(new Date(),$ scope.format);},1000);
    $ scope.stop = function(){$ interval.cancel(mydate);}}]);
</script>
```

【例 10-6】定义了控制器 ClockController，并注解控制器依赖 $scope 对象、$interval 服务、dateFilter 过滤器，dateFilter 过滤器与使用 $filter 服务相同，$interval 返回一个 Promise 对象，应用 $interval 服务的 cancel（）方法可取消 $interval 服务。

10.2.8　过滤器

AngularJS 中过滤器使显示给用户的数据按照需要进行格式化处理，过滤器可以使用在模板、控制器、服务中，并且如果需要，可以自己定义一个过滤器。过滤器由 filterProvider 底层 API 提供。AngularJS 中内置了一些常见的过滤器，见表 10-4。

表 10-4　AngularJS 中内置的过滤器

序号	过滤器	说明
1	currency	格式化货币显示，默认符号依据本地不同
2	date	格式化日期
3	filter	从数组中选择一个子集并返回新数组
4	json	把一个 JavaScript 对象转换成 JSON 格式字符串
5	limitTo	返回给定数目的元素
6	lowercase	转换字符为小写
7	number	格式化数字为文本
8	orderBy	依据表达式对数组排序
9	uppercase	转换字符为大写

在模板中使用过滤器格式如下：

`{{expression |filter}}`

同时使用多个过滤器格式如下：

`{{expression |filter1 |filter2 |...}}`

过滤器也可以接收参数，接收参数的过滤器格式如下：

`{{expression |filter:arg1:arg2:...}}`

在控制器、服务以及指令中使用过滤器，方式是通过 $filter 服务或名称为 <filterName> Filter 的过滤器的依赖注入控制器、服务或指令。被注入的依赖是一个方法，方法的第一个参数为数据，第二个及后面的参数为过滤器参数，【例 10-6】中控制器使用了 dateFilter 过滤器格式化日期。日期格式串见表 10-5 和表 10-6。

表 10-5　日期格式串

序号	格式串	描述	取值示例
1	yyyy	4 位年份	2016
2	yy	2 位年份	16
3	y	1 位年份	1
4	MMMM	月份	January-December
5	MMM	月份	Jan-Dec
6	MM	月份	01-12
7	M	月份	1-12

续表

序号	格式串	描述	取值示例
8	LLLL	月份	January–December
9	dd	日	01–31
10	d	日	1–31
11	EEEE	星期	Sunday–Saturday
12	EEE	星期	Sun–Sat
13	HH	24 小时制	00–23
14	H	24 小时制	0–23
15	hh	12 小时制	01–12 AM/PM
16	h	12 小时制	1–12 AM/PM
17	mm	分钟	00–59
18	m	分钟	0–59
19	ss	秒	00–59
20	s	秒	0–59
21	sss	毫秒	000–999
22	a	AM/PM 标记	AM/PM
23	Z	4 位时间偏移	−1200 – +1200
24	ww	一年中的星期	00–53
25	w	一年中的星期	0–53
26	G，GG，GGG	年代的简写	AD
27	GGGG	年代的全称	Anno Domini

表 10 – 6　日期格式串预定义本地化格式

序号	格式串	等价	取值示例
1	medium	MMM d, y h: mm: ss a	Mar 31, 2016 12：00：00 AM
2	short	M/d/yy h: mm a	3/31/16 12：00 AM
3	fullDate	EEEE, MMMM d, y	Thursday, March 31, 2016
4	longDate	MMM d, y	March 31, 2016
5	mediumDate	MMM d, y	Mar 31, 2016
6	shortDate	M/d/yy	3/31/16
7	mediumTime	H: mm: ss a	12：00：00 AM
8	shortTime	H: mm	12：00 AM

【例10-7】过滤器应用的不同形式。

```
<script type="text/javascript">
var myApp = angular.module("exampleApp",[]);
myApp.controller("FilterController",["$scope","$filter",function
    ($scope,$filter){
    $scope.acheive=[89,78,68,90,88,56];
    $scope.amount = $filter("currency")(128.76,'￥',2);
}]).controller("Filter1Controller",["$scope","limitToFilter",function($scope,
    limitToFilter){
    $scope.str = "This is a book!";
    $scope.limitstr = limitToFilter($scope.str,6,5);
}]).controller("Filter2Controller",["$scope",function($scope){
    $scope.nowdate = new Date();
}]);
</script>
```

【例10-7】中,一个AngularJS应用中包含了多个控制器的定义。

10.2.9 依赖注入与自定义部件

依赖注入(Dependency Injection, DI)是一种应用设计模式,所谓"依赖",是指一个部件在其定义中应用到了其他部件,使用时无须在定义中初始化依赖部件,而是由注入器(injector)根据需要实例化后自动注入。AngularJS中依赖注入无处不在:

(1) AngularJS的部件定义时通过可注入工厂方法或构造方法注入其他部件;
(2) 通过构造函数定义控制器可注入服务或值;
(3) run()方法接收一个函数,可注入服务、值以及常量,但不能注入providers;
(4) config()方法接收一个函数,可注入provider、常量,但不能注入服务、值。

在自定义服务、指令、过滤器时会用到工厂方法,通过模块注册这些工厂方法,AngularJS框架推荐使用格式如下:

```
angular.module('myModule',[])
.factory('serviceId',['dependencyService',function(dependencyService){
    //自定义服务
}])
.directive('directiveName',['dependencyService',function(dependencyService){
    //自定义指令
    }])
.filter('filterName',['dependencyService's,function(dependencyService){
    //自定义过滤器
}]);
```

AngularJS 向模块提供了在配置期和运行期执行一个函数的方式，这就是 config( ) 和 run( ) 方法，函数以注入方式提供需要的依赖，其格式如下：

```
angular.module('myModule',[])
.config(['dependencyProvider',function(dependencyProvider){
    //配置期执行
}])
.run(['dependency',function(dependency){
    //运行期执行
}]);
```

在 AngularJS 中，函数通过注入获得依赖，而依赖在 AngularJS 中通过注解形式声明。注解有三种形式：

（1）使用内联数组注解，推荐使用的方法，其格式为如下：

```
myModule.controller('MyController',['$scope','dependency1',function($scope,dependency1){
    //...
}]);
```

（2）使用 $inject 属性注解，其格式如下：

```
var MyController = function($scope,dependency1){
    //...
}
MyController.$inject = ['$scope','dependency1'];
myModule.controller('MyController',MyController);
```

（3）从函数参数名称中隐式获取需要注入的依赖，这是最简单的方式，但不推荐使用，如果想避免使用隐式注解，可在 ngApp 指令所在元素上使用指令 ng-strict-di 禁止隐式注解。

【例 10-8】严格模式使用依赖注入。

```
<!DOCTYPE html>
<html ng-app="exampleApp"ng-strict-di>
...
</html>
```

运行【例 10-8】，在浏览器的控制台可看见错误消息：Error：[$injector：strictdi]，其原因就是使用了严格模式，造成隐式使用依赖注入抛出错误。

10.3 路　　由

路由是 AngularJS 中页面的导航模式，通过路由很容易将 AngularJS 的页面串接在一起形成一个完整的系统，AngularJS 通过 ngRoute 指令实现路由功能，但 AngularJS 的标准包中并不包括路由，必须单独安装才可使用，可通过 npm 命令安装：

```
npm install angular-route@ X.Y.Z
```

其中的 X.Y.Z 是版本号，可以省略以安装最新版本。安装后路由的文件名称为 angular-route.js。HTML 文件中包含该文件，请将该文件放在 angular.js 文件的后面。至此路由功能安装成功，这时就可以在应用中使用 ngRoute 模块了，ngRoute 模块向 AngularJS 应用提供了路由、深度链接服务和指令，通常以依赖注入给相关部件。

```
angular.module('app',['ngRoute']);
```

ngView 是路由服务向主界面提供被渲染模板的指令，每次路由服务改变，其包括的视图也会发生改变。使用 $routeProvider 配置路由。$route 服务向控制器、视图提供了深度链接能力，$route 监视 $location.url() 并映射路径到存在的路由。$routeParams 服务可以查看当前路由的配置参数。

路由使用步骤可参考如下：

（1）在 HTML 文件中引入 ngRoute 模块，路由必须依据该模块才可以使用，路由还会依赖 $location 以及 $routeParams 服务。

（2）调用 config() 方法，并注入 $routeProvider 定义路由。

（3）使用 ngView 指令及 $routeParams 服务配置加载模板和处理 $location.url() 中的参数。

（4）使用 $route.reload() 重新加载当前路由，这将引起 ngView 重新加载模板及初始化控制器，创建新的 scope。使用 $route.updateParams(newParams) 方法更新当前的 URL，并使用 newParams（URL 上的键/值对）替换 URL 参数。

（5）使用路由的 $routeChangeStart、$routeChangeSuccess、$routeChangeError、$routeUpdate 事件处理路由过程中的任务。

【例 10-9】利用路由实现页面跳转。

```
<script type="text/javascript" src="angular-route.js"></script>
<script type="text/javascript">
   var myApp = angular.module("exampleApp",['ngRoute'])
.controller('RouterController',function(
         $scope,$route,$routeParams,$location){
…
}).controller('BookController',function($scope,$routeParams){
…
```

```javascript
}).controller('ChapterController ',function( $scope,$routeParams){
...
}).config(function( $routeProvider, $locationProvider){
    $routeProvider.when('/Book/:bookId ',{
template:' controller:{{name}}<br/>Book Id:{{params.bookId}}<br/>',
controller:'BookController ',
        resolve:{delay:function( $ q, $ timeout){//延迟1秒
var delay = $q.defer();
$timeout(delay.resolve,1000);
return delay.promise;}}
        }).when('/Book/:bookId/ch/:chapterId ',{
template:' controller:{{name}}<br/>Book Id:{{params.bookId}}<br/>Chapter Id:{{params.chapterId}}',
controller:'ChapterController '
        });
    $locationProvider.html5Mode(true);//使用HTML5 模式
});
</script>
<base href ="/"><!—不可缺少—>
```

10.4　RESTful 客户端实现

REST(Representational State Transfer,REST) 是当前跨域请求服务的一种软件系统结构设计风格,REST 只是提供了设计原则和系统架构中的约束条件。其主要应用于客户端和服务器之间的数据交互,而这种交互是无状态的。REST 是一种软件架构设计原则和约束条件,满足了这些原则和约束条件的程序就是 RESTful。其传送数据使用 HTTP 协议,使用的方法包括 DELTE、GET、POST、PUT 等,因此使用 RESTful 实现应用系统不仅可以跨域,而且与实现语言无关。

在 AngularJS 中 RESTful 功能依赖 ngResource 模块,而 ngResource 模块并没有被包含在 AngularJS 的核心包中,必须独立安装,可使用 npm 安装:

```
npm install angular-resource @ X.Y.Z
```

安装完成后即可在 HTML 文档中引入 angular-resource.js 文件,该文件必须放在 AngularJS 核心文件之后,然后在应用模块中注入依赖:

```
angular.module(' app ',[' ngResource ']);
```

【例 10 – 10】实现远程服务器请求。

```
< script type = " text/ javascript" src = " angular-resource.min.js" >
    </script >
< script type = "text/javascript">
      var myApp = angular.module("exampleApp",['ngResource'])
.factory('News',function( $ resource){
return $ resource(":newsId.json",{},{
query:{method:"GET",params:{newsId:'news'},isArray:true}
});
}).controller('RestController',function( $ scope,News){
     $scope.news =News.query();
});
</script >
```

10.5 动　　画

AngularJS 通过 ngAnimate 模块提供动画支持，AngularJS 支持 CSS 动画和 JavaScript 动画，为常用的指令提供了动画功能，如 ngRepeat、ngSwitch、ngView 以及自定义指令。在指令的生命周期中触发动画时将执行一个 CSS 的变换、CSS 关键帧动画和 JavaScript 回调函数动画。

AngularJS 的 ngAnimate 模块独立于核心，因此实现动画必须首先安装 ngAnimate 模块，可使用 npm 安装：

```
npm install angular-animate@ X.Y.Z
```

安装完成后即可将动画脚本引入 HTML 文档，必须将动画脚本文件 angular-animate.js 放在核心文件 angular.js 之后，然后在应用模块中注入 ngAnimate 模块依赖：

```
angular.module('app',['ngAnimate']);
```

在使用中可采用纯 CSS 实现动画或在 JavaScript 回调函数中执行 module.animation( ) 方法实现动画。在 AngularJS 中支持动画的指令见表 10 - 7。

表 10 - 7　支持动画的指令

指令	支持的动画
ngRepeat	enter, leave, move
ngView	enter, leave
ngInclude	enter, leave
ngSwitch	enter, leave

续表

指令	支持的动画
ngIf	enter, leave
ngClass	add, remove
ngShow & ngHide	add, remove
form&ngModel	add, remove
ngMessages	add, remove
ngMessage	enter, leave

通过注入 $ animate 指令能够给自定义的指令添加动画效果，并可控制在需要时调用。

【例 10-11】实现 CSS keyframes 动画。

```
<style type="text/css">
@keyframes myae{from{left:100px;opacity:0;}to{left:0px;opacity:1;}}
@keyframes myal{from{left:0px;opacity:1;}to{left:100px;opacity:0;}}
.fade{position:relative;border:1px solid red;}
.fade.ng-enter{animation:myae 5s;}
.fade.ng-leave{animation:myal 5s;}
</style>
<script type="text/javascript" src="angular-animate.min.js"></script>
<script type="text/javascript">
    angular.module('CexampleApp',['ngAnimate']);
</script>
<div ng-if="bool" class="fade">动画示例{{bool}}</div>
<button ng-click="bool=true">显示动画</button>
<button ng-click="bool=false">隐藏动画</button>
```

【例 10-12】实现 CSS 类动画。

```
<style type="text/css">
.fade.ng-hide{opacity:0;}
.fade{opacity:1;}
.fade.ng-hide-add,.fade.ng-hide-remove{transition:all linear 0.5s;}
</style>
<script type="text/javascript" src="angular-animate.min.js"></script>
<script type="text/javascript">
    angular.module('exampleApp',['ngAnimate']);
</script>
<div ng-show="bool" class="fade">显示和隐藏动画</div>
<button ng-click="bool=!bool">显示/隐藏</button>
```

10.6 组件及组件路由

自 AngularJS 1.5 开始,新增了组件及组件路由,但在 AngularJS 1.5.8 中组件路由过期,这让 AngularJS 应用开发更加简单、灵活。组件就是一种特殊指令,使用组件开发应用更加适合基于组件的应用体系结构。组件是应用的独立部分,包括自身视图和程序接口,作为新的 AngularJS 应用开发者应该首选组件实现应用开发。应用组件更容易编写一个类似使用 Web 组件或将来的 AngularJS2 的应用。组件的优点如下:

(1) 使用比普通指令更简单的配置;
(2) 可提升稳定性;
(3) 基于组件架构优化;
(4) 应用组件在将来更容易升级至 AngularJS2。

不使用组件的情况如下:

(1) 由于编译和链接函数无效,依赖 DOM 操作的指令,添加事件监听等;
(2) 需要高级指令定义时(如优先级、终端、多元);
(3) 通过属性、CSS 类而不是元素触发的指令。

组件使用模块的 component(name,configObject) 方法注册,该方法有两个参数,组件名和组件配置对象。在模块配置阶段也可通过 $ compileProvider 添加组件。AngularJS 中指令和组件的区别见表 10 - 8。

表 10 - 8 指令和组件的区别

相关内容	指令	组件
bindings	No	Yes(绑定到控制器)
bindToController	Yes(默认:false)	No(用 bindings 代替)
compile function	Yes	No
controller	Yes	Yes(默认:function(){})
controllerAs	Yes(默认:false)	Yes(默认:$ctrl)
linkfunctions	Yes	No
multiElement	Yes	No
priority	Yes	No
require	Yes	Yes
restrict	Yes	No(仅元素)
scope	Yes(默认:false)	No(独立的)
template	Yes	Yes,可依赖注入
templateNamespace	Yes	No

续表

相关内容	指令	组件
templateUrl	Yes	Yes，可依赖注入
terminal	Yes	No
transclude	Yes（默认：false）	Yes（默认：false）

组件仅控制自身的视图和数据，组件从不会修改自身范围外的任何数据或 DOM 元素。组件使用独立范围（scope），消除了整个范围修改所造成的组件之间的相互影响。

AngularJS 的数据绑定是双向绑定，当用类似 {item：' = '} 的形式传递对象给组件并修改属性时，其改变将影响父组件，组件只允许属性的拥有者修改，因此对于组件应该遵循几个简单的约定：

(1) 输入应该使用"<"和"@"绑定，"<"自 Angular 1.5 才有效，表示单向绑定，与"="不同的是在组件范围（scope）绑定属性未被监视，意味着组件范围中分配一个新值给属性，将不会更新父范围。注意父范围和组件范围引用同一个对象，在组件中改变对象属性或者数组元素，父范围将被改变。因此在组件范围中不要改变对象属性或数组元素。如果输入是字符串，那么用"@"绑定，尤其是在被绑定值不发生变化时。

(2) 输出采用"&"绑定，作为组件事件的回调函数。

(3) 数据发生变化时组件调用正确的输出事件，如删除操作，组件不会删除数据，而是由正确的事件反馈给拥有者组件。

(4) 父组件能决定事件做什么，如删除一个数据或更新属性。

组件具有良好的生命周期定义，每个组件能够实现生命周期中的相关方法。这些方法将在组件的生命周期中的特定时期被调用，包括：

(1) $onInit()：元素上的所有控制器已经构造且被初始化后在每个控制器上调用。

(2) $onChanges(changesObj)：在单向绑定发生时调用。changesObj 是一个哈希表，其键是被改变属性的名字，其值是形如 {currentValue，previousValue，isFirstChange()} 的对象。

(3) $onDestroy()：当控制器包含的范围被销毁时调用，以释放资源。

(4) $postLink()：在控制器的元素及其子元素已经链接后调用，可用以安装的 DOM 事件并直接操作 DOM。

(5) $routerCanReuse()：决定是否在同一个路由定义中组件可重用，或决定是否每次都销毁并新建新的组件。

(6) $ routerOnActivate/ $ routeOnReuse ( )：成功导航后调用，调用哪一个取决于 $routerCanReuse。

(7) $routerCanDeactivate()：路由器调用以决定是否组件能够作为导航的一部分被删除。

(8) $routerOnDeactivate()：作为导航的一部分，在销毁一个组件前被调用。

理想情况的是整个应用是一个明确定义输入和输出、尽可能减少双向数据绑定的组件树，这样预测数据变化和组件状态更容易。AngularJS 组件之间可以相互通信，这可用组件的 require 属性绑定一个对象映射实现。

组件路由是将组件与路由结合,让开发者更加轻松地实现开发,组件路由涵盖的概念包括:

(1) 路由器(router):管理从一个组件到另一个组件的导航;

(2) 根路由(root router):与当前 URL 交互的顶级路由器;

(3) 路由配置(rout config):用 routDefinitions 配置路由器,每个 URL 对应一个组件;

(4) 路由组件(routing component):带有 RouteConfig 和相关路由器的组件;

(5) 路由定义(rout definition):定义路由器如何基于 URL 导航组件;

(6) ngOutlet 指令:定义路由器应该在什么位置显示视图;

(7) ngLink 指令:绑定可单击 HTML 元素到路由;

(8) 链接参数数组(link parameters array):路由器解析指令的数组,可绑定 RouteLink 到数组或把数组作为一个参数传递给 Router. navigate( ) 方法。

AngularJS 的每个视图对应一个特定的 URL,而组件式开发中每个视图通过一个或多个组件实现。每个应用中的组件有一个相关路由器,这个路由器包含一个转向子组件的 URL 映射,这意味着给出 URL,路由器将渲染 URL 相关的组件。

每个路由组件必须提供一个包含一个或多个显示位置(Outlets)的模板,URL 对应组件将被渲染到 Outlets 给出的位置。在模板中使用 < ng-outlet > 指令给出 Outlet。

所有路由组件必须包含一个关联了根路由器的顶级路由组件,根路由器是所有导航的起点。可通过注入 $ rootRouter 服务访问根路由器,向 $ routerRootComponent 服务提供一个值来定义顶级根组件。

【例 10 - 13】学生信息管理。完成本例,需要搭建一个 Web Server,使用 Tomcat 即可。所有文件必须放在服务器下才可运行正确。

(1) indext. html,主页面。

```
< script type = "text/javascript" src = "angular.min.js" > </script >
< script type = "text/javascript" src = "angular_1_router.js" > </
  script >
< script type = "text/javascript" src = "app.js" > </script >
< script type = "text/javascript" src = "student_module.js" > </script >
< script type = "text/javascript" src = "studentscomp.js" > </script >
< script type = "text/javascript" src = "studentslistcomp.js" > </script >
< script type = "text/javascript" src = "studentdetailcomp.js" > </script >
< base href = "/" > <! -- $location 服务使用 HTML5 URL 模式,base 标签提供基本路径 -->
< students - app > </students - app > <! --组件 Outlets,即显示位置 -->
```

(2) app. js,应用及定义路由组件定义文件。

```
angular.module('studentsApp',['ngComponentRouter','students'])//定义应用及依赖
.config(['$locationProvider',function( $locationProvider){//必须显示注解依赖
  $locationProvider.html5Mode(true);//配置 $location 使用 HTML5 模式
}]).value('$routerRootComponent','studentsApp')//设置顶级组件
```

```
.component('studentsApp',{ //定义顶级组件
  //ng-link 创建链接,指向学生列表,组件模板,ng-outlet 渲染子组件
  template:"<nav><a>首页</a><a ng-link=\"['Students']\">\ //反斜线是字符串
    换行
                        Students</a></nav><ng-outlet></ng-outlet>",
  $routeConfig:[ //用省略号(...)表示students组件并非终端路径,即包含子路由
    // component 在渲染时被转换成标签元素,name 是链接目标地址
    {path:'/students/...',name:"Students",component:"students",useAsDefault:
      true}
  ]});
```

习　题

1. AngularJS 与 jQuery 库的区别是什么？

2. 编写程序，实现登录的前端，并通过 AngularJS 验证用户输入的用户名及密码是否满足要求：用户名必须至少有 6 个字符，最多 20 个字符，且必须以字母开头，由字母、数字混合而成；密码必须至少有 6 位字符，最多 20 位字符。

3. 以组件方式编写具有登录和注册功能的 Web 前端程序，通过组件路由器实现登录页面向注册页面的跳转。

习题答案与讲解

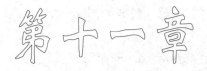

HTML5 移动 APP 框架 Ionic

移动 APP 开发让开发者可实现基于智能设备的应用开发，但每个智能系统支持的开发语言以及开发环境不同且性能不同，这增加了开发者的工作量且加大了开发成本。Ionic 让开发人员通过 HTML5 技术实现具有智能设备原生 APP 的性能，以及跨平台的应用。本章通过对 Ionic 知识的介绍让读者掌握 Ionic 的基本开发技术。学习本章需要掌握以下知识：

（1）HTML：超文本标记语言；
（2）CSS：层叠样式表，用来美化 HTML 的展示效果；
（3）JavaScript：浏览器解析执行的脚本语言，可为界面提供丰富的交互能力；
（4）AngularJS：基于 JavaScript 语言的 Web 前端框架。

11.1 Ionic 简介

随着移动智能技术的发展，越来越多的新技术不断地涌现出来。Ionic 是基于 Web 技术应用 HTML5、CSS3 和 JavaScript 技术进行智能设备 APP 开发的框架，具有很好的跨平台性能，被称为 Hybird App 框架，即混合模式的移动 APP 开发框架。Ionic 聚焦于感官和应用的 UI 交互，它不是 PhoneGap 或 Cordova 的替代品，Ionic 只是在前端大幅度简化了 APP 开发。为了发挥 Ionic 的完美功能，需要 AngularJS 的配合，虽然可以继续使用 AngularJS 的 CSS 内容，但会失去 Ionic 提供的强大的 UI 交互、手势、动画等支持，因此在使用 Ionic 时应避免使用其他 CSS 内容。Ionic 的最终目的是让基于 HTML5 开发本地智能设备 APP 的工作更加容易，这种 APP 被称为混合 APP。需要注意的是，Ionic 聚集移动本地化 APP 开发而不是基于移动设备的 Web 应用或移动网站开发。Ionic 默认的界面类似 iOS 系统，但不是对 iOS 系统的复制，在开发中不要忘记使用 Ionicons 字体包，还需要注意 Ionic 所针对的移动平台是新版本系统，对于过去的旧版本系统 Ionic 不予支持。

Ionic 是一个 CSS 和 JavaScript UI 库。其主要特点如下。

1. 具有原生 APP 的卓越运行性能

Ionic 的目的是开发移动 APP，因此，它仅考虑了新的移动端的浏览器兼容，并不一定兼容 PC 机上的浏览器。其在性能上可与原生 APP 媲美。Ionic 专注于原生 APP 开发。

2. 可维护性高

Ionic 采用 AngularJS 的设计思路，因此在应用维护、简单性上继承了 AngularJS 的优势。

3. 漂亮的 UI 设计

Ionic 中的 UI 完全为移动 APP 定制，简单、简洁、实用是其最大的特点，它在 UI 设计上贯穿了非常多的移动组件、结构规范，其主题不仅华丽且具有很强的可扩展性。

4. 轻量级框架

Ionic 基于 AngularJS 框架，但仅针对移动 APP 开发，遵循 JavaScript 的 MVVM 模式。

5. 具有强大的命令行工具

Ionic 提供了命令行工具，可帮助开发者开发、调试、运行 APP，可轻松地将 APP 部署到任何移动应用平台。

6. 与 AngularJS 完美结合

Ionic 完全就是 AngularJS 在移动设备上的解决方案，其开发遵循 AngularJS 的思路，只要会 AngularJS，Ionic 即可上手。

安装 Ionic 需要先安装 Node.js，然后通过 npm 包管理工具实现 Ionic 的安装。可直接在 Ionic 官方网站下载（http://ionicframework.com），也可直接下载 Ionic 基础包，该基础包中已经包含了所有需要的 JavaScript 文件、CSS 样式类文件以及字体，同时也包括了 AngularJS 相关文件。基础包下载地址为：https://codeload.github.com/driftyco/ionic-app-base。

使用 Ionic 只需要将其相关的 CSS 文件和 JavaScript 文件放在应用相关目录中，然后在应用文件中引入即可。Ionic 专注于移动 APP 而不是移动 Web 网站。

11.2 Ionic 命令行工具

Ionic 命令行工具（简称 CLI）是运行在操作系统控制台的应用。通过 npm 安装 Ionic 命令行工具是最简单的形式：

```
npm install-g ionic
```

升级 Ionic 库文件请运行：

```
ionic lib update
```

通过命令行开启一个 APP：

```
ionic start myapp [template]
```

在 Cordova 中，启动模板（template）就是生成 www 目录里的内容，Ionic 的启动模板默认为 tabs，还有 sidemenu 以及 blank 等，所有的启动模板并不包括 Ionic 和 AngularJS 的相关文件。向 Ionic 应用中添加平台，与在 Cordova 中添加平台的命令类似，如添加 iOS 和安卓平台可执行如下命令：

```
ionic platform ios android
```

为了编译安卓平台应用，执行如下命令：

```
ionic build android
```

运行应用时，如果没有设备被连接，Ionic 会将应用系统部署到模拟器中：

```
ionic run android-l-c-s
```

Ionic 运行时的相关参数如下：
（1）――livereload |-l：运行 LiveReload；
（2）――consolelogs |-c：在控制台输出 APP 日志；
（3）――serverlogs |-s：在 CLI 输出开发服务器日志；
（4）――port |-p：开发服务器 HTTP 端口号，默认为 8100；
（5）――livereload-port |-i：指定 LiveReload 的端口，默认为 35729；
（6）――debug|――release：设置是调试运行还是正式发布运行。

在开发过程中可使用浏览器测试 Ionic 应用，这可使用 Ionic 提供的服务器实现，Ionic 服务器即可通过计算机浏览器测试应用，也可在同一网段的移动设备浏览器测试应用，该服务器还带有一个 LiveReload 模块专门监视文件的改变，一旦文件被存储，浏览器就会被自动刷新。启动服务命令如：

```
ionic serve [options]
```

在默认情况下，LiveReload 监视 www 目录下文件的改变，但不包括 www/lib 目录，可通过修改 ionic.project 文件中的 watchPatterns 属性来改变监视设置，如果属性不存在，可运行如下命令：

```
ionic setup sass
```

Ionic 服务器还提供了测试应用系统，称为 Ionic Lab，它可提供包括 iOS 和 Android 平台的电话帧，让开发者可同时看到 Ionic 应用在 iOS 和 Android 两个平台上的效果，其启动方式如下：

```
ionic serve ――lab
```

向服务器提供浏览器链接的 IP 地址，命令如下：

```
ionic serve ――address 172.11.12.56
```

在测试过程中或许会用到跨域请求，在 Ionic 中可使用代理方式处理，只需要在 ionic.project 文件中添加属性为 proxies 的定义即可，该属性是一个数组，每个元素是一个包含 path 和 proxyUrl 属性的对象。

命令行自动从原图像创建应用图标和闪屏，这包括所有需要的尺寸。原图片可以是 png、Photoshop 文件 psd 以及 Illustrator 文件 ai，文件将被放在 Cordova 项目目录下的 resource 文件夹中。图标（icon）的最小尺寸应该是 192×192px，不要给图标圆角效果。闪屏图片（splash）的最小尺寸为 2208×2208px。向不同平台提供不同的图片只需要在 resource 目录下建立平台目录并把图放入目录即可。让 Ionic 自动创建图标和闪图的命令如下：

11.3 Ionic CSS 组件

Ionic 定义了一组具有特定功能的 CSS 样式类,这些样式类根据应用的不同需求美化了界面上的控件,包括页面、表格、表单、按钮等控件。CSS 在 Ionic 中使用 SASS 语法创建,提供了丰富的变量,能够很容易地通过 SASS 变量改变 CSS 的内容,Ionic 预定义了丰富的 CSS 类,可让开发者快速美化 APP 界面。

11.3.1 内容(content)、页眉(header)和页脚(footer)

content 是界面的内容区域,由 ionContent 指令提供,header 是界面上的顶部固定区域,footer 是屏幕底部的区域,其都可以放置应用的标题和导航菜单以及导航按钮等,这需要类 bar 和 bar-header 或 bar-footer,如果 footer 没有标题并且在右边放置一个按钮,按钮必须添加 pull-right 类。Ionic 还提供多种颜色应用在头和底部,包括:bar-light(亮白)、bar-stable(浅灰)、bar-positive(蓝色)、bar-calm(天蓝)、bar-balanced(绿色)、bar-energized(橙色)、bar-assertive(红色)、bar-royal(紫色)、bar-dark(亮黑色)。二级标题(bar-subheader)出现在 bar-header 下面,可以放二级功能性按钮、子菜单等内容。需要注意在 ionContent 指令中应该添加 has-subHeader 样式类。

【例 11-1】用 Ionic 实现页面框架,界面显示页面各区域。

```
<!DOCTYPE html>
<html>
<head>
<meta charset = "utf-8">
<meta name = "viewport" content = "initial-scale =1, maximum-scale =1, user-scalable =no, width =device-width">
<link href = "lib/ionic/css/ionic.css" rel = "stylesheet">
<script type = "text/javascript" src = "lib/ionic/js/ionic.bundle.js"></script>
    <script type = "text/javascript" src = "cordova.js"></script>
    <!-- 定义启动 AngularJS 的应用模块 -->
    <script type = "text/javascript"> angular.module("myAPP",['ionic']);
    </script>
</head>
<body ng-app = "myAPP"><!-- 启动应用 -->
<div class = "bar bar-header bar-positive">
<h1 class = "title">顶部标题</h1>
</div>
<div class = "bar bar-subheader">
```

```
<h2 class = "title" >二级标题 </h2 >
</div >
    <ion-content class = "has-header has-subheader" >
    <div >内容区域 </div >
    </ion-content >
    <div class = "bar bar-footer bar-stable" >
<div class = "title" >页脚 </div >
    </div >
</body >
</html >
```

11.3.2 按钮（buttons）

  按钮是界面的重要组成部分。按钮采用 button 类。宽度为 100% 的按钮添加一个 button-block 类，Ionic 所提供的与 header 类似的颜色的类名均以 button 开始，如 button-positive，如果不希望按钮有内边距，则使用 button-full 样式类。对于按钮尺寸，button-large 是大按钮，button-small 是小按钮。对于轮廓按钮，无填充色使用 button-outline 类，其背景透明，这类按钮的文本和轮廓线是一个颜色。文本按钮添加 button-clear，按钮显示只有文本，无边框，无背景。图标按钮可在按钮上显示图标，使用 icon 类及 icon-* 类。页眉和页脚按钮，默认使用条形样式，因此不可以使用其他额外的样式。带有 button-bar 类的元素把按钮包起来形成按钮组。

  【例 11 -2】在页面顶部标题两边添加按钮。

```
<div class = "bar bar-header bar-positive" >
  <button class = "button button-clear ion-home" > </button >
  <h1 class = "title" >顶部标题 </h1 >
  <button class = "button" >按钮 </button >
</div >
```

11.3.3 列表（list）

  列表是常用的一种简单的显示方式，几乎在所有 APP 上都可以看到列表的存在，列表可包含图片、文本、按钮等基本控件，也支持各种交互模式，如编辑、拖动、下拉刷新等。对于更加强大的功能可使用 Ionic 的 AngularJS 指令。列表分为容器和项目，对于容器元素必须使用 list 类，每个列表项使用 item 类，列表指令有 ionList 和 ionItem。ionList 指令的属性如下：

  （1）delegate-handle：字符串，处理器，列表被$ionicListDelegate 服务委托处理；

  （2）type：字符串，列表使用的类型，值为 list-inset 或 card；

  （3）show-delete：布尔值，设置项目中是否显示或隐藏删除按钮；

  （4）show-recorder：布尔值，设置是否显示重排序按钮；

  （5）can-swipe：布尔值，设置是否能滑动列表项以显示选项按钮。

在列表容器中 item-divider 类元素让列表项分组，分隔项与普通项有不同的背景和字体。每个列表项可以在其左边或右边添加图标，item-icon-left 类让图标显示在左边，item-icon-right 让图标显示在右边，如果列表的两边都需要图标，把两个类都添加上即可，如果列表项采用 HTML 的 <a> 标签或 <button> 标签且没有提供图标在右边，则将自动被添加一个向右的箭头。item-button-right 类或 item-button-left 类在项目的右边或左边放一个按钮。

列表项中的头像是一个比图标大，但比缩略图小的图片，创建头像使用 item-avatar 类。项目缩略图是列表项中比图标大的图片，其高度与列表项相同，为了创建列表项的缩略图，使用样式类 item-thumbnail-left 或 item-thumbnail-right。列表的宽度默认是 100% 填充父元素，为了改变列表容器可添加 list-inset 类，这样列表没有框阴影。

【例 11 -3】以列表形式显示学生姓名。

```
<script type = "text/javascript" >
    angular.module("myAPP",['ionic'])
        .controller("IonicController",function($scope){//实现控制器
            $scope.students =[];
    });
</script >
<div class = "bar bar-header bar-positive" > < h1 class = "title" >学生信息 </h1 >
</div >
<ion-content class = "has-header" ng-controller = "IonicController" >
    <ul class = "list" > < li class = "item" ng-repeat = "s in students" >{{s.name}}
    </li > </ul >
</ion-content >
```

11.3.4 卡片（cards）

卡片式展示方式被广泛使用，卡片式组织内容非常方便、更容易控制、更灵活。通常卡片被放在其他内容的顶部，也可用作左右滑动的页面，对于需要框阴影的列表可使用 card 类。卡片可使用 item-divider 类实现顶部和底部。多个卡片形成列表，可使用 list card 组合样式。若想通过卡片可以显示更大的图片，可使用 item-image 类。对于组合图片、文字等内容，可使用 item-avatar 类修饰卡片顶部，使用 item-body 类修饰内容，使用 item-divider 类修饰底部。

【例 11 -4】使用卡片显示图片及文本。

```
< div class = "list card" >
    < div class = "item item-avatar" >
< img src = "avatar.jpg" >
<h2 >卡片标题 </h2 >
<p >概要文字作为一个段落出现 </p >
</div >
    < div class = "item item-image" >
< img src = "cover.jpg" >
```

```
        </div>
        <a class = "item item-icon-left assertive" href = "#" >
        <i class = "icon ion-music-note" > </i>
        Start listening
        </a>
</div>
```

11.3.5 表单(form)

表单可通过 list 实现相关输入元素成组,item-input 和 item 修饰表单域或包围表单域的 <label> 标签,表单域被放置于 <label> 标签内部。文本框及 <textarea> 标签控件都可以使用 placeholder 作为输入域的提示。使用 input-label 类可将提示元素放在左边实现行内标签。输入域顶部放标签可使用 item-stacked-label 类,输入域的标签应该用 input-label 类。Ionic 提供了浮动标签,其类似顶部标签,不同的是浮动标签带有动画,当输入文本时,标签信息会自动漂浮到输入控件的上部。这只需在每个 <label> 标签上添加 item-floating-label 类,在标题标签上添加 input-label 类。默认表单输入域都是相对父元素 100% 宽度,可使用 list list-inset 类或 card list-inset 类将表单实现为内嵌表单样式。通过 item-input-inset 类可设置输入域进入单个列表项中,通过 item-input-wrapper 类可在一边放一个按钮或其他控件。在 item-input 的 <input> 元素上添加图标是很容易的,只需简单地在 <input> 元素前增加一个 icon 类标签,默认图标与标签文本同颜色,可使用 placeholder-icon 类改变图标的颜色。在页面的顶部使用 item-input-inset 类可以放表单元素。

一个 toggle 类似 HTML5 的复选框,具有开关功能,但在触摸设备上更容易使用,Ionic 把带有 <label> 标签的复选框封装成容易提示和拖动的 toggle 控件,Ionic 也提供了各种颜色的 toggle 控件。在 list 中的每个项目上添加 item-toggle 类可将 toggle 控件放到项目的边上。

【例 11-5】用 Ionic 实现带有 toggle 的登录表单。

```
<div class = "list" >
    <label class = "item item-input" >
        <span class = "input-label" >Username </span >
        <input type = "text" >
    </label>
    <label class = "item item-input" >
        <span class = "input-label" >Password </span >
        <input type = "password" >
    </label>
    <div class = "item item-toggle" >记住密码
        <label class = "toggle toggle-assertive" >
            <input type = "checkbox" >
            <div class = "track" > <div class = "handle" > </div > </div >
</label>
```

```
        </div>
        <button class = "button button-block" >登录</button>
</div>
```

复选框（checkbox）允许用户在一组选项中选择多个项目，包括各种颜色的类，如 checkbox-assertive。使用指令 ionCheckbox 可实现复选框控件。单选（radio）列表让用户在一组选项中只能选择一个项，这与 Checkbox 不同，可使用 ionList 指令和 ionRadio 指令实现。

范围（range）控件支持 Ionic 的所有颜色，并可被使用在各种其他容器类元素上，如成为 list 或 card 控件的项。

下拉列表（select）控件被带有 item-select 类的 <label> 标签包围，看起来比默认效果好，但下拉项依然使用浏览器默认形式，每个平台的效果是不同的，如通过 PC 浏览器会看到传统的下拉效果，通过 Android 平台会看到带有一个单选按钮的列表组，iOS 平台自定义滚动覆盖窗口的下半部分。

11.3.6 标签页（tabs）

标签页（tabs）控件提供了按钮或链接水平排列区域，可在屏幕之间导航。它可包含任何文本和图标的组合，是手机应用常用的导航模式。容器元素有 tabs 类，每个项有 tab-item 类。Tabs 控件也可匹配标准的 Ionic 颜色，如 tabs-light。为了隐藏条切内容，依然显示使用 tabs-item-hide 类。无论何时使用 tabs 控件，都要在 ion-content 指令上增加 has-tabs 类。如果不显示文本只显示图标，可在容器上同时使用 tabs 控件和 tabs-icon-only 类。在文字上方添加图标时使用 tabs 控件和 tabs-icon-top 类，图标放在文本左边使用 tabs 控件和 tabs-icon-left 类。对于条纹 tabs 控件，给容器添加父元素并添加 tabs-striped 类，用 tabs-top 类设置标签在上边，条纹 tabs 控件也可使用 Ionic 的标准颜色，用 tabs-background-* 设置背景，用 tabs-color-* 设置前景。要想在 header 区域包含 tabs 控件，需要在 <header> 元素中增加 has-tabs-top 类。

【例 11-6】用 Ionic 实现页面底部 tabs 导航。

```
<div class = "tabs tabs-icon-top tabs-positive" >
    <a class = "tab-item" ><i class = "icon ion-home" ></i>
        首页
    </a>
    <a class = "tab-item" ><i class = "icon ion-star" ></i>
        收藏
    </a>
    <a class = "tab-item" ><i class = "icon ion-gear-a" ></i>
        配置
    </a>
</div>
```

11.3.7 网格（grid）

Ionic 的 grid 控件与其他网格控件不同，它使用了 CSS 灵活的盒子布局，使用 row 类增加行，使用 col 类添加列，每行没有列数限制，在默认情况下列会自动平均分配宽度，可根据应用界面需要明确给定列的尺寸，默认尺寸比例见表 11-1。

表 11-1 列宽类名

.col-10	10%
.col-20	20%
.col-25	25%
.col-33	33.3333%
.col-50	50%
.col-67	66.6666%
.col-75	75%
.col-80	80%
.col-90	90%

Ionic 的网格还可让列相对左边偏移，偏移量也是按照百分比给出的，见表 11-2。

表 11-2 偏移列的类名

.col-offset-10	10%
.col-offset-20	20%
.col-offset-25	25%
.col-offset-33	33.3333%
.col-offset-50	50%
.col-offset-67	66.6666%
.col-offset-75	75%
.col-offset-80	80%
.col-offset-90	90%

Ionic 的网格还支持垂直对齐方式，包括 col-top 类、col-center 类及 col-bottom 类，它们可被应用到行中的每个列；同样也包括 row-top 类、row-center 类及 row-bottom 类，它们可设置一行的垂直对齐方式。有时一行多列中出现断点，可使用 responsive-sm、responsive-md、responsive-lg 类修复。

【例 11-7】用 Ionic 的 grid 实现数据表格。

```
<div class = "row">
    <div class = "col">学号</div><div class = "col">姓名</div>
</div>
<div class = "row">
    <div class = "col">201506020101</div><div class = "col">张宏兴</div>
</div>
<div class = "row">
    <div class = "col">201506020102</div><div class = "col">李晓晓</div>
</div>
<div class = "row">
    <div class = "col">201506020103</div><div class = "col">王泽鑫</div>
</div>
```

11.3.8 Ionic 的样式工具

Ionic 提供了一些非常有用的样式工具，包括颜色、图标及内边距等。Ionic 的颜色提供一些带有情感色彩的单词表示颜色，并非红色、绿色这样的颜色名称。在 Ionic 中增加图标只需要使用样式类 icon 即可显示图标，具体哪一个图标可参考 Ionicons 字体，如星图标样式类为 ion-star。为了更好地控制内边距，Ionic 提供了内边距工具样式类，见表 11-3。

表 11-3 Ionic 提供的内边距工具样式类

序号	类名	说明
1	padding	给每个边增加内边距
2	padding-vertical	给顶部和底部增加内边距
3	padding-horizontal	给左边和右边增加内边距
4	padding-top	给顶部增加内边距
5	padding-right	给右边增加内边距
6	padding-bottom	给底部增加内边距
7	padding-left	给左边增加内边距

11.3.9 平台定制类

Ionic 在运行时自动根据平台向 <body> 标签添加平台类，它支持的平台类见表 11-4。使用这些类可定义覆盖 Ionic 提供的默认样式类，如 .platform-android.bar-header {/*属性*/}，这让开发者能够根据不同的平台使用不同的主题样式。

表 11 – 4　Ionic 向 <body> 标签自动添加的平台类

序号	平台	类名	说明
1	Browser	platform-browser	PC 浏览器，由 Ionic server 支持
2	Cordova	platform-cordova	设备使用 Cordova
3	Webview	platform-webview	在本地应用的 webview 中运行
4	iOS	platform-ios	iOS 设备
5	iPad	platform-ipad	iPad 设备
6	Android	platform-android	Android 设备
7	Windows Phone	platform-windowsphone	Windows Phone 设备

11.4　配置 Ionic

　　$ionicConfigProvider 提供了 Ionic 自动配置能力，可自动根据设备环境配置需要的参数，如显示界面的主题模式，其在 iOS 平台下和 Android 平台下有所不同，完全自动识别，如果要改变这些配置内容使用 $ionicConfigProvider 实现，$ionicConfig 服务也可在运行期设置或获取配置值，默认所有基本配置变量被设置为 platform，也就是默认在运行时使用平台的配置，可改变这些变量达到所有平台效果一致的目的。对于每个平台 $ionicConfigProvider 提供了单个平台的配置属性，即 $ionicConfigProvider.platform.<平台名称>。$ionicConfigProvider 的相关方法如下：

　　(1) views.transition(transition)：其为视图过渡动画设置，默认为 platform，参数 transition 取值为字符串，包括：platform 根据平台自动选择，ios 使用 iOS 过渡动画，android 使用 Android 视图过渡动画，none 不用过渡动画，返回字符串。

　　(2) views.maxCache(maxNumber)：其为视图元素在 DOM 中被缓存的最大数目，达到最大数目时，最久没有访问的元素将被移除，如缓存视图的模型（Scope）、当前状态、滚动位置等。当缓存时模型从 $watch 中断开，再次进入视图时重新连接。如果 maxNumber 为 0，效果为禁止缓存，每个过渡后将视图从 DOM 中删除，再次显示时重新编译、重新链接并附加到 DOM 中。参数 maxNumber 为最大缓存的数目，默认为 10。其返回被容纳的视图个数。

　　(3) views.forwardCache(value)：其默认为最近访问的视图被缓存，当导航返回时同一个实例数据和 DOM 元素被引用，当导航到历史记录时，向前的视图从缓存中被移除，如果再次导航进入同一个视图，将新建 DOM 元素和控制器实例，任何向前视图每次被重建，设置该配置为 true，使得向前视图被缓存并在每次加载时不被重建。value 为布尔值参数，返回布尔值。

　　(4) scrolling.jsScrolling(value)：其设置是使用 JS 滚动还是 CSS 滚动，默认使用 CSS 滚动。设置参数 value 为 true，与 ionContent 指令属性 overflow-scroll = false 具有相同的效果。

参数 value 为布尔值, 默认为 false, 返回布尔值。

（5）backButton. icon(value)：其返回按钮图标设置, value 为字符串, 返回字符串。

（6）backButton. text(value)：其返回按钮文本, value 为字符串, 默认为 Back, 返回字符串。

（7）backButton. previousTitleText(value)：其决定先前标题文本是否应该成为返回按钮的文本, 对于 iOS 平台这是默认设置。value 参数取值布尔值, 返回布尔值。

（8）form. checkbox(value)：其为复选框样式, 对于 Android 平台其默认为 square, 对于 iOS 平台其默认为 circle。参数 value 为字符串, 返回字符串。

（9）form. toggle(value)：其为表单切换控件样式, 对于 Android 平台其默认 small, 对于 iOS 平台其默认为 large。参数 value 为字符串, 返回字符串。

（10）spinner. icon(value)：其为默认下拉框使用的图标, 参数 value 为字符串, 可取值有 android、ios、ios-small、bubbles、circles、crescent、dots、lines、ripple、spiral 等, 返回字符串。

（11）tabs. style(value)：其为标签控件样式设置, Android 平台默认为 striped, iOS 平台默认为 standard, 参数 value 为字符串, 有效值为 striped 和 standard, 返回字符串。

（12）tabs. position(value)：其为标签位置, Android 平台默认为 top, iOS 平台默认为 bottom, 参数为字符串, 有效值为 top 和 bottom, 返回字符串。

（13）templates. maxPrefetch(value)：其设置从 $stateProvider. state() 中定义的 templateURL 加载的模板最大数, 如果设置为 0, 当导航至新的页面时用户必须等待模板首次加载, 默认值为 30, 参数 value 为整型, 加载的模板最大数量, 返回整型。

（14）navBar. alignTitle(value)：其为 navBar 标题对齐方式, 默认为 center, 参数 value 为字符串, 其值包括 platform、left、center、right。iOS 平台默认为 center, Android 平台默认为 left, 其他默认为 center, 返回字符串。

（15）navBar. positionPrimaryButtons(value)：其为导航按钮的对齐方式, 默认为 left, 参数 value 为字符串, 可取值包括 platform（由平台自动选择）、left（左对齐）、right（右对齐）。iOS 平台默认为 left, Android 平台默认为 right, 其他默认为 left, 返回字符串。

（16）navBar. positionSecondaryButtons(value)：其为导航条二级按钮对齐方式, 默认为 right, 参数 value 为字符串, 其值包括 platform、left、right, iOS 平台默认为 left, Android 平台默认为 right, 其他默认为 right, 返回字符串。

【例 11-8】配置 Ionic。

```
<script type = "text/javascript" >
  var myApp = angular.module('myApp', ['ionic']);
  myApp.config(function( $ionicConfigProvider) {
    $ionicConfigProvider.views.maxCache(5);//设置视图最大缓存数
    $ionicConfigProvider.backButton.text('返回').icon('ion-chevron-left');
  });
</script>
```

11.5 Ionic 指令和服务

CSS 样式类用来美化界面上的元素，而 Ionic 不仅仅是样式类，其更为重要的应用是 AngularJS 扩展。Ionic 设计之初选择采用 AngularJS 作为基础框架，因此 Ionic 根据 AngularJS 框架结构定义了一些必要的指令来处理应用开发中的需求。

11.5.1 页面结构指令

内容（ionContent 指令）区域是可以滚动的视图区，在 APP 页面中，通常顶部（header）和底部（footer）被固定在页面的上、下边缘，其余部分就是内容区域，内容指令 ionContent 让内容显示更加灵活，通过可配置形式实现界面内容的滚动显示。Ionic 实现了浏览器的 overflow 滚动和自定义滚动方式，在内容中 ionRefresher 指令实现下拉刷新，ionInfiniteScroll 指令实现无限滚动效果。如果在 ionContent 中动态增加内容，内容添加后需调用 $ionicScrollDelegate 服务的 resize() 方法，ionContent 指令使用自己的子范围（scope），ion content 指令的使用格式如下：

```
<ion-content [delegate-handle=""] //字符串,可选,带有 $ionicScrollDelegate 滚动视图处理器
    [direction=""]//字符串,可选,表示滚动方式,'x'或'y'或'xy',默认是'y'
    [locking=""]//布尔值,决定是否每次锁定一个方向,默认 true
    [padding=""]//布尔值,决定是否向内容增加内边距,iOS 默认 true,Andriod 默认 false
    [scroll=""]//布尔值,是否允许滚动内容,默认为 true
    [overflow-scroll=""]//布尔值,决定是否用 CSS 滚动代替 Ionic 滚动
    [scrollbar-x=""]//布尔值,决定是否显示水平滚动条,默认为 true
    [scrollbar-y=""]//布尔值,决定是否显示垂直滚动条,默认为 true
    [start-x=""]//布尔值,决定初始化水平滚动位置,默认为 0
    [start-y=""]//布尔值,决定初始化垂直滚动位置,默认为 0
    [on-scroll=""]//表达式,在滚动内容时计算
    [on-scroll-complete=""]//表达式,在滚动行为完成时计算
    [has-bouncing=""]//布尔值,决定是否允许滚动越过内容边缘,iOS 默认为 true,Andriod 默认为 false
    [scroll-event-interval=""]>//数值,表示触发 on-scroll 的间隔时间,单位为毫秒,默认是 10 毫秒
</ion-content>
```

ionPane 指令实现一个简单的内容面板，可自动适应内容，没有边缘效果，向元素添加一个 pane 类。

ionHeaderBar 指令在一些内容区域上添加固定头部，也可通过 bar-subheader 类添加二级头部，ionFooterBar 指令添加固定底部，通过 bar-subfooter 在上面添加一个二级底部。属性 align-title 是字符串，对齐标题，默认标题将与平台相同的对齐方式，对于 iOS 平台默认为

居中，对于 Android 平台默认为左对齐，有效值包括 left、right、center。ionHeaderBar 指令还有属性 no-tap-scroll 是布尔值，默认单击时头部条滚动内容到顶部，将之设置为 true 则禁止这个行为，默认为 false。

ionRefresher 指令允许在内容区域增加一个下拉刷新功能，将该指令作为 ionContent 指令或 ionScroll 指令的子元素，刷新完成后在控制器中通过 $broadcast 广播 scroll. refreshComplete 事件，相关属性指令包括：

（1）onRefresh：表达式，下拉足够时被调用并刷新；

（2）onPulling：表达式，当用户开始下拉时调用；

（3）pullingText：字符串，用户下拉时显示的文本；

（4）pullingIcon：字符串，用户下拉时显示的图标，默认为 ion-android-arrow-down；

（5）spinner：字符串，进入刷新后显示的 ionSpinner 图标，设置为 none 则禁止下拉和图标显示；

（6）disablePullingRotation：激活的临界点禁止下拉图标旋转动画，与自定义的 pullingIcon 一起使用。

ionInfiniteScroll 指令允许用户翻页到达屏幕底部或附近时调用一个函数，滚动大于内容底部距离时指令 onInfinite 给出的表达式被计算，一旦 onInfinite 表达式开始计算，将加载新内容并从控制器广播 scroll. infiniteScrollComplete 事件。与 ionInfiniteScroll 指令相关的指令如下：

（1）onInfinite：表达式，在滚动到内容底部时执行；

（2）distance：字符串，滚动到达底部时触发 onInfinite 表达式所计算的距离，默认为 1%；

（3）spinner：字符串，加载数据时显示的旋转图标 ionSpinner，默认 ionSpinner 是 SVG 格式替换旋转的字体图标；

（4）immediate-check：布尔值，决定否检查无限滚动边界；

（5）icon：字符串，加载数据时显示的图标，被 spinner 代替；

如果没有加载到数据，希望停止滚动，则使用 ngIf 指令控制滚动。

【例 11-9】Ionic 的界面框架。

```
<script type="text/javascript">
    var myapp = angular.module("myApp",['ionic']);
    myapp.controller("LoadController",function($scope, $http){
        ...
    });
</script>
<body ng-app="myApp" ng-controller="LoadController">
    <ion-header-bar align-title="left" class="bar-positive">
    ...
    </ion-header-bar>
    <ion-content class="has-header has-footer">
    ...
```

```
        </ion-content>
        <ion-footer-bar align-title="left" class="bar-assertive">
        ...
        </ion-footer-bar>
</body>
```

11.5.2 ionList 指令

在手机 APP 开发中，列表是广泛使用的控件，它可包括的内容从基本的文本到按钮、切换、图标以及缩略图等。列表中包括列表项，列表项可以是任何 HTML 元素，容器元素需要一个 list 类，每个项目需要一个 item 类。使用 ionList 和 ionItem 指令更容易支持各种交互模式，如滑动到编辑、拖动排序、移除项目等。ionList 所包含的属性如下：

(1) delegate-handle：字符串，标识列表的 $ionicListDelegate 服务处理；
(2) type：字符串，列表类型，其值为 list-inset 或 card；
(3) show-delete：布尔值，决定是否显示删除按钮；
(4) show-recorder：布尔值，决定是否显示重排序按钮；
(5) can-swipe：布尔值，决定是否允许滑动，默认为 true。

与 ionList 相关的指令还包括：ionDeleteButton，向列表中的每个项添加删除按钮的指令；ionReorderButton，向列表中的每个项添加重新排序按钮的指令；ionOptionButton，向列表项目中添加选项按钮，向左滑动项目即可显示按钮；collectionRepeat，让列表显示比 ngRepeat 更多的内容，其用法与 ngRepeat 相同，性能更好，只渲染屏幕可见范围内的项目，collectionRepeat 要求数据必须是数组，绑定数据需要更新操作，因此 collectionRepeat 不使用单次绑定。在 JavaScript 程序中可使用 $ionicListDelegate 服务操作列表。

11.5.3 导航及路由指令

ionNavView 定义应用中的导航，Ionic 的导航可以管理多个历史，每个标签页都有自己的历史纪录。Ionic 使用 AngularUI 路由模块，因此界面可被组织进入各种状态。与 AngularJS 的核心 $route 服务一样，URL 能控制视图。AngularUI 路由器提供了更加强大的状态管理，允许多个模板被渲染在同一个页面中。每个状态不需要绑定 URL，每个模板是状态的一部分，状态通常被映射到 URL，使用 angular-ui-router 程序化。ionNavView 指令用来渲染模板，应用启动时，$stateProvider 查找 index 状态加载首页面进入 ionNavView 中。为了快速加载模板内容，建议将模板放入 type 值为 text/ng-template 的 <script> 标签中，其 id 属性即文件名。

ionNavView 的属性 name 是字符串在同一个状态中唯一的名字，不同的状态的名字可相同。默认情况下视图会被缓存，最多缓存 10 个视图，默认向前缓存关闭，为了打开向前缓存，可设置 $ionicConfigProvider.views.forwardCache(true)；为了全局禁止缓存，可设置 $ionicConfigProvider.views.maxCache(0)；为了禁止状态内缓存，可设置 $stateProvider.state ('myState',{cache:false,url:'/myUrl',templateUrl:'my-template.html'})，也可采用属性禁止缓存。不推荐使用 AngularJS 路由的 resolve，推荐方法是在开始转换状态前执行任何逻辑。其他导航相关指令及服务见表 11-5。

表 11-5 导航相关指令和服务

序号	指令/服务	说明
1	ionView	提供导航、视图内容区域
2	ionNavBar	给 ionNavView 创建导航
3	ionNavBackButton	在 ionNavBar 中创建返回按钮
4	ionNavButtons	在 ionNavBar 中设置导航按钮
5	ionNavTitle	替换 ionNavBar 中的标题文本
6	navTransition	导航过渡时的动画类型，取值为 ios、android、none
7	navDirection	导航过渡动画指令，取值为 forward、back、enter、exit、swap
8	$ionicNavBarDelegate	委托控制 ionNavBar 的服务
9	$ionicHistory	导航历史服务

【例 11-10】Ionic 的导航指令和 AngularUI 路由。

```
<script type = "text/javascript">
    var myapp = angular.module("myApp",['ionic']);
    myapp.config(function($stateProvider){
        $stateProvider.state("index",{url:"/",
        templateUrl:"home.html"})
        .state("about",{url:"/about",
        templateUrl:"about.html"});
    });
</script>
<ion-nav-bar class = "bar-positive">
    <ion-nav-back-button class = "button-clear">
        <i class = "ion-ios-home-outline"></i>
    </ion-nav-back-button>
</ion-nav-bar>
<ion-nav-view></ion-nav-view>
```

11.5.4 $ionicActionSheet 服务

这是一个向上滑动的行为单，类似菜单，用户可从中选择操作项，对于危险的操作项用红色高亮表示，取消也比较容易，单击背景或在桌面系统中单击 Esc 键也可取消。为了使用行为单，在控制器中使用 $inonicActionSheet 服务即可，该服务提供了一个带有配置对象的 show() 方法以加载并返回新的行为单。show() 方法会创建新的分离范围（scope）并向 <body> 元素附加一个新的元素，show() 方法的参数 options 是一个对象，其包括的属性有：

(1) buttons：对象，显示在单子上的按钮，每个按钮是一个带 text 字段的对象；

(2) titleText：字符串，单子标题；

(3) cancelText：字符串，取消按钮的文本；

(4) destructiveText：字符串，危险按钮的文本；

(5) cancel：函数，在取消按钮被单击、背景被点、硬件返回按钮被按时调用；

(6) buttonClicked：函数，在非破坏性按钮被单击时调用，参数包括被单击按钮的索引和按钮对象，在单子被关闭时返回 true，保持单子打开则返回 false；

(7) destructiveButtonClicked：函数，在具有破坏性的按钮被单击时调用，在关闭单子时返回 true，保持单子打开则返回 false；

(8) cancelOnStateChange：布尔值，导航到一个新的状态是否取消单子，默认是 true；

(9) cssClass：字符串，自定义的 CSS 样式类名。

show() 方法返回一个能够调用时隐藏或取消行为单的函数。

【例 11-11】 界面行为单（菜单）的实现。

```
<script type="text/javascript">
    var myapp = angular.module("myApp",['ionic']);
    myapp.controller("ActionController",function($scope, $ionicActionSheet, $timeout){
      $scope.show = function(){
        var hideSheet = $ionicActionSheet.show({//调用显示方法
            buttons:[ //普通按钮组
                {text:'<b>分享</b>'},
                {text:'普通按钮'}],
            destructiveText:'删除',//破坏性按钮文本
            destructiveButtonClicked:function(){console.log("破坏性按钮被单击了");},
            titleText:'行为单标题',
            cancelText:'取消行为单的按钮文本',
            cancel:function(){ //取消动作
                console.log("取消按钮被单击了");
            },
            buttonClicked:function(index){
                console.log("第" + index + "个按钮被单击");
                return true;
            }
        });
        $timeout(function(){hideSheet();},2000);//2 秒后隐藏行为单
      };
    });
</script>
```

11.5.5 $ionicBackdrop 服务

显示或隐藏一个界面的遮罩,通常用作界面上弹出对话框、加载提示等的背景。在应用开发中多个 UI 组件需要遮罩,每次 DOM 中仅包括一个。每个需要遮罩的组件调用遮罩服务($ionicBackdrop)的 retain() 方法即可显示,完成后调用 release() 方法。retain() 方法被调用后遮罩一直都会被显示,直到 release() 方法被调用,调用几次 retain() 方法,相应的就要调用几次 release() 方法。$ionicBackdrop 服务在显示和隐藏时从根范围($rootScope)广播 backdrop.shown 和 backdrop.hidden 事件。

【例 11-12】 显示一张图片,背景使用遮罩。

```
<script type="text/javascript">
    var myapp = angular.module("myApp",['ionic']);
    myapp.controller("ActionController",function($scope,
                    $ionicBackdrop,$timeout,$document){
      $scope.showImage = function(){
        $ionicBackdrop.retain();
        var img = angular.element("<img src='img/max.png'>")
          .css("position","relative").css("z-index","20");//让图片显示在遮罩上面
        $document.find("body").append(img);
        $timeout(function(){
            $ionicBackdrop.release();
            img.remove();
        },3000);//3 秒后关闭图片及遮罩
      };
      $scope.$on('backdrop.hidden', function(){
        console.log("遮罩已经隐藏");
      });
      $scope.$on('backdrop.shown', function(){
        console.log("遮罩已经显示");
      });
    });
</script>
```

11.5.6 Ionic 中的表单指令

Ionic 表单当前只提供了 3 个基本的表单控件,即 ionCheckbox、ionRadio 以及 ionToggle。ionCheckBox 指令是一个与 HTML 的复选框控件不同的复选框,但与 AngularJS 提供的 Checkbox 控件类似;ionRadio 指令是单选按钮,包括一些属性,见表 11-6,ionToggle 指令是开关按钮,其行为类似 AngularJS 的复选框控件。

表 11-6　ionRadio 指令属性

属性	类型	说明
name（optional）	string	Radio 的名称
value（optional）	expression	Radio 的值
disabled（optional）	boolean	选中状态
icon（optional）	string	选中状态下用的图标
ng-value（optional）	expression	AngularJS 的属性值
ng-model（optional）	expression	绑定 AngularJS 模型
ng-disabled（optional）	boolean	绑定 AngularJS 的选择状态
ng-change（optional）	expression	当模型变化时调用的回调函数

【例 11-13】表单控件测试。

```
<ion-header-bar align-title="center" class="bar-positive">
  <h3 class="title">Ionic 表单控件</h3>
</ion-header-bar>
<ion-content class="has-header">
  <ion-checkbox ng-model="checkbox">复选框(Checkbox)</ion-checkbox>
  <ion-radio ng-model="radio">单选按钮(Radio)</ion-radio>
  <ion-toggle ng-model="toggle">开关按钮(Toggle)</ion-toggle>
</ion-content>
```

11.5.7　手势和事件

在智能设备上，没有鼠标操作，主要通过触摸屏手势实现 PC 机上的鼠标效果，但这与鼠标依然存在很多差异。Ionic 提供的针对手势和事件处理的指令如下：

1. onHold 指令

在同一个位置触摸 500 毫秒触发的事件，类似长按触摸事件。

2. onTap 指令

在某个位置上快速单击事件处理，触摸超过 250 毫秒将不再触发。

3. onDoubleTap 指令

在一个位置上快速连续两次单击事件处理。

4. onTouch 指令

用户首次触摸时的事件处理，这个手势不等待 touchend 和 mouseup。

5. onRelease 指令

用户结束触摸时的事件处理。

6. onDrag、onDragUp、onDragRight、onDragDown、onDragLef 指令

户拖动时触发的事件处理，对每个方向上的拖动都提供了对应的事件处理。

7. onSwipe、onSwipeUp、onSwipeRight、onSwipeDown、onSwipeLeft 指令

在任何方向上快速滑动时触发的事件处理,对每个方向都提供了单独的事件处理。

8. $ionicGesture 服务

$ionicGesture 服务是手势处理控制器(ionic.EventController)的相关服务。该服务提供了 on(eventType, callback, $element, options)和 off(gesture, eventType, callback)方法增加和删除手势的处理事件,gesture 是由 on()方法返回的对象。

【例 11-14】Ionic 触摸拖动。

```
<ion-content class = "has-header">
<button on-drag-left = "onDragLeft()" class = "button">向左拖动</but-
ton>
    <button on-swipe = "onSwipe()" class = "button">快速拖动</button>
</ion-content>
```

11.5.8 键盘

在 Android 和 iOS 平台上,为了防止键盘出现时覆盖输入域,必须将元素放在可滚动的视图上,当出现键盘时能够通过滚动方式显示输入域。overflow 滚动,也会引起布局问题,Ionic 提供了键盘插件解决这个问题,这虽然不是很好的解决问题的方法,但如果使用 Cordova 开发应用系统,则没有理由不使用插件。当键盘打开时,为了隐藏元素,向元素增加一个 hide-on-keyboard-open 样式类,默认有一个 400 毫秒的延迟,如果希望立即隐藏,可向窗口 window 对象注册 native.keyboardshow 事件处理器,在事件处理器函数中通过对<body>元素添加样式类实现,如 document.body.classList.add('keyboard-open')。在 Android 平台上,当键盘打开时,立即添加这个类到<body>元素会引起动画闪烁。

在 Android 平台上应注意:如果在应用的配置文件 config.xml 中设置<preference name = "Fullscreen" value = "true"/>实现全屏显示,在 Ionic 中就必须手动设置 ionic.Platform.isFullScreen = true。在文档 AndroidManifest.xml 的 activity 配置中设置 android.windowSoftInputMode 为 adjustPan、adjustResize 或 adjustNothing 即可在键盘显示时配置 web 视图行为。对于 Ionic 来说将值设置为 adjustResize 是被推荐的设置,但是由于某些原因,需要将值设置为 adjustPan,也必须设置 ionic.Platform.isFullScreen = true。

11.5.9 $ionicLoading 和 $ionicLoadingConfig 服务

这是一个耗时操作提示,表示当前的活动并阻止用户交互行为,它提供了 show()和 hide()方法用来显示和隐藏加载提示。show()方法执行时如果指示器已经显示,将设置选项并保持指示器显示,这个函数依然返回一个 Promise 对象,方法 hide() 隐藏指示器。show()方法接收的参数对象包括属性:

(1) template:字符串,起提醒作用的 HTML 内容模板;

(2) templateUrl:字符串,指示器 HTML 文件的 URL 地址;

(3) scope：对象，$rootScope 的一个子对象；

(4) noBackdrop：决定是否隐藏背景，默认为显示；

(5) hideOnStateChange：当改变到新状态时，是否隐藏旋转图，默认为 false；

(6) delay：决定延迟多少毫秒显示指示器，默认为无延迟；

(7) duration：决定指示器显示多少毫秒，默认为一直显示到调用 hide( ) 方法。

$ionicLoadingConfig 向$ionicLoading 服务提供默认选项。

【例 11 – 15】Ionic 加载指示器应用。

```
<script type = "text/javascript" >
    var myapp = angular.module("myApp",['ionic']);
    myapp.constant('$ionicLoadingConfig',{
      template:'<img src = "img/ionic.png"/>加载中...'
    });
    myapp.controller("MyFormController",function($scope,$timeout,$ionicLoading){
        $scope.show = function() {
            $ionicLoading.show({
                delay:1000 //延迟 1 秒后显示
            }).then(function(){
                console.log("加载指示器已经被显示了");
                $timeout(function(){
                    $ionicLoading.hide().then(function(){
                        console.log("加载指示器已经被隐藏");
                    });
                },3000);//显示 3 秒后自动隐藏
            });
        };
    });
</script>
```

11.5.10 $ionicModal 服务和 ionicModal 指令

其为模式对话框，临时显示在主界面上面，用来提示用户选择或编辑。其从初始 scope 中广播 modal. shown 和 modal. hidden 及 modal. removed 事件，在模式对话框被移除时触发 modal. hidden 及 modal. removed 事件。模式对话框的内容放在 ionModalView 指令中，通常被定义在模板中。$ionicModal 服务所包含的方法如下：

(1) fromTemplate(templateString, options)：返回 ionicModal 控制器对象，参数 templateString 为字符串，options 对象是可选的初始化参数，传递给 ionicModal 的 initialize 方法。

(2) fromTemplateUrl(templateUrl, options)：返回将被解决的带 ionicModal 控制器实例的 Promise 对象，参数 templateUrl 是字符串，加载模板的 URL，可选参数 options 对象传递给 ionicModal 的 initialize 方法。

使用模式对话框后记得调用 remove() 方法来释放资源,以避免内存泄露。ionicModal 是$ionicModal 服务实例,其所包含的方法如下:

(1) initialize(options):创建一个新的模式对话框控制器实例,参数 options 是可选对象,包括属性有:scope 对象;animation 设置显示和隐藏对话框时的动画,默认为 slide-in-up;focusFirstInput 设置是否第一个表单输入域获得焦点;backdropClickToClose 设置是否单击背景时关闭对话框,默认为 true;hardwareBackButtonClose 设置是否单击手机返回键关闭对话框。

(2) show():显示模式对话框,并返回一个解决的 Promise 对象;

(3) hide():隐藏模式对话框,并返回一个解决的 Promise 对象;

(4) remove():从 DOM 删除模式对话框并释放资源,并返回一个解决的 Promise 对象;

(5) isShown():判断模式对话框是否显示着。

【例 11 – 16】用 Ionic 模式对话框显示登录表单。

```
<script type="text/javascript">
    var myapp = angular.module("myApp",['ionic']);
    myapp.controller("MyFormController",function($scope,$ionic-
Modal){
        $ionicModal.fromTemplateUrl("login.html",{
            scope:$scope,//当前范围作为父范围
            animation:'slide-in-up'
        }).then(function(modal){ $scope.modal = modal;});
        $scope.showLogin = function(){ $scope.modal.show();};
        $scope.$on('$destroy', function() {$scope.modal.remove();});
    }).controller("LoginController",function($scope){
        $scope.login = function(){
            alert("用户" + $scope.username + "登录");
            $scope.modal.hide();//继承自父范围
        };
    });
</script>
<ion-header-bar align-title="center" class="bar-positive">
    <h3 class="title">Ionic 模式对话框</h3>
</ion-header-bar>
<ion-content class="has-header">
    <button ng-click="showLogin()" class="button">登录</button>
</ion-content>
```

11.5.11 $ionicPlatform 服务

$ionicPlatform 是 ionic.Platform 的抽象服务,用来检测当前平台,该服务提供的方法如下。

1. onHardwareBackButton(callback)

绑定返回按钮 callback 函数,返回按钮被单击事件发生时触发的回调函数。

2. offHardwareBackButton(callback)

移除返回按钮事件监听器,callback 是绑定在返回按钮上的监听器函数。

3. registerBackButtonAction(callback, priority, [actionId])

注册硬件返回按钮行为,单击返回按钮只有一个行为被执行,这个方法注册具有最高的优先级,优先级包括返回以前浏览过的视图 100、关闭边缘菜单 150、关闭模式对话框 200、关闭行为单 300、关闭弹出窗 400、关闭加载提示 500,这里注册的返回按钮将覆盖前面提到的。该函数返回可取消注册的函数。参数 callback:函数,如果这个监听器的优先级最高,返回按钮被按时调用;priority:数字,只有最高优先级才执行;actionId:任意类型,可选,分配给这个行为的 id,默认是随机唯一 id。

4. on(type, callback)

增加 Cordova 监听,如 pause、resume、volumedownbutton、batterylow、offline 等。参数 type:字符串,Cordova 事件类型;参数 callback:函数,当 Cordova 事件被触发时调用的函数,返回可移除的事件监听器函数。

5. ready([callback])

设备一旦准备好触发一个回调或设备已经准备好立即触发回调,返回当设备准备好时被解决的 promise 对象。参数 callback:函数,触发回调的函数。

【例 11 – 17】设备准备好后触发回调函数。

```
<script type="text/javascript">
    var myapp = angular.module("myApp",['ionic'])
    .controller("ReadyController",function($scope,
                $ionicPlatform,$ionicPopup){
        $ionicPlatform.ready(function(){
            $ionicPopup.alert({//使用 $ionicPopup 服务
                template:"<div>设备已经准备好了</div>",
                title:"开始了",
                okText:"知道了",
                okType:"button-positive"
            });
        });
    })
</script>
```

11.5.12 $ionicPopover 服务和 ionicPopover 控制器

弹出框是一个浮动在内容上面的视图,使用时将要弹出显示的内容放在 ionPopoverView 指令元素中,$ionicPopover 服务包含的方法有:

(1) fromTemplate(templateString, options):返回 ionicPopover 控制器的实例。参数 tem-

plateString 是字符串,弹出框内容模板;参数 options 是传递给初始化方法的对象。

(2) fromTemplateUrl(templateUrl, options):返回带有 ionicPopover 控制器对象的已解决 Promise 对象。参数 templateUrl 是字符串,加载模板的 URL 地址;参数 options 是被传递给初始化方法的对象。

弹出窗口事件包括$destroy、popover.hidden、popover.removed。使用弹出框后应调用 ionicPopover 控制器的 remove() 方法以释放资源。ionicPopover 控制器所包含的方法包括 initialize(options)、show($event)、hide()、remove()、isShown()。

【例 11-18】自定义搜索框,本例采用自定义服务在控制器之间传递数据。

```
<script type="text/javascript">
    var myapp = angular.module("myApp",['ionic'])
    .controller("MainController",function($scope,$ionicPopover,
   mydata){
        $ionicPopover.fromTemplateUrl("search.html",
            {scope:$scope,focusFirstInput:true})
        .then(function(popover){$scope.popover = popover;});
        $scope.search = function($event){
            mydata.scope =$scope;//将范围放入服务
            $scope.popover.show($event);
        }
        $scope.$on('$destroy', function() {$scope.popover.remove();});
    }).controller("SearchController",function($scope,mydata){
        $scope.close = function(){
            $scope.popover.hide();
            mydata.scope.keyword =$scope.keyword;//把数据存入服务
        };
    }).factory("mydata",function(){
        return {scope:null};//定义一个服务用以传送数据
    });
</script>
<button ng-click = "search($event)">搜索</button>
<span>输入的关键字:{{keyword}}</span>
```

11.5.13 $ionicPopup 服务

$ionicPopup 服务允许 JavaScript 程序中弹出对话框,其所包含的对话框有 alert()、prompt()、confirm()。这些对话框与 window 对象的对话框对应,但这些对话框可以自定义内容和外观。在对话框首次设置属性时,表单输入域可设置 autoFocus 属性获得焦点,这可能会引起单击出现问题,因此 autoFocus 并非默认属性。$ionicPopup 服务所包含的方法如下:

(1) show([options]):显示复杂的对话框。options 包括 title、cssClass、subTitle、tem-

plate、templateUrl、scope、buttons 等属性，每个 button 对象具有 text、type 属性及 onTap 事件。

（2）alert([options])：显示一个带有一个按钮的简单对话框。options 所包含属性与 show() 方法相同，按钮文本用 okText 属性，okType 表示按钮类型。

（3）confirm(options)：显示一个带有两个按钮的确认对话框。options 所包含属性与 show() 方法相同，cancelText 和 cancelType 给出取消按钮的文本和类型，默认文本为 Cancel，类型为 button-default，okText 和 okType 是确定按钮文本和类型，默认文本为 Ok，类型为 button-positive。对话框关闭时返回一个被解决的 Promise 对象。

（4）prompt(options)：显示一个提示对话框，包含一个输入框、一个 OK 按钮和一个取消按钮，单击 OK 按钮获得一个解决的 Promise 对象，单击取消按钮获得 undefined。options 对象与其他方法相同，inputType 属性给出输入框的类型，默认为 text；defaultText 属性设置输入框的初始化值；maxLength 属性指出输入框的最大输入字符个数；inputPlaceholder 属性设置输入框的 placeholder 属性。

11.5.14 ionScroll 指令

在内容区域中创建一个可滚动的容器。注意设置可滚动区域和内部内容的高度，这可以完全控制可滚动区域。但如果在区域的中心位置放置可滚动内容，使用 ionContent 指令。ionInfiniteScroll 指令当用户到达页面底部或页面底部附近时允许调用一个函数，当用户到达内容底部的距离大于 distance(字符串，默认为 1%) 设置的距离时调用 onInfinite (表达式) 指令给出计算表达式。onInfinite 指令加载数据完成后应广播 scroll.infiniteScrollComplete 事件。ionInfiniteScroll 指令属性还包括：spinner(字符串)，设置 ionSpinner 以显示加载提示图标替换旋转字体；immediate-check(布尔值)，设置当加载时是否立即检查滚动边界。

$ionicScrollDelegate 服务提供了委托处理滚动视图。$getByHandle 方法用来控制给定的滚动视图。resize() 方法重新计算滚动视图的内容。scrollTop([shouldAnimate]) 方法向上滚动，shouldAnimate 参数设置是否带有动画。scrollBottom([shouldAnimate]) 方法向下滚动。scrollTo(left, top, [shouldAnimate]) 方法滚动到 left 和 top 指定的位置。scrollBy(left, top, [shouldAnimate])方法偏移滚动到 left 和 top 指定的位置。zoomTo(level, [animate], [originLeft], [originTop])方法根据 level 级别在 originLeft 和 originTop 位置缩放，animate 指出是否动画。zoomBy(factor, [animate], [originLeft], [originTop])方法按照 factor 因子在 originLeft 和 originTop 位置缩放。getScrollPosition() 方法返回带有 left、top、zoom 属性的滚动位置对象。anchorScroll([shouldAnimate])方法滚动到 window.location.hash 匹配的 id 元素位置，若无匹配则滚动到顶部。freezeScroll([shouldFreeze])方法禁止滚动，shouldFreeze 设置是否禁止滚动。getScrollView()方法返回滚动视图对象。

【例 11-19】滚动面板查看大图。

```
<script type = "text/javascript" >
    var myapp = angular.module("myApp",['ionic']);
</script>
<ion-scroll zooming = "true" direction = "xy" >
```

```
<div style = "width: 3000px; height: 3000px; background: url('large.jpg') repeat" >
</div>
</ion-scroll >
```

11.5.15　ionSideMenus 指令

　　主内容和边缘菜单容器指令，可通过拖动主内容区域从左边或右边打开或关闭边缘菜单，menuClose 属性指令设置是否自动关闭打开的边缘菜单，为 ionSideMenuContent 指令内的打开边缘菜单按钮添加 menuClose 属性可实现自动关闭功能。在页面的头部添加 menuToggle 属性指令可打开和关闭边缘菜单。向 ionSideMenu 指令添加一个 exposeAsideWhen 属性，指令会指出边缘菜单什么时候显示，enable-menu-with-back-views 属性指示当后退按钮显示时是否允许边缘菜单显示，delegate-handle 属性委托$ionicSideMenuDelegate 服务处理菜单。与 ionSideMenus 指令相关的指令和服务如下：

　　（1）ionSideMenuContent 指令：边缘菜单显示的主要内容。

　　（2）ionSideMenu 指令：一个边缘菜单容器，与 ionSideMenuContent 指令是兄弟，属性包括 side 指示哪一边的菜单，值为 left 或 right，is-enabled 属性指示是否允许菜单，width 属性给出菜单的像素宽度，默认是 275。

　　（3）exposeAsideWhen 属性指令：指出菜单什么时候显示，值为 large，媒体查询语句。

　　（4）menuToggle 属性指令：打开或关闭菜单。

　　（5）menuClose 属性指令：关闭显示的菜单。

　　（6）$ionicSideMenuDelegate 服务：委托处理边缘菜单的服务。toggleLeft（[isOpen]）方法打开或关闭左边菜单，isOpen 属性指出是否打开或关闭菜单。toggleRight（[isOpen]）方法打开或关闭右边菜单，getOpenRatio（）方法获得菜单打开的比率，左菜单值为 0-1，右菜单为 0—1。isOpen（）方法判断是否打开了左边或右边菜单，isOpenLeft（）方法判断是否打开了左边菜单，isOpenRight（）方法判断是否打开了右边菜单。canDragContent（[canDrag]）方法设置是否能够拖动内容打开菜单，edgeDragThreshold（value）方法设置拖动时显示菜单的方式。$getByHandle（handle）方法委托处理给定的菜单。

　　【例 11-20】在内容的两边加入边缘菜单。

```
< script type = "text/javascript" >
    var myapp = angular.module("myApp",['ionic']);
    myapp.controller("MainController",function($scope){
        $scope.menus =[1,2,3,4,5,6,7,8,9,10];
    });
</script >
<ion-side-menus >
    <ion-side-menu side = "left" >
        <ion-list >
        <ion-item ng-repeat = "n in menus" >
```

```
                <a href = "" >Left Item {{n}} </a >
            </ion-item >
        </ion-list >
    </ion-side-menu >
    <ion-side-menu-content >
        <ion-list >
            <ion-item ng-repeat = "n in menus" >
                Content {{n}}
            </ion-item >
        </ion-list >
    </ion-side-menu-content >
    <ion-side-menu side = "right" >
        <ion-list >
            <ion-item ng-repeat = "n in menus" >
                Right Item {{n}}
            </ion-item >
        </ion-list >
    </ion-side-menu >
</ion-side-menus >
```

11.5.16 幻灯片

ionSlides 指令提供了幻灯片容器，ionSlidePage 指令给出了每个幻灯片的内容。幻灯片包括 $ionicSlides. slideChangeStart、$ionicSlides. slideChangeEnd、$ionicSlides. sliderInitialized 事件，通过 $ionicSlideBoxDelegate 服务可委托处理幻灯片，委托服务所包含的方法如下：

(1) update()：更新幻灯片；
(2) slide(to, [speed])：显示第 to 个幻灯片，speed 以毫秒为单位指出速度；
(3) enableSlide([shouldEnable])：判断是否允许幻灯片；
(4) previous([speed])：以 speed 速度显示前一个幻灯片；
(5) next([speed])：以 speed 速度显示下一个幻灯片；
(6) stop()：停止幻灯片播放；
(7) start()：开始幻灯片播放；
(8) currentIndex()：获取当前幻灯片的位置；
(9) slidesCount()：获取幻灯片总数；
(10) $getByHandle(handle)：处理 handle 给出的幻灯片。

【例 11-21】在页面上添加幻灯片效果。

```
<script type = "text/javascript" >
    var myapp = angular.module("myApp",['ionic']);
    myapp.controller("MainController",function($scope,
```

```
                        $ionicSlideBoxDelegate){
        $scope.options = {autoplay:3000,//换片延迟时间
            effect:'slide',//动画
            speed:500};//speed 是动画完成时间
        $scope.$on("$ionicSlides.sliderInitialized", function(event,data){
            $scope.slider = data.slider;
        });
    });
</script>
<style type="text/css">
    .box{width:100% ;height:100% ;}
    .box h1{color:#FFF;}
    .blue{background:blue;}
    .yellow{background:yellow;}
    .pink{background:pink;}
</style>
<ion-content scroll="false">
    <ion-slides options="options" slider="data.slider">
        <ion-slide-page>
            <div class="box blue"><h1>BLUE</h1></div>
        </ion-slide-page>
        <ion-slide-page>
            <div class="box yellow"><h1>YELLOW</h1></div>
        </ion-slide-page>
        <ion-slide-page>
            <div class="box pink"><h1>PINK</h1></div>
        </ion-slide-page>
    </ion-slides>
</ion-content>
```

11.5.17 ionTabs 指令

标签页指令，生成界面上的标签导航，可使用 tabs 类定义其外观样式，不要将标签页放在 ionContent 元素内部，否则会引起一些 CSS 问题。ionTab 指令设置单个标签，每个 ionTabs 拥有自己的历史记录，其属性包括：

(1) title：字符串，设置标签的标题；

(2) href：字符串，当单击时导航的链接地址；

(3) icon：字符串，标签的图标，icon-on 是选择时图标，icon-off 是非选择状态下的图标；

(4) badge：表达式，放置在标签上的标记，通常是数字；

(5) badge-style：表达式，标记的样式，badge-*，如 badge-positive；

(6) on-select：表达式，在标签选中时计算；

(7) on-deselect：表达式，在标签取消选择状态时计算；

(8) ng-click：表达式，单击事件；

(9) hidden：是否隐藏标签；

(10) disabled：是否禁止标签。

$ionicTabsDelegate 服务可委托处理标签控件，实现通过 JavaScript 语言操作标签控件。

【例 11-22】使用 ionTabs 作为导航展示页面。

```
<script type = "text/javascript" >
    var myapp = angular.module("myApp",['ionic'])
    .config(function($stateProvider,$ionicConfigProvider){
        $ionicConfigProvider.tabs.position("bottom");
        ...
        });
    }).controller("MainController",function(){})
    .controller("ListController",function($scope)            {
        $scope.news = [···];
    });
</script>
<ion-header-bar align-title = "center" class = "bar-positive" >
<h1 class = "title" >ionTabs 测试 </h1 >
</ion-header-bar >
<ion-nav-view > </ion-nav-view >
<ion-tabs class = "tabs-dark tabs-icon-top" >
    <ion-tab href = "/" title = "首页"
      icon-on = "ion-ios-home" icon-off = "ion-ios-home-outline" > </ion-tab >
    <ion-tab href = "/news" title = "最新咨询"
      icon-on = "ion-social-hackernews" icon-off = "ion-social-hackernews-
      outline" > </ion-tab >
    <ion-tab href = "/about" title = "关于"
      icon-on = "ion-ios-information" icon-off = "ion-ios-information-outline" >
      </ion-tab >
</ion-tabs >
```

习　　题

1. Ionic 与 AngularJS 的区别和关系是什么？
2. 使用 Ionic 实现一个登录界面，当单击登录按钮时，如果用户名和密码分别是 admin

和 123456，则弹出对话框提示登录成功，否则提示登录失败。

3. 编写程序，通过 Ionic 实现边缘导航菜单。

4. 使用 Ionic 中的指令实现一个 tab 页面，底部放置导航，包括首页、通知、"关于"等，单击不同的导航显示不同的模板内容。

习题答案与讲解

微信公众号开发实例

微信应用开发是当前比较流行和广泛的应用实现,本章为微信前端 JS-SDK 接口的实现提供了基本样例,让读者更加清楚地理解 JS-SDK 接口调用方式。微信的多数功能必须在后端实现,读者需自行搭建一个服务器来处理微信请求服务,以及实现微信接口调用。本章节未涉及过多的后端开发,只提供了将后端参数输出到前端的简单实例,读者可根据自己的需要实现。学习本章必须掌握以下知识:

(1) HTML:超文本标记语言;
(2) CSS:层叠样式表,用来美化 HTML 的展示效果;
(3) JavaScript:浏览器解析执行的脚本语言,可为界面提供丰富的交互能力;
(4) AngularJS:基于 JavaScript 语言的 Web 前端框架。

12.1 微信公众号介绍

微信公众号让用户无须开发自己的移动 APP 即可拥有一个基础的 APP 应用平台,让用户通过 HTML5 技术在认证后创建更多的 APP 功能,实现很多只能由原生 APP 才可以实现的功能,而且微信将其实现作了简化,让开发者更加容易使用。本书只涉及 HTML5 相关技术,因此仅针对 JS-SDK 接口介绍。

微信公众号包括三个类型的账号:
(1) 服务号:主要偏于服务交互(类似银行、114,提供服务查询),认证前后都是每个月可群发 4 条消息。
(2) 订阅号:主要偏于为用户传达资讯(类似报纸杂志),认证前后都是每天只可以群发一条消息;
(3) 企业号:主要用于公司内部通信使用,需要先有成员的通信信息验证才可以关注成功企业号。

微信提供了开发工具,下载安装后即可通过工具模拟微信浏览器,实现快速测试,首次使用工具前必须登录。每次调试时通过开发工具访问下列地址即可模拟用户授权:

https://open.weixin.qq.com/connect/oauth2/authorize? appid = 公众号 appid&redirect_uri = 验证后转发地址 &response_type = code&scope = snsapi_userinfo&state = weixin#wechat_redirect

这个地址进入用户授权页面，用户授权后即可进入相关页面，操作要求用户登录才可执行的相关内容。开发者根据请求需要，通过微信开发工具发出请求即可快速获得测试。

12.2 微信接入服务器

针对 HTML5 技术，微信接口不仅包括前端 JS-SDK，而且还提供了服务端接口，所有的业务操作、签名等都必须在后端完成，开发者可根据自己的需要选择一种后端开发语言实现后端开发。

微信接入开发者服务器，只需要开发者提供一个基本的 URL 即可，微信对服务器的操作均通过该 URL 发送完成，微信在 URL 上会携带一些参数让开发者对消息来源进行验证。接入共分为 3 个步骤。

1. 填写服务器配置

登录微信公众平台官网后，在公众平台后台管理页面的开发者中心页，单击"修改配置"按钮，填写服务器地址（URL）、Token 和 EncodingAESKey，其中 URL 是开发者用来接收微信消息和事件的接口 URL。Token 可由开发者可以任意填写，用作生成签名（该 Token 会和接口 URL 中包含的 Token 进行比对，从而验证安全性）。EncodingAESKey 由开发者手动填写或随机生成，将用作消息体加解密密钥。

2. 验证服务器地址的有效性

微信向开发者提供的 URL 发送一个 HTTP 的 GET 方法请求，并带有参数，见表 12-1。

表 12-1 微信发送给 URL 的参数

参数	描述
signature	微信加密签名，signature 结合了开发者填写的 token 参数和请求中的 timestamp 参数、nonce 参数
timestamp	时间戳
nonce	随机数
echostr	随机字符串

收到 URL 请求后，验证 signature 是否合法，如果合法，原样将 echostr 参数值返回给微信服务器。微信每次请求都会带有这些参数给开发者，开发者应该每次都进行验证，只有验证通过才能确保请求来自微信服务器。

3. 实现需要的业务

验证 URL 有效性成功后即接入生效，成为开发者。如果公众号类型为服务号（订阅号只能使用普通消息接口），可以在公众平台网站中申请认证，认证成功的服务号将获得众多接口权限，以满足开发者的需求。

此后用户每次向公众号发送消息，或者产生自定义菜单单击事件时，开发者填写的服务器配置 URL 将得到微信服务器推送过来的消息和事件，然后开发者可以依据自身业务逻辑进行响应，例如回复消息等。

公众号调用各接口时，一般会获得正确的结果，具体结果可见对应接口的说明。返回错误时,可根据返回码来查询错误原因。

用户向公众号发送消息时,公众号方收到的消息发送者是一个 OpenID,是使用用户微信号加密后的结果,每个用户对每个公众号有一个唯一的 OpenID。

此外,由于开发者经常需要在多个平台(移动应用、网站、公众帐号)之间共通用户账号,统一账号体系的需求,微信开放平台(open.weixin.qq.com)提供了 UnionID 机制。开发者可通过 OpenID 来获取用户的基本信息,而如果开发者拥有多个应用(移动应用、网站应用和公众账号,公众账号只有在被绑定到微信开放平台账号下,才会获取 UnionID),可通过获取用户基本信息中的 UnionID 来区分用户的唯一性,因为只要是同一个微信开放平台账号下的移动应用、网站应用和公众账号,用户的 UnionID 是唯一的。换句话说,同一用户,对同一个微信开放平台账号下的不同应用,UnionID 是相同的。详情请在微信开放平台的"资源中心"→"移动应用开发"→"微信登录"→"授权关系接口调用指引"→"获取用户个人信息(UnionID 机制)"中查看。需要注意的是,微信公众号接口只支持 80 端口。

12.3 微信 JS-SDK 接口

微信 JS-SDK 是微信公众平台面向网页开发者提供的基于微信内的网页开发工具包。通过使用微信 JS-SDK,网页开发者可借助微信高效地使用拍照、选图、语音、位置等手机系统的能力,同时可以直接使用"微信分享""扫一扫""卡券""支付等微信特有的功能,为微信用户提供更优质的体验。

要使用 JS-SDK 接口,首先需要在公众号配置的功能配置中设置 JS 接口安全域名,微信为了方便开发者,提供了测试公众号,如果使用测试号,则登录后修改 JS 接口安全域名即可。一旦设置好域名就可进行微信开发了,首先在调用微信 JS-SDK 接口的文件中引入 js 文件。

【例 12-1】文件 index.php 中引入微信的 js 文件。

```
<!DOCTYPE html >
<html ng-app = "weixinapp" >
<head >
<meta charset = "utf-8" >
    <meta name = "viewport" content = "initial-scale =1,
        maximum-scale =1, user-scalable = no, width = device-width" >
<title >微信开发</title >
<link href = "<? php print $path;? >/lib/ionic/css/ionic.css" rel = "stylesheet" >
<link href = "<? php print $path;? >/css/weui.min.css" rel = "stylesheet" >
<link href = "<? php print $path;? >/css/style.css" rel = "stylesheet" >
<script src = "<? php print $path;? >/lib/ionic/js/ionic.bundle.js" ></script >
<script src = "http://res.wx.qq.com/open/js/jweixin-1.1.0.js" ></script >
<script src = " <? php print $ path;? >/ js/ app.js" type = "text/ javascript" >
</script >
<base href = "/" />
</head >
```

```
<body>
</body>
</html>
```

微信引入的 js 文件包括 1.0.0 版本和 1.1.0 版本，在 1.0.0 版本中不包括 "摇一摇" 等周边功能，但两个版本只需要引入一个即可。在 js 文件中已经实例化微信对象 wx（也可用 jWeixin），只需要通过这个对象调用接口方法即可。由于安全问题，有的操作必须在服务器端运行或存储相关数据，微信在运行过程中所需要的 access_token 以及签名都要在服务器端完成请求和计算，因此微信几乎所有的客户端页面都由服务器端生成，本书服务器端以 PHP 为测试语言。微信 JS-SDK 接口调用说明如下：

（1）微信接口调用前必须注入验证权限的配置信息，这需要调用微信的 config( ) 方法；

（2）所有接口通过 wx（或 jWeixin）对象调用；

（3）每个接口接收一个对象作为参数，参数对象中除了接口需要的参数外，还包括一些公共回调函数：

①success：接口调用成功时执行的回调函数；

②fail：接口调用失败时执行的回调函数；

③complete：接口调用完成时执行的回调函数，无论成功或失败都会执行；

④cancel：用户单击取消时执行的回调函数，仅部分有用户取消操作的 API 才会用到；

⑤trigger：Menu 中的按钮单击时触发的方法，该方法仅支持 Menu 中的相关接口。

这些公共回调函数带有一个对象参数，包括接口返回的数据及 errMsg 属性。errMsg 属性反映了接口调用成功（值为：接口名：ok）、被用户取消（值为：接口名：cancel）或发生错误（具体错误消息）等。

【例 12-2】 在 index.php 文件中调用 config( ) 方法注入配置信息。

```
<script type = "text/javascript">
    wx.config({
        debug: true, //开启调试模式
        appId:'<? php print $args["appId"];? >', //必填,公众号的唯一标识
        timestamp: <? php print $args["timestamp"];? >, //必填,生成签名的时间戳
        nonceStr:'<? php print $args["nonceStr"];? >', //必填,生成签名的随机串
        signature:'<? php print $args["signature"];? >',//必填,签名
        jsApiList:[] //必填,需要使用的 js 接口列表,
    });
</script>
```

开启调试模式，调用的所有 API 的返回值会在客户端 alert 出来，若要查看传入的参数，可以在 PC 端打开，参数信息会通过 log 打出，仅在 PC 端才会打印。

在 config() 方法注入的参数验证通过后微信调用 ready() 方法,如果出现配置错误则调用 error() 方法。微信要求所有接口方法必须在 config() 成功后调用,因此在页面加载时执行的微信操作必须放在 ready() 方法中调用,这对与用户发生交互的调用不受限制。

【例 12-3】在 js 目录下的 app.js 文件中处理配置成功和错误。

```
wx.ready(function(){
alert('可以开始调用 JS-SDK 接口方法了');/*文档加载过程中执行微信操作*/
});
wx.error(function(res){
alert('JS-SDK 配置调用异常');/*接口配置或调用错误处理*/
});
```

12.4 基 础 接 口

基础接口仅包含了微信支持的 JS 接口检查,即 checkJsApi() 方法。该方法接收对象作为参数,对象包括一个属性 jsApiList 数组,在 jsApiList 数组中每个元素是一个即将调用的接口方法名称,以字符串的形式提供,检测成功后执行 success() 回调函数,参数为检测结果对象。

【例 12-4】在 wx.ready() 回调中添加 API 检测。

```
var checkResult = false;
wx.ready(function(){
    wx.checkJsApi({
jsApiList:['chooseImage'],
        success: function(res){/*处理结果对象*/
    checkResult = res.checkResult;
        }
});}
```

检查结果对象格式如下:

{"checkResult":{"chooseImage":true},"errMsg":"checkJsApi:ok"}

结果中 checkResult 提供可用的 API 对应结果值为 true,不可用对应结果值为 false,对象中包括的 errMsg 属性用来提示 checkJsApi 接口调用成功。

12.5 分 享 接 口

分享接口是将用户正在浏览的页面内容或开发者自定义的内容分享到朋友圈、发送给朋友、分享到 QQ 以及微博等信息分享机制。由于分享为菜单形式，分享接口的调用实际上是向微信注册了一个分享操作回调，因此调用分享接口放在 ready( ) 方法中，让页面加载成功后立刻注册分享接口，这样一旦用户分享将执行开发者注册的分享接口方法。

【例 12 - 5】在 app. js 文件的 wx. ready( ) 方法中实现分享接口。

```
wx.readyfunction(){
    shareAppMessage();//分享给朋友
    shareTimeLine();//分享到朋友圈
    shareToQQ();//分享到 QQ
    shareWeibo();//分享到腾讯微博
    shareShareQZone();//分享到 qq 空间
}
```

【例 12 - 5】中的分享接口的实现全部采用自定义方法调用以简化代码，具体的每个方法可参考【例 12 - 6】。

【例 12 - 6】在 app. js 文件中添加函数 shareTimeLine( ) 定义实现分享到朋友圈。

```
function shareTimeLine() {
    wx.onMenuShareTimeline({//直接调用微信的分享接口
        title:'微信分享就是这么简单', //分享标题
        link:'http://www.zaichengde.com', //分享链接
        imgUrl:'http://www.zaichengde.com/logo.png', //分享图标
        success: function () {
            alert('分享成功!');
        },
        cancel: function () {
            alert('用户取消了分享!');
        }
    });
}
```

12.6 拍照接口

在微信的 JS-SDK 中，多媒体接口目前只包含音频、图片等信息操作，在微信中多媒体接口的处理包括拍照、从手机相册中获取照片、预览图片、上传/下载图片、录音、控制语音播放、上传/下载语音以及语音识别等。

【例 12 - 7】在 app. js 中定义模块 weixinapp 及控制器 WeixinController 以实现拍照。

```
angular.module("weixinapp")
    .config(function ($locationProvider) {
        $locationProvider.html5Mode(true);
    }).controller("WeixinController", function ($scope) {
        $scope.wxsrc = ""; //先要初始化,这样才能绑定
        $scope.takePhoto = function () {
            wx.chooseImage({
                count: 1, //每次照片数量,默认为9
                sizeType: ['original','compressed'], //指定是原图还是压缩图,默认二
                者都有
                sourceType: ['album','camera'], //指定来源,默认相册和相机
success: function (res) {
$scope.wxsrc = res.localIds[0]; //选定照片的本地 ID,显示在界面
}
            });
        };
    });
```

【例 12-8】在 index.php 页面中修改 <body> 标签,并添加拍照按钮和显示照片的标签。

```
<body ng-controller = "WeixinController">
    <button ng-click = "takePhoto()">来一张照片吧</button>
    <img ng-src = "{{wxsrc}}" alt = "来自微信 JS-SDK 的照片" id = "wximg">
</body>
```

12.7 微信小店

微信小店是微信提供给商户的一个简单的网上店铺,其通过微信实现产品销售。JS-SDK 提供了引导用户进入微信商品页面的接口。微信小店基于微信支付,包括添加商品、商品管理、订单管理、货架管理、维权等功能。对商品管理的所有接口调用均在后端程序中实现,JS-SDK 只包括进入商品页面接口。

【例 12-9】在 app.js 中 WeixinController 控制器添加引导用户进入商品页面的方法。

```
$scope.openProduct = function(pid,vt){
  wx.openProductSpecificView({
    productId: pid, //商品 id
    viewType: vt //0.默认值,普通商品详情页 1.扫一扫商品详情页 2.小店商品详情页
  });
}
```

12.8 微 信 卡 券

微信卡券提供给公众号一个管理卡券的方式，让开发者可根据平台的需要实现卡券批量处理功能。调用接口创建多种类型的卡券，通过下发消息、二维码、JS-SDK 等方式进行投放，在用户使用时通过 API 接口或卡券商户助手完成核销，同时支持接口获取统计数据，以及各个环节给予开发者事件推送。卡券接口首先需要获得 api_ticket，通过 access_token 来获取一个 ticket，这里的 api_ticket 和微信注入配置时用到的 jssdk_ticket 是不同的，在开发中必须自行保存 api_ticket，频繁请求将导致服务被禁。

后台创建卡券成功后将获取卡券 ID(cardId)，一个卡券 ID 代表一类卡券，Code 码可唯一标识一个卡卷，Code 码具有库存。例如：创建 50 元代金券，获取一个卡券 ID，设置库存 100 万，则在卡券投放时可投放 100 万个 Code 码，展示在用户领取的卡券详情页中。

【例 12-10】使用 PHP 获取 api_ticket。

```php
function kajuan_ticket(){
    $at = wx_access_token();//通过自定义的函数获得 access_token
    $url = "https://api.weixin.qq.com/cgi-bin/ticket/getticket \
                ?access_token = |$at|&type = wx_card";
    $result = drupal_http_request($url); //发送请求
    $json = $result -> data;//获得微信返回的 JSON 格式数据
    $re = drupal_json_decode($json);//将字符串解析为 JSON 对象
if(isset($re["errmsg"])&&$re["errmsg"] == "ok"){//返回 OK 消息表示成功
        global $appid;
        db_update("weixin_jsdk") -> fields(array(//将卡券票据存储在数据库中
            "kajuan_ticket" => $re["ticket"],
            "kj_created" => time(),
            "kj_expires_in" => $re["expires_in"]
        )) -> condition("appid",$appid) -> execute();
        return $re["ticket"];
    }
    return FALSE;
}
```

【例 12-11】PHP 通过微信官方提供的 SDK 生成签名。

```php
function kajuan_create_signate(){
    global $appid;
    $result = db_select("weixin_jsdk","wj") -> fields("wj")
            -> condition("appid",$appid) -> execute() -> fetchObject
();
    $timestamp = time();//时间戳
```

```php
    $api_ticket = $result->kajuan_ticket;//从数据库中获取票据
    if(empty($result->kajuan_ticket)||$timestamp-$result->kj_created>=7200){
        $api_ticket = kajuan_ticket();//如果过期,重新获取
    }
    $nonce_str = createNonceStr();
module_load_include("inc", "weixin_web","cardSDK");
    $sg = new Signature();//SDK中提供的签名类
    $sg->add_data($api_ticket);
    $sg->add_data($timestamp);
    $sg->add_data($nonce_str);
    $signature = $sg->get_signature();
    if($signature) return $signature;
    return FALSE;
}
function createNonceStr($len=16){
$ch = "0123456789abcdefghijklmnopqrstuvwxyzABCDEFGHIJKLMNOPQRSTUVWXYZ";
    $s = "";
    $max = strlen($ch)-1;
    for ($i=0;$i<$len;$i++){
$s .= $ch[mt_rand(0,$max)];
    }
    return $s;
}
```

【例12-12】将签名及其他信息通过 index.php 文件输出到客户端。

```
<script type="text/javascript">
    var kajuan = { //从后台获得信息供 JSSDK 调用
        timestamp:<?php print $wxargs['kajuan']['timestamp'];?>,
        nonce_str:"<?php print $wxargs['kajuan']['nonce_str'];?>",
signature:"<?php print $wxargs['kajuan']['signature'];?>"
    };
</script>
```

【例12-13】在 app.js 中的 WeixinController 控制器中定义拉取卡券函数。

```
$scope.chooseCard = function(){
    wx.chooseCard({
    cardType:'GROUPON', //卡券类型
        cardId:'p1Pj9jr90_SQRaVqYI239Ka1erk', //卡券 Id
        timestamp:kajuan.timestamp, //卡券签名时间戳
        nonceStr:kajuan.nonce_str, //卡券签名随机串
```

```
        cardSign: kajuan.signature, //卡券签名
        success: function (res) {
            $scope.cardList = res.cardList; //用户选中的卡券列表信息
        }
    });
};
```

12.9 微信支付服务

微信支付给网络支付服务提供了极大的方便,微信支付提供了多样的支付服务,在JS-SDK 上也可发起支付行为,从而在自己的微信公众号上添加微信支付,但完整的支付操作必须有前后端程序配合才行。JS-SDK 支付场景使公众号拥有了通过 HTML5 开发的商城网站,用户通过消息和扫描二维码在微信内打开网页,即可调用微信支付完成购买流程。

在开始开发公众号支付前,先要去微信公众号设置测试目录,测试通过后再设置正式授权目录,只有授权目录下的文件才可发起支付请求。微信支付中的预付订单生成、签名等操作需要在后端程序中完成。

【例 12-14】在 app. js 中 WeixinController 控制器中添加发起微信支付请求的方法。

```
$scope.chooseWXPay = function(){
    wx.chooseWXPay({
        timeStamp: pay.timestamp, //支付签名时间戳,注意微信 JS-SDK 中的所有
            使用 timestamp 字段均为小写,但最新版的支付后台生成签名使用的 timeStamp 字段名需大
            写其中的 S 字符
        nonceStr: pay.nonce_str, //支付签名随机串,不长于 32 位
        package: pay.package, //统一支付接口返回的 prepay_id 参数值
        signType: pay.signType, //签名方式,默认为'SHA1',使用新版支付需传入'MD5'
        paySign: pay.paysign, //支付签名
        success: function (res) {
alert('支付成功! ');
        }
    });
}
```

习 题

1. 微信公众号的三类账号是什么?它们有何区别?
2. 应用自己学习的后端开发语言实现一个接入微信的服务器,并实现基本的验证功能。
3. 实现一个微信相册功能,让关注者可分享自己的照片。

习题答案
与讲解

参 考 文 献

[1] http://www.w3school.com.cn.
[2] http://angularjs.org.
[3] http://getbootstrap.com.
[4] https://developer.mozilla.org/en-US/docs/Web.
[5] http://cordova.apache.org/docs/en/latest.
[6] https://mp.weixin.qq.com/wiki?t=resource/res_main&id=mp1421141115.
[7] http://ionicframework.com/docs.
[8] http://api.jquery.com.